高等职业院校精品教材系列

火灾自动报警系统

主　编　李绍军
副主编　马占伟
主　审　单夫来

電子工業出版社
Publishing House of Electronics Industry
北京·BEIJING

内 容 简 介

本书根据教育部最新的职业教育教学要求，结合示范专业建设课程改革成果和国家最新的技术规范要求，以满足消防施工岗位工作所需要的知识和技能为原则，以培养能够胜任火灾报警及消防联动系统的安装施工、检测、维保岗位的应用型技术人员为目标而进行编写。本书以火灾自动报警系统的组成为主线，系统介绍消防基础知识、火灾探测器、按钮及模块、警报装置、报警控制器、消防控制柜、应急广播、消防电话等组件，以及火灾自动报警系统设备安装、联动控制和调试与验收的方法等。

本书为高职高专院校建筑设备、消防工程、楼宇智能化、建筑电气工程、物业管理等专业的教材，也可作为应用型本科、成人教育、开放大学、自学考试、中职学校及培训班的教材，以及消防工程技术人员的参考书。

本书配有免费的电子教学课件、习题参考答案，详见前言。

图书在版编目（CIP）数据

火灾自动报警系统 / 李绍军主编. —北京：电子工业出版社， 2014.11 （2025. 2 重印）
高等职业院校精品教材系列
ISBN 978-7-121-20365-7

Ⅰ. ①火… Ⅱ. ①李… Ⅲ. ①火灾自动报警－自动报警系统－高等职业教育－教材 Ⅳ. ①TU998.1

中国版本图书馆 CIP 数据核字（2014）第 251513 号

策划编辑：陈健德（E-mail：chenjd@phei.com.cn）
责任编辑：靳　平
印　　刷：北京七彩京通数码快印有限公司
装　　订：北京七彩京通数码快印有限公司
出版发行：电子工业出版社
　　　　　北京市海淀区万寿路 173 信箱　邮编 100036
开　　本：787×1 092　1/16　印张：11.75　字数：300.8 千字
版　　次：2014 年 11 月第 1 版
印　　次：2025 年 2 月第 11 次印刷
定　　价：39.00 元

凡所购买电子工业出版社图书有缺损问题，请向购买书店调换。若书店售缺，请与本社发行部联系，联系及邮购电话：（010）88254888，88258888。

质量投诉请发邮件至 zlts@phei.com.cn，盗版侵权举报请发邮件至 dbqq@phei.com.cn。

本书咨询联系方式：chenjd@phei.com.cn。

职业教育　继往开来（序）

自我国经济在 21 世纪快速发展以来，各行各业都取得了前所未有的进步。随着我国工业生产规模的扩大和经济发展水平的提高，教育行业受到了各方面的重视。尤其对高等职业教育来说，近几年在教育部和财政部实施的国家示范性院校建设政策鼓舞下，高职院校以服务为宗旨、以就业为导向，开展工学结合与校企合作，进行了较大范围的专业建设和课程改革，涌现出一批示范专业和精品课程。高职教育在为区域经济建设服务的前提下，逐步加大校内生产性实训比例，引入企业参与教学过程和质量评价。在这种开放式人才培养模式下，教学以育人为目标，以掌握知识和技能为根本，克服了以学科体系进行教学的缺点和不足，为学生的顶岗实习和顺利就业创造了条件。

中国电子教育学会立足于电子行业企事业单位，为行业教育事业的改革和发展，为实施“科教兴国”战略做了许多工作。电子工业出版社作为职业教育教材出版大社，具有优秀的编辑人才队伍和丰富的职业教育教材出版经验，有义务和能力与广大的高职院校密切合作，参与创新职业教育的新方法，出版反映最新教学改革成果的新教材。中国电子教育学会经常与电子工业出版社开展交流与合作，在职业教育新的教学模式下，将共同为培养符合当今社会需要的、合格的职业技能人才而提供优质服务。

近期由电子工业出版社组织策划和编辑出版的“全国高等职业教育规划教材·精品与示范系列”，具有以下几个突出特点，特向全国的职业教育院校进行推荐。

（1）本系列教材的课程研究专家和作者主要来自于教育部和各省市评审通过的多所示范院校。他们对教育部倡导的职业教育教学改革精神理解得透彻准确，并且具有多年的职业教育教学经验及工学结合、校企合作经验，能够准确地对职业教育相关专业的知识点和技能点进行横向与纵向设计，能够把握创新型教材的出版方向。

（2）本系列教材的编写以多所示范院校的课程改革成果为基础，体现重点突出、实用为主、够用为度的原则，采用项目驱动的教学方式。学习任务主要以本行业工作岗位群中的典型实例提炼后进行设置，项目实例较多，应用范围较广，图片数量较大，还引入了一些经验性的公式、表格等，文字叙述浅显易懂。增强了教学过程的互动性与趣味性，对全国许多职业教育院校具有较大的适用性，同时对企业技术人员具有可参考性。

（3）根据职业教育的特点，本系列教材在全国独创性地提出“职业导航、教学导航、知识分布网络、知识梳理与总结”及“封面重点知识”等内容，有利于老师选择合适的教材并有重点地开展教学过程，也有利于学生了解该教材相关的职业特点和对教材内容进行高效率的学习与总结。

（4）根据每门课程的内容特点，为方便教学过程对教材配备相应的电子教学课件、习题答案与指导、教学素材资源、程序源代码、教学网站支持等立体化教学资源。

职业教育要不断进行改革，创新型教材建设是一项长期而艰巨的任务。为了使职业教育能够更好地为区域经济和企业服务，殷切希望高职高专院校的各位职教专家和老师提出建议和撰写精品教材（联系邮箱:chenjd@phei.com.cn，电话:010-88254585），共同为我国的职业教育发展尽自己的责任与义务！

中国电子教育学会

前　言

我国火灾报警技术起步于20世纪 70年代，与此同时开始研制、生产火灾报警系统产品。进入 80 年代后，国内主要厂家也多是模仿国外产品，或是引进国外技术进行生产，没有真正意义上的核心技术。火灾报警系统真正的发展是在 90 年代以后，随着改革开放的推进，国外企业开始大量进入中国消防市场，在带来先进技术的同时也促进了我国火灾报警产品生产企业的快速发展，部分技术已接近或赶上了国际水平，对消防人员的要求也大大提高了。然而，相关的专业书籍还比较缺乏，再加上火灾报警技术是紧跟电子技术的发展而不断提升的，电子技术的发展与产品性能的更新都很快，原有书籍的内容有些滞后。而现在从事消防专业的施工、检测、维保的人员大大增加，这些人员急需掌握消防知识和技能，这就更加需要高质量、理论与实践相结合的教材。

本书根据教育部最新的职业教育教学改革要求，结合示范专业建设课程改革成果和国家最新的技术规范要求，以满足消防施工岗位工作所需要的知识和技能为原则，以培养能够胜任火灾报警及消防联动系统的安装施工、检测、维保岗位的应用型技术人员为目标而进行编写。全书分为11章，主要介绍消防基础知识、火灾探测器、按钮及模块、警报装置、报警控制器、消防控制柜、应急广播、消防电话等组件，以及火灾自动报警系统设备安装、联动控制和调试与验收的方法等。

本书内容新颖，图文并茂，通俗易懂，实用性强，为高职高专院校建筑设备、消防工程、楼宇智能化、建筑电气工程、物业管理等专业的教材，也可作为应用型本科、成人教育、开放大学、自学考试、中职学校及培训班的教材，以及消防工程技术人员的参考书。

本书由黑龙江省建筑职业技术学院高级工程师李绍军任主编并负责统稿，黑龙江省大庆市公安消防支队防火处高级工程师马占伟任副主编。具体编写分工为：李绍军编写本书第 2、4、6 章；马占伟负责编写本书第 1、3、5、10 章；哈尔滨宏兴消防工程检测有限公司高级工程师唐继明负责编写本书第 7、8、11 章；黑龙江省哈尔滨市公安消防支队防火处高级工程师毛海峰负责编写本书第 9 章的 9.1～9.7 节；哈尔滨宏兴消防工程检测有限公司高级工程师郭洪林负责编写本书第 9 章的 9.8～9.12 节。全书内容由中国电子科技集团公司第 41 研究所蚌埠依爱消防电子有限责任公司高级工程师单夫来进行主审并提供相关的图片资料；同时，在本书编写过程中参考了大量的书刊资料，吸收了众多火灾报警设备各方面的新技术、新成果，并且运用了一些新的国家规范或标准，在此一并表示由衷的感谢。

由于编者水平有限，加之时间仓促，书中不妥和错误之处在所难免，恳请读者批评指正。

为方便教师教学，本书配有免费的电子教学课件、习题参考答案，请有此需要的教师登录华信教育资源网（http://www.hxedu.com.cn）免费注册后进行下载，有问题时请在网站留言或与电子工业出版社联系（E-mail：hxedu@phei.com.cn）。

编　者

目录

第1章 消防基础知识

大约在二三百万年前，地球上出现了人类，人类社会的历史也由此开始。

人和动物的本质区别就是人能够制造和使用工具进行生产劳动。石器作为人类制作的最初的工具，在原始社会很长一段时间里有着决定的意义。火的发现和使用，也是原始人类的一项特别重大的成就。对于火的使用，人类经历了一个从利用自然到人工取火的漫长过程。原始时期的人类目睹火山爆发和电闪雷击引起森林、草原起火，这种现象对于原始人来说，都是很可怕的现象。但是，人类在同险恶的自然条件斗争过程中，逐渐了解了烈火附近比较暖和，被烧死的野兽可以充饥，于是它们便试着取回火种，把燃烧的树枝带到山洞里去取暖，并逐渐地学会保留火种，用火作为战胜寒冷防止野兽侵袭的武器。在长期的劳动过程中，人类还发现了摩擦生火的现象。例如，打击燧石或石器相碰会产生火花；刮木、钻木时会生热，甚至冒烟起火。经过若干万年的摸索、尝试，人类终于在实践中掌握了打击、磨、钻等人工取火的方法。这样人类就从利用自然火过渡到人工取火。人类从对火的发现和对火的恐惧开始，逐渐地认识火，并最终开始利用火和使用火。

火的发现和利用，对于人类和社会的发展有着巨大意义。人类认识并掌握了火，就增强了同寒冷气候做斗争的能力。火可以烧烤食物，可以用来围猎和防御野兽，可以照明、烘干潮湿的物件，以及化冰块为饮水等。恩格斯因此指出：“摩擦生火第一次使人支配了一种自然力，从而最终把人同动物界分开。”火的使用标志着人类走向了文明，进入了对燃料的使用和开发的过程。火的使用不仅改善了人类的饮食和取暖条件，而且不断促进社会生产力的发展，使人类创造出了大量的社会财富。可以说，火在人类文明和社会进步中起着无法估量的重要作用，并伴随着人类发展的过程。

事物总是具有两面性的，人类在使用火的过程中，火灾也伴随着火的使用而发生。随着生产和科学技术的发展，社会财富与人口也不断增长，用火越来越普遍，火灾也逐渐增多，火灾所造成的损失也越来越大，火灾情况也更加复杂。

据统计，20 世纪 50 年代我国的火灾直接损失平均每年不到 5 000 万元；60 年代平均每年为 1.2 亿元；70 年代每年近 2.5 亿元；80 年代平均每年为 3.2 亿元；90 年代平均每年 11.6 亿元，90 年代末期火灾直接财产损失高达 15 亿元之多。特别是 90 年代以后，接连发生一次死亡几十人、上百人甚至几百人的群死群伤的恶性火灾事故。

根据联合国"世界火灾统计中心"（WFSC）的不完全统计，全球每年约发生 600～700 万起火灾，全球每年死于火灾的人数达到 65 000～75 000 人。美国每年仅用于保证建筑消防安全的费用就高达 1 400 亿美元。可以说，人类与火灾的斗争是一个永恒的主题。

在长期与火灾的斗争过程中，人们逐渐认识和掌握了火灾发生、发展的基本规律，并不断地研究预防、控制火灾的技术和方法，降低火灾所造成的经济损失和减少人员伤亡。经过多年的发展，尤其是 20 世纪 50 年代以后，人类对火灾的认识从表面现象的了解逐渐发展到理性上的认识，开始形成并建立了以燃烧学为基础的一门新兴的综合性交叉学科——火灾科学与消防工程学（包括防火和灭火的措施）。

火灾自动报警系统自从 1890 年英国人发明了第一只用来探测火灾信息的装置——对温度敏感的感温探测器以来，至今已经有 100 多年的历史。但是作为火灾自动报警系统发展标志的火灾探测器——采用放射性同位素源的离子感烟探测器的出现，以及相应的法规的颁布则是在 20 世纪 50 年代才逐渐开始的。随着 20 世纪 60 年代初离子感烟探测器被推广使用，世界各国也相继颁布了有关火灾自动报警系统的相关法律法规。例如，美国在 1961 年制定了针对电子计算机房、易燃库房等特殊建筑物的"特殊建筑物防火导则"，该导则在 1972 年正式列入美国消防协会（NFPA）制定的"美国国家防火标准"，作为法规规范。日本消防厅在 20 世纪 70 年代初制定的"消防技术标准"中，把火灾报警装置列入建筑规范，使其成为必须设置的防火安全设备。前苏联国家建设委员会在 20 世纪 70 年代中期颁布了"建筑物设计中的消防条例"，对各类建筑物中的火灾监测及消防自动控制技术做出了规定。

我国火灾探测报警技术起步于 20 世纪 70 年代中后期，1988 年颁布第一部火灾自动报警系统的规范 GBJ 116—1988《火灾自动报警系统设计规范》，1992 年颁布 GB 50166—1992《火灾自动报警系统施工及验收规范》，1998 年修订颁布了 GB 50116—1998《火灾自动报警系统设计规范》。2007 年修订颁布了 GB 50166—2007《火灾自动报警系统施工及验收规范》。

1.1 燃烧与火灾

1. 燃烧的概念与特点

燃烧：可燃物与氧化剂作用发生的放热反应，通常伴有火焰、发光和（或）发烟的现象。

从燃烧的概念中我们可以看出燃烧的表面现象是出现火焰、发光和（或）发烟的现象。而究其本质则是一种可燃物与氧化剂发生的氧化反应。在自然界及生产生活过程中，氧化反应存在得非常普遍，这些氧化反应由于反应速率的不同，有的称为燃烧，有的则称为一般的氧化反应。一般的氧化反应，由于反应缓慢，所产生的热量随时消失在空间内，并不能使空间内的可燃物达到其自身的燃点（燃点是指在规定的试验条件下，应用外部热源使物质表面起火并持续燃烧一定时间所需的最低温度），这种氧化反应我们不能称为是燃烧，并且这种氧化反应也没有发光现象。对于剧烈的氧化反应，在短时间内发出大量的热并伴随着光，不仅是自身出现火焰，同时发出的热量会点燃附近的可燃物，这类的氧化反应我们才称为燃烧。

燃烧通常伴随着火焰和发烟等现象，是因为燃烧区域内的高温作用所引起的，在高温作用下固体粒子和某些不稳定的中间物质的分子内的电子在受到外来能量的作用下，发生能级跃迁，从而发出各种波长的光，包括可见光和不可见光。发光的气相燃烧区就是火焰（火焰是指发光的气相燃烧区域），这是燃烧过程最为明显的特征。同时，由于不完全燃烧的原因，燃烧物中会有一些微小的颗粒，这就是燃烧时所形成的烟（烟是指由燃烧或热解作用所产生的悬浮在大气中可见的固体和（或）液体微粒）。

2. 火灾的概念与分类

火灾是指在时间或空间上，失去控制的燃烧所造成的灾害。

从火灾的定义上看，火灾是燃烧的一种，是一种失去控制的燃烧，是燃烧的特例，火灾除具备燃烧的基本特点外，还具备自身的三个特性，即失控性、燃烧性和灾害性。

火灾的分类一般是按照可燃物燃烧特性和火灾统计中的火灾等级两种方式。

1）按照可燃物燃烧特性分类

国家标准 GB/T 4968—2008《火灾分类》中，根据可燃物的类型和燃烧特性将火灾分为 A 类、B 类、C 类、D 类、E 类、F 类六种不同的类别。

（1）A 类火灾是指固体物质火灾。这种物质通常具有有机物性质，一般在燃烧时能产生灼热的余烬，如木材、棉、毛、麻、纸张火灾等。

（2）B 类火灾是指液体或可熔化的固体物质火灾，如原油、重油、汽油、煤油、柴油、动植物油、甲醇、乙醇、沥青、石蜡、苯、乙醚、丙酮火灾等。

（3）C 类火灾是指气体火灾，如煤气、天然气、甲烷、乙烷、丙烷、氢气火灾等。

（4）D 类火灾是指金属火灾，如钾、钠、镁、钛、锆、锂、铝镁合金火灾等。这类物质燃烧热很大，为普通燃料的 5～20 倍，火焰温度甚至高达 3 000 ℃，并且在高温环境下其性质更加活泼。

（5）E 类火灾是指带电火灾，即物体带电燃烧的火灾。

（6）F 类火灾是指烹饪器具内的烹饪物（如动植物油脂）火灾。

火灾按照物质燃烧特性分类的目的主要有两点，一是可以进一步划分各种物质在生产和储存过程中的火灾危险性，以便我们采取更加合理的方式来预防火灾的发生；二是为我们更加有效地扑救各类火灾，寻找最佳的灭火方法。

2）按照火灾统计中的火灾等级分类

依据《生产安全事故报告和调查处理条例》（国务院令 493 号）中按照火灾损失严重程度，把火灾划分为特别重大火灾、重大火灾、较大火灾和一般火灾四个等级。

（1）特别重大火灾是指造成 30 人以上（“以上”含本数，下同）死亡，或者 100 人以上重伤，或者 1 亿元以上直接财产损失的火灾。

（2）重大火灾是指造成 10 人以上、30 人以下（“以下”不含本数，下同）死亡，或者 50 人以上、100 人以下重伤，或者 5 000 万元以上、1 亿元以下直接财产损失的火灾。

（3）较大火灾是指造成 3 人以上、10 人以下死亡，或者 10 人以上、50 人以下重伤，或者 1 000 万元以上、5 000 万元以下直接财产损失的火灾。

（4）一般火灾是指造成 3 人以下死亡，或者 10 人以下重伤，或者 1 000 万元以下直接财产损失的火灾。

按照火灾损失程度划分主要是用来评定火灾规模，划定火灾调查权限，界定火灾责任的一种依据。

1.2 建筑物室内火灾

建筑物室内火灾的发展过程，通常是指建筑物内的一个或几个房间内固体可燃物着火所引起的火灾，尤其是指火灾在一个房间内首先发生并扩散到临近房间，我们通常称为“一点一次火”。我国现行建筑设计防火规范编制也是基于对建筑物内在同一时刻，只有一处发生火灾所应采取的技术措施。

对于室内火灾的燃烧过程我们一般是采用室内平均温度来表征火灾强度的，室内火灾的发展过程常用室内平均温度随时间变化曲线进行描述，如图 1.2-1 所示。

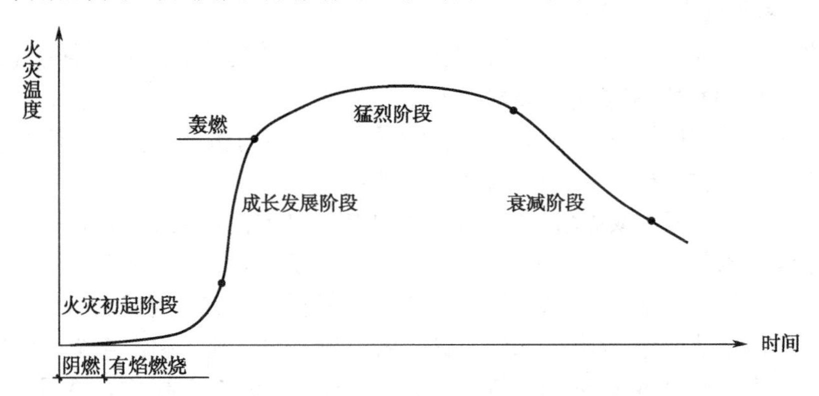

图 1.2-1　室内火灾的平均温度—时间变化曲线

图 1.2-1 表述了室内火灾的发展过程，这个过程大体分为四个阶段：火灾初起阶段、成长发展阶段、火灾猛烈燃烧阶段和火灾衰减阶段。

1. 火灾初起阶段

建筑物室内火灾的发生多是可燃固体首先发生阴燃（阴燃是指物质无可见光的缓慢燃烧，通常产生烟和温度升高的迹象），随着阴燃的进行，热量集聚，温度升高，此时如果室内空气充足或者有足够的空气导入，阴燃可能会转变为有焰燃烧。

火灾初起阶段，火灾仅限于初始起火点附近燃烧。普通可燃物在燃烧开始时，往往首先释放出燃烧气体，燃烧气体一般是由单分子的一氧化碳/二氧化碳等气体、较大的分子

团、悬浮在空气中的未燃烧物质微粒等组成，粒径一般在 0.01 μm 左右，通常称为气溶胶。而燃烧的产物往往是指人眼可见的燃烧生成物，通常粒径在 0.03～10 μm 的液体或固体微粒，我们称为烟雾。

燃烧气体和烟雾是重要的火灾参数，通常将物质燃烧产生的燃烧气体和烟雾统称为烟雾气溶胶，其粒径一般为 0.01～10 μm。普通可燃物在火灾初起阶段和阴燃阶段尽管产生了烟雾气溶胶，并且大量的烟雾气溶胶可能已经充满建筑内部空间，但环境温度不是很高，火势没有达到蔓延发展的程度。如果这个阶段能把火灾的重要参数——烟雾气溶胶探测出来，就能做到及早发现、及早报警、及早疏散和及早扑救，可以最大限度地降低火灾的损失。这种对于火灾初起阶段的阴燃所产生的烟雾气溶胶的探测，我们称为烟雾探测，也是火灾自动报警系统系统中最常见、最重要的探测火灾发生的方法之一。对于火灾初期阶段有阴燃出现、产生大量的烟和少量的热、很少或没有火焰辐射的场所，我们往往选用感烟火灾探测器进行火灾探测。

2. 成长发展阶段

有焰燃烧出现后，火灾进入到成长发展阶段。此时的火灾受到可燃物燃烧性能、分布、起火位置的通风散热条件等因素影响很大。如果室内通风良好，可燃物本身会加速燃烧，当其浓度足够时，会点燃附近的可燃物，使火灾发展到整个空间，导致该空间内的所有可燃物的表面都出现有焰燃烧，即出现轰燃现象。室内出现轰燃后，火灾就很难控制了，为此火灾自动报警系统应在轰燃出现之前探测火灾的发生。

火灾进入到成长发展阶段所产生的足够热量会引起环境温度的较大变化，如果能将火灾引起的明显的温度变化这一火灾参数有效探测，也能达到及时发现火灾，引导室内人员疏散和控制补救火灾的目的。这种对室内环境温度变化进行探测的方法，我们称为温度探测。温度探测也是火灾自动报警系统中比较常见和比较重要的探测火灾发生的方法之一。温度探测通常是在室内平时生产生活过程中产生烟雾、灰尘或蒸气的场所进行探测，如厨房、锅炉房、发电机房、烘干车间、吸烟室等。这类场所很难将正常的生产生活所产生的烟雾和火灾发生时候产生的烟雾有效地区别开来；还有一些场所，由于可燃物种类所致，其阴燃阶段很短暂甚至没有，就很快进入到成长发展阶段甚至是猛烈燃烧阶段，并且产生很少的烟雾，如汽油、酒精等 B 类火灾。对于上述场所我们往往采用感温火灾探测器探测火灾的发生。

火焰是物质燃烧产生的灼热发光的气体部分。物质燃烧到发光阶段，一般是物质全面燃烧阶段，物质燃烧反应的放热提高了燃烧产物的温度，并引起产物分子内部电子能级跃迁，因而放出各种波长的光。火焰作为燃烧一种特征，是火灾的重要参数之一。这个阶段产生强烈的火焰辐射，并含有大量红外线和紫外线的火焰光。这个阶段对红外线和紫外线进行有效的探测，也是实现火灾探测的方法之一，我们称为火焰探测。对火灾发展迅速，有强烈的火焰辐射和少量的烟、热的场所，如对液体燃烧火灾等无阴燃阶段的火灾往往选用火焰探测器来探测火灾的发生。当然对有阴燃阶段的火灾，产生大量烟雾气溶胶会影响和降低火焰光的探测。

3. 火灾猛烈燃烧阶段

轰燃是指在一限定空间内，可燃物的表面全部卷入燃烧的瞬变状态。轰燃是建筑物火

灾发展过程中的一种现象，即房间内的局部燃烧向全室性火灾过渡的现象。根据实验测定，当发生火灾时，如果地面有 20 kW/m^2 的热通量或吊顶下接近 600 ℃的高温，并且可燃物的燃烧速度达到 40 kg/s 时，才能出现轰燃。在建筑物发生轰燃后，由于室内的可燃物外表面全部燃烧起来，门窗的破坏为火灾提供稳定而充分的燃烧通风条件，使燃烧更加激烈，室内温度通常会上升到 800 ℃，甚至可产生高达 1 100 ℃的高温。在这样的高温下，建筑的结构会遭到严重的破坏。高温火焰烟气携带相当多的可燃组分从起火房间的开口窜出，并可能将火焰扩展到邻近房间或整个建筑物内。对于轰燃我们认为只是一个事件而不是一个火灾发展阶段。轰燃的出现标志着室内火灾由初期的增长阶段转为充分发展阶段。所以在建筑物出现轰燃之前这一阶段，对于建筑物内的人员疏散、物资的抢救及火灾的扑灭是具有非常重要的意义。建筑物室内一旦达到轰燃，则该室内未逃离的人员生命将受到威胁。

在轰燃后室内火灾进入到了猛烈燃烧阶段，环境温度不断升高，火势蔓延迅速，燃烧范围不断扩大，甚至导致整个建筑物出现火灾。

4. 火灾衰减阶段

当室内经过猛烈燃烧后，火灾荷载的大部分被消耗，火势处于衰减阶段，直到可燃物燃尽，火势熄灭。

1.3 建筑物火灾危险性分类

建筑物的火灾危险性包括火灾危害性和火灾危险性，火灾危害性是指发生火灾可能造成的后果。火灾危险性是指发生火灾的可能性。

建筑是凝固的艺术，建筑形式的多种多样，使用功能的复杂性，导致了每个建筑物的火灾危险性都不尽相同。建筑物的数量和形式之多，我们不可能针对每个建筑物规定其不同的防火设计要求，往往按照建筑物的使用性质、火灾危险性、疏散和扑救难度分成几个大的类别，并针对相同类别的建筑物规定其共同的防火设计原则。例如，将建筑物按照工业建筑和民用建筑两大类别进行划分，工业建筑又可以分为生产类建筑（厂房）和储存物品类建筑（库房）两大类。而民用建筑的火灾危险性分类则按照其高度划分为高层民用建筑和多层民用建筑两大类。这样划分后，就可以相应地颁布针对不同类别的建筑物的防火设计规范，提出相适应的防火技术措施。例如，工业建筑的厂房（库房）和多层民用建筑执行 GB 50016—2006《建筑设计防火规范》中的技术要求，而高层民用建筑则执行 GB 50045—1995（2005 年版）《高层民用建筑设计防火规范》。

1. 生产的火灾危险性分类

（1）生产的火灾危险性是按生产过程中使用或加工物品的火灾危险性确定的，并把它作为厂房火灾危险性的分类标准。在 GB 50016—2006《建筑设计防火规范》中将生产的火灾危险性分为五类，如表 1.3-1 所示。

（2）同一座厂房或厂房的任一防火分区内有不同火灾危险性生产时，该厂房或防火分区内的生产火灾危险性分类应按火灾危险性较大的部分确定。当符合下述条件之一时，可按火灾危险性较小的部分确定。

表 1.3-1 生产的火灾危险性分类

生产类别	生产的火灾危险性分类	
	项 别	使用或产生下列物质的生产
甲	1	闪点小于 28 ℃的液体
	2	爆炸下限小于 10% 的气体
	3	常温下能自行分解或在空气中氧化能导致迅速自燃或爆炸的物质
	4	常温下受到水或空气中水蒸气的作用，能产生可燃气体并引起燃烧或爆炸的物质
	5	遇酸、受热、撞击、摩擦、催化及遇有机物或硫黄等易燃的无机物，极易引起燃烧或爆炸的强氧化剂
	6	受撞击、摩擦，或与氧化剂、有机物接触时能引起燃烧或爆炸的物质
	7	在密闭设备内操作温度大于或等于物质本身自燃点的生产
乙	1	闪点大于或等于 28 ℃，但小于 60 ℃的液体
	2	爆炸下限大于或等于 10% 的气体
	3	不属于甲类的氧化剂
	4	不属于甲类的化学易燃危险固体
	5	助燃气体
	6	能与空气形成爆炸性混合物的浮游状态的粉尘、纤维、闪点大于或等于 60 ℃的液体雾滴
丙	1	闪点大于或等于 60 ℃的液体
	2	可燃固体
丁	1	对不燃烧物质进行加工，并在高温或熔化状态下经常产生强辐射热、火花或火焰的生产
	2	利用气体、液体、固体作为燃料，或将气体、液体进行燃烧作为其他使用的各种生产
	3	常温下使用或加工难燃烧物质的生产
戊		常温下使用或加工非燃烧物质的生产

① 火灾危险性较大的生产部分占本层或本防火分区面积的比例小于 5%，或丁、戊类厂房内的油漆工段小于 10% ，且发生火灾事故时不足以蔓延到其他部位或火灾危险性较大的生产部分采取了有效的防火措施。

② 丁、戊类厂房内的油漆工段，当采用封闭喷漆工艺，封闭喷漆空间内保持负压、油漆工段设置可燃气体自动报警系统或自动抑爆系统，且油漆工段占其所在防火分区面积的比例小于或等于 20% 。

2. 储存物品的火灾危险性分类

（1）库房储存物品的火灾危险性分类是按物品在储存过程中的火灾危险性进行分类的。在 GB 50016—2006《建筑设计防火规范》中将其分为五类，如表 1.3-2 所示。

（2）同一座仓库或仓库的任一防火分区内储存不同火灾危险性物品时，该仓库或防火分区的火灾危险性应按其中火灾危险性最大的类别确定。

（3）丁、戊类储存物品的可燃包装重量大于物品本身重量 1/4 的仓库，其火灾危险性应按丙类确定。

表 1.3-2　储存物品的火灾危险性分类

仓库类别	项　别	火灾危险性的特征
甲	1	闪点小于 28 ℃的液体
	2	爆炸下限小于 10% 的气体，以及受到水或空气中水蒸气的作用，能产生爆炸下限小于 10% 气体的固体物质
	3	常温下能自行分解或在空气中氧化能导致迅速自燃或爆炸的物质
	4	常温下受到水或空气中水蒸气的作用，能产生可燃气体并引起燃烧或爆炸的物质
	5	遇酸、受热、撞击、摩擦及遇有机物或硫黄等易燃的无机物，极易引起燃烧或爆炸的强氧化剂
	6	受撞击、摩擦，或与氧化剂、有机物接触时能引起燃烧或爆炸的物质
乙	1	闪点大于或等于 28 ℃，但小于 60 ℃的液体
	2	爆炸下限大于或等于 10% 的气体
	3	不属于甲类的氧化剂
	4	不属于甲类的化学易燃危险固体
	5	助燃气体
	6	常温下与空气接触能缓慢氧化，积热不散引起自燃的物品
丙	1	闪点大于或等于 60 ℃的液体
	2	可燃固体
丁		难燃烧物品
戊		非燃烧物品

3. 民用建筑火灾危险性分类

民用建筑分类主要是按照建筑高度来划分，分为高层民用建筑和多层民用建筑。在 GB 50045—1995（2005 年版）《高层民用建筑设计防火规范》中规定，满足下列条件的属于高层民用建筑，反之属于多层建筑。

（1）十层及十层以上的居住建筑（包括首层设置商业服务网点的住宅）。

（2）建筑高度超过 24 m 的公共建筑。

高层建筑起始高度的划分：考虑我国经济条件与消防装备等现实情况，规定 10 层及 10 层以上的住宅及高度超过 24 m 的其他民用建筑为高层建筑。应该说明的是，既称为高层建筑，就应考虑层数多少这一主要因素，所以单层主体高度在 24 m 以上的体育馆、剧院、会堂等，均不属于高层建筑，在防火设计时，应执行 GB 50016－2006《建筑设计防火规范》相应条款。

在 GB 50045—1995（2005 年版）《高层民用建筑设计防火规范》中按照建筑物的使用性质、火灾危险性、疏散和扑救难度将高层民用建筑分为一类高层民用建筑和二类高层民用建筑，如表 1.3-3 所示。

4. 汽车库、修车库、停车场火灾危险性分类

对于汽车库、修车库、停车场防火设计执行 GB 50067—1997《汽车库、修车库、停车场设计防火规范》。在该规范中，对于汽车库、修车库、停车场的火灾危险性分类是按照其停滞车辆的数量来划分，如表 1.3-4 所示。

表 1.3-3　高层民用建筑火灾危险性分类

名称	一类	二类
居住建筑	高级住宅 十九层及十九层以上的普通住宅	十层至十八层的普通住宅
公共建筑	1. 医院 2. 高级旅馆 3. 建筑高度超过 50 m 或 24 m 以上部分的任一楼层的建筑面积超过 1 000 m^2 的商业楼、展览楼、综合楼、电信楼、财贸金融楼 4. 建筑高度超过 50 m 或 24 m 以上部分的任一楼层的建筑面积超过 1 500 m^2 的商住楼 5. 中央级和省级（含计划单列市）广播电视楼 6. 网局级和省级（含计划单列市）电力调度楼 7. 省级（含计划单列市）邮政楼、防灾指挥调度楼 8. 藏书超过 100 万册的图书馆、书库 9. 重要的办公楼、科研楼、档案楼 10. 建筑高度超过 50 m 的教学楼和普通的旅馆、办公楼、科研楼、档案楼等	1. 除一类建筑以外商业楼、展览楼、综合楼、电信楼、财贸金融楼、商住楼、图书馆、书库 2. 省级以下的邮政楼、防灾指挥调度楼、广播电视楼、电力调度楼 3. 建筑高度不超过 50 m 的教学楼和普通的旅馆、办公楼、科研楼、档案楼等

表 1.3-4　汽车库、修车库、停车场的火灾危险性分类

名称＼类别	Ⅰ	Ⅱ	Ⅲ	Ⅳ
汽车库	>300 辆	151～300 辆	51～150 辆	≤50 辆
修车库	>15 车位	6～15 车位	3～5 车位	≤2 车位
停车场	>400 辆	251～400 辆	101～250 辆	≤100 辆

注：汽车库的屋面也停放汽车时，其停车数量应计算在汽车库的总车辆数内。

建筑物按照其火灾危险性的不同进行分类，目的在于对火灾危险性不同的建筑物，采取不同的消防安全设防的技术措施。对于火灾自动报警系统的设置而言，首先要根据该建筑物的火灾危险性大小确定该建筑物是否必须设置火灾自动报警系统，即根据建筑物的火灾危险性来判定该建筑物适用于哪部我国目前现行建筑设计防火规范范畴内。例如，某建筑物是工业建筑或多层民用建筑，对它进行建筑防火设计时，就要执行 GB 50016－2006《建筑设计防火规范》。如果它是高层民用建筑，那就要执行 GB 50045—1995（2005 年版）《高层民用建筑设计防火规范》。这是建筑防火设计首要的任务，即对建筑物消防定性，其次根据该规范给出的必须设置火灾自动报警系统的场所，来判定设计的建筑物是否必须设置火灾自动报警系统。下面就是常用的建筑设计防火规范要求的必须设置火灾自动报警系统的场所。

5. 应设置火灾自动报警系统的场所

在 GB 50016—2006《建筑设计防火规范》中，规定下列场所应设置火灾自动报警系统。

（1）大、中型电子计算机房及其控制室、记录介质库，特殊贵重或火灾危险性大的机器、仪表、仪器设备室、贵重物品库房，设有气体灭火系统的房间。

（2）每座占地面积大于 1 000 m^2 的棉、毛、丝、麻、化纤及其织物的库房，占地面积超过 500 m^2 或总建筑面积超过 1 000 m^2 的卷烟库房。

（3）任一层建筑面积大于 1 500 m^2 或总建筑面积大于 3 000 m^2 的制鞋、制衣、玩具等厂房。

（4）任一层建筑面积大于 3 000 m^2 或总建筑面积大于 6 000 m^2 的商店、展览建筑、财贸金融建筑、客运和货运建筑等。

（5）图书、文物珍藏库，每座藏书超过 100 万册的图书馆，重要的档案馆。

（6）地市级及以上广播电视建筑、邮政楼、电信楼，城市或区域性电力、交通和防灾救灾指挥调度等建筑。

（7）特等、甲等剧院或座位数超过 1 500 个的其他等级的剧院、电影院，座位数超过 2 000 个的会堂或礼堂，座位数超过 3 000 个的体育馆。

（8）老年人建筑、任一楼层建筑面积大于 1 500 m^2 或总建筑面积大于 3 000 m^2 的旅馆建筑、疗养院的病房楼、儿童活动场所，以及大于或等于 200 床位的医院的门诊楼、病房楼、手术部等。

（9）建筑面积大于 500 m^2 的地下、半地下商店。

（10）设置在地下、半地下或建筑的地上四层及四层以上的歌舞娱乐放映游艺场所。

（11）净高大于 2.6 m 且可燃物较多的技术夹层，净高大于 0.8 m 且有可燃物的闷顶或吊顶层。

对于高层民用建筑如何设置火灾自动报警系统，在 GB 50045—1995（2005 年版）《高层民用建筑设计防火规范》中规定，下列场所应设置火灾自动报警系统。

（1）建筑高度超过 100 m 的高层建筑，除游泳池、溜冰场、卫生间外，均应设火灾自动报警系统。

（2）除住宅、商住楼的住宅部分、游泳池、溜冰场外，建筑高度不超过 100 m 的一类高层建筑的下列部位应设置火灾自动报警系统。

① 医院病房楼的病房、贵重医疗设备室、病历档案室、药品库。

② 高级旅馆的客房和公共活动用房。

③ 商业楼、商住楼的营业厅，展览楼的展览厅。

④ 电信楼、邮政楼的重要机房和重要房间。

⑤ 财贸金融楼的办公室、营业厅、票证库。

⑥ 广播电视楼的演播室、播音室、录音室、节目播出技术用房、道具布景。

⑦ 电力调度楼、防灾指挥调度楼等的微波机房、计算机房、控制机房、动力机房。

⑧ 图书馆的阅览室、办公室、书库。

⑨ 档案楼的档案库、阅览室、办公室。

⑩ 办公楼的办公室、会议室、档案室。

⑪ 走道、门厅、可燃物品库房、空调机房、配电室、自备发电机房。

⑫ 净高超过 2.60 m 且可燃物较多的技术夹层。

⑬ 贵重设备间和火灾危险性较大的房间。

⑭ 经常有人停留或可燃物较多的地下室。

⑮ 电子计算机房的主机房、控制室、纸库、磁带库。

（3）二类高层建筑的下列部位应设火灾自动报警系统。

① 财贸金融楼的办公室、营业厅、票证库。

② 电子计算机房的主机房、控制室、纸库、磁带库。

③ 面积大于 50 m^2 的可燃物品库房。

④ 面积大于 500 m^2 的营业厅。

⑤ 经常有人停留或可燃物较多的地下室。

⑥ 性质重要或有贵重物品的房间。

注意，旅馆、办公楼、综合楼的门厅、观众厅，设有自动喷水灭火系统时，可不设火灾自动报警系统。

在 GB 50067—1997《汽车库、修车库、停车场设计防火规范》中规定，除敞开式汽车库以外的Ⅰ类汽车库、Ⅱ类地下汽车库和高层汽车库，以及机械式立体汽车库、复式汽车库、采用升降梯作为汽车疏散出口的汽车库，应设置火灾自动报警系统。

上述的建筑设计防火规范要求的必须设置火灾自动报警系统的场所只是最低的消防安全保障要求。

1.4　建筑物的防火分区

建筑物的防火分区是指在建筑物内部采取防火墙、耐火楼板及其他防火分隔措施分隔，能在一定时间内防止火灾向同一建筑的其余部分蔓延的局部空间。它是控制建筑物火灾的基本单元，是建筑防火设计中的一项重要的工作内容。

在建筑设计中，建筑学专业应合理的对一个建筑物的防火分区进行划分。划分防火分区的目的在于，当建筑物中一个防火分区发生火灾时，组成该防火分区的防火分隔物可以在一定时间内阻止着火分区内的火灾向建筑物的其他分区扩散和蔓延，控制火灾的规模，减少火灾的损失，保证其他分区的相对安全，为人员疏散提供安全区域。由于火灾范围得到进一步的控制，划分防火分区也为消防扑救提供有利的条件，避免了扑救大面积火灾而带来的种种困难。一个建筑物的防火分区划分也是安全疏散设计和建筑消防设施设计的前提条件，建筑物的安全疏散设计是针对每个分区内的人员疏散进行的，设计的原则是保证每个防火分区内的安全出口数量、疏散宽度及安全疏散距离等符合规范要求。建筑物内的消防设施的设计也要根据划分好的防火分区的位置进行设计，如防烟分区的划分、自动喷水灭火系统管网的敷设、室内消火栓位置数量的确定、火灾自动报警系统回路的敷设等。

1. 划分防火分区的原则

划分防火分区主要遵循以下几个原则。

（1）划分防火分区必须满足现行建筑设计防火规范中规定的面积及构造要求，防火分区的划分严禁超过现行建筑设计防火规范中所规定的防火分区面积。

（2）对同一个建筑物内进行防火分区的划分首先要根据建筑物内部的使用功能进行划

分，将使用功能不同的部分、发生火灾危险性大、火灾燃烧时间长的部分、各危险区域之间、不同用户之间、办公用房和生产车间之间，人员积聚场所、儿童活动场所、公共场所与居住场所等应进行防火分隔处理。

（3）高层建筑在垂直方向应以每个楼层为单元划分防火分区；所有建筑的地下室，在垂直方向应以每个楼层为单元划分防火分区。

（4）作为避难通道使用的楼梯间、前室和某些有避难功能的走廊、为扑救火灾而设置的消防通道必须受到完全保护，保证其不受火灾的侵害，并时刻保持畅通无阻。

（5）高层建筑中的各种竖向井道，如电缆井、管道井、垃圾井等，其本身应是独立的防火单元，保证井道外部火灾不得进入井道内部，井道内部火灾也不得扩散到井道外部。

（6）有特殊防火要求的建筑，如医院的重点护理病房、贵重设备和物品的储存间等在防火分区之内尚应设置更小的防火区域。

（7）不同灭火方式的房间应加以分隔，如配电房、自备发动机房等。当采用二氧化碳等气体自动灭火系统时，由于这些灭火剂有一定的毒性，应分隔为封闭单元，以便释放灭火剂后能密闭起来，防止毒性气体扩散伤人。此外，不能用水灭火的化学物品的使用与储存间，也应单独分隔开。

2. 防火分区的划分部位和面积

对于建筑消防设施的设置，尤其是火灾自动报警系统的设计中所关心的是防火分区的划分部位和面积。下面内容是常见的建筑物防火分区的设置部位和面积要求。

1）多层民用建筑的防火分区

（1）GB 50016—2006《建筑设计防火规范》对多层民用建筑的耐火等级、最多允许层数和防火分区最大允许建筑面积做出了规定，如表 1.4-1 所示。

表 1.4-1　民用建筑的耐火等级、最多允许层数和防火分区最大允许建筑面积

耐火等级	最多允许层数	防火分区最大允许建筑面积（m^2）	备　注
一、二级	按照《建筑设计防火规范》1.0.2 所规定的范围	2 500	1．体育馆、剧院的观众厅，展览建筑的展厅，其防火分区最大允许建筑面积可适当放宽 2．托儿所、幼儿园的儿童用房和儿童游乐厅等儿童活动场所不应超过三层或设置在四层及四层以上楼层或地下、半地下建筑（室）内
三级	5 层	1 200	1．托儿所、幼儿园的儿童用房和儿童游乐厅等儿童活动场所、老年人建筑和医院、疗养院的住院部分不应超过二层或设置在三层及三层以上楼层或地下、半地下建筑室内 2．商店、学校、电影院、剧院、礼堂、食堂、菜市场不应超过二层或设置在三层及三层以上楼层
四级	2 层	600	学校、食堂、菜市场、托儿所、幼儿园、老年人建筑、医院等不应设置在二层
地下、半地下建筑（室）		500	—

（2）建筑内设置自动灭火系统时，该防火分区的最大允许建筑面积可按表 1.4-1 的规定增加 1.0 倍。局部设置时，增加面积可按该局部面积的 1.0 倍计算。

（3）对于多层建筑的地上商店营业厅、展览建筑的展览厅，当设置在一、二级耐火等级的单层建筑内或多层建筑的首层，并且设置有自动喷水灭火系统、排烟设施和火灾自动报警系统，建筑内部装修符合 GB 50222—2001《建筑内部装修设计防火规范》的有关规定，其每个防火分区的最大允许建筑面积不应大于 10 000 m^2。

（4）对于多层建筑的地下商店，当设有火灾自动报警系统和自动灭火系统，且建筑内部装修符合 GB 50222—2001《建筑内部装修设计防火规范》的有关规定时，其营业厅每个防火分区的最大允许建筑面积可增加到 2 000 m^2。

2）高层民用建筑的防火分区

根据 GB 50045—1995（2005 年版）《高层民用建筑设计防火规范》规定，高层民用建筑的防火分区面积应符合下列规定。

（1）高层民用建筑每个防火分区的允许最大建筑面积要符合表 1.4-2 的要求。

表 1.4-2　高层民用建筑每个防火分区的允许最大建筑面积

建 筑 类 别	每个防火分区建筑面积（m^2）
一类建筑	1 000
二类建筑	1 500
地下室	500

注：① 设有自动灭火系统的防火分区，其允许最大建筑面积可按本表增加 1.0 倍；当局部设置自动灭火系统时，增加面积可按该局部面积的 1.0 倍计算。

② 一类建筑的电信楼，其防火分区允许最大建筑面积可按本表增加 50%。

（2）高层建筑内的商业营业厅、展览厅等，当设有火灾自动报警系统和自动灭火系统，且采用不燃烧或难燃烧材料装修时，地上部分防火分区的允许最大建筑面积为 4 000 m^2；地下部分防火分区的允许最大建筑面积为 2 000 m^2。

（3）当高层建筑与其裙房之间设有防火墙等防火分隔设施时，其裙房的防火分区允许最大建筑面积不应大于 2 500 m^2，当设有自动喷水灭火系统时，防火分区允许最大建筑面积可增加 1.00 倍。

3）汽车库、修车库、停车场的防火分区

根据 GB 50067—1997《汽车库、修车库、停车场设计防火规范》规定，汽车库、修车库、停车场的防火分区面积应符合下列规定。

（1）汽车库的每个防火分区的最大允许建筑面积应符合表 1.4-3 的规定。汽车库内设有自动灭火系统时，其防火分区的最大允许建筑面积可按表 1.4-3 的规定增加 1.0 倍。

（2）机械式立体汽车库的停车数超过 50 辆时，应设防火墙或防火隔墙进行分隔。

（3）甲、乙类物品运输车的汽车库、修车库，其防火分区最大允许建筑面积不应超过 500 m^2。

表 1.4-3　汽车库的每个防火分区的最大允许建筑面积　（单位：m^2）

耐火等级	单层汽车库	多层汽车库	地下汽车库或高层汽车库
一、二级	3 000	2 500	2 000
三级	1 000		

注：① 敞开式、错层式、斜楼板式的汽车库的上下连通层面积应叠加计算，其防火分区最大允许建筑面积可按本表规定值增加一倍。

② 室内地坪低于室外地坪面，高度超过该层汽车库净高 1/3 且不超过净高 1/2 的汽车库，或设在建筑物首层的汽车库的防火分区最大允许建筑面积不应超过 2 500 m^2。

③ 复式汽车库的防火分区最大允许建筑面积应按本表规定值减少 35%。

（4）修车库防火分区最大允许建筑面积不应超过 2 000 m^2。当修车部位与相邻的使用有机溶剂的清洗和喷漆工段，采用防火墙分隔时，其防火分区最大允许建筑面积不应超过 4 000 m^2。设有自动灭火系统的修车库，其防火分区最大允许建筑面积可增加 1.0 倍。

4）人民防空工程的防火分区

根据 GB 50098—2009《人民防空工程设计防火规范》规定，人民防空工程的防火分区面积应符合下列规定。

（1）每个防火分区的允许最大建筑面积，除规范另有规定者外，不应大于 500 m^2。当设置有自动灭火系统时，允许最大建筑面积可增加 1.0 倍；局部设置时，增加的面积可按该局部面积的 1 倍计算。

（2）商业营业厅、展览厅等，当设置有火灾自动报警系统和自动灭火系统，且采用 A 级装修材料装修时，防火分区允许最大建筑面积不应大于 2 000 m^2。

（3）电影院、礼堂的观众厅，防火分区允许最大建筑面积不应大于 1 000 m^2。当设置有火灾自动报警系统和自动灭火系统时，其允许最大建筑面积也不得增加。

（4）溜冰馆的冰场、游泳馆的游泳池、射击馆的靶道区、保龄球馆的球道区等，其面积可不计入溜冰馆、游泳馆、射击馆、保龄球馆的防火分区面积内。溜冰馆的冰场、游泳馆的游泳池、射击馆的靶道区等，其装修材料应采用 A 级。

（5）水泵房、污水泵房、水池、厕所、盥洗间等无可燃物的房间，其面积可不计入防火分区的面积之内。

（6）与柴油发电机房或锅炉房配套的水泵间、风机房、储油间等，应与柴油发电机房或锅炉房一起划分为一个防火分区。

（7）丙、丁、戊类物品库房的防火分区允许最大建筑面积应符合表 1.4-4 的规定。当设置有火灾自动报警系统和自动灭火系统时，允许最大建筑面积可增加 1.0 倍；局部设置时，增加的面积可按该局部面积的 1.0 倍计算。

表 1.4-4　丙、丁、戊类物品库房防火分区允许最大建筑面积　（单位：m^2）

储存物品类别		防火分区最大允许建筑面积
丙	闪点≥60 ℃的可燃液体	150
	可燃固体	300
丁		500
戊		1 000

5）厂房、库房的防火分区

（1）厂房的耐火等级、层数和每个防火分区的最大允许建筑面积除规范另有规定者外，应符合表 1.4-5 的规定。

表 1.4-5　厂房的耐火等级、层数和防火分区的最大允许建筑面积

生产类别	厂房的耐火等级	最多允许层数	每个防火分区的最大允许建筑面积（m^2）			
			单层厂房	多层厂房	高层厂房	地下、半地下厂房，厂房的地下室、半地下室
甲	一级 二级	除生产必须采用多层者外，宜采用单层	4 000 3 000	3 000 2 000	— —	— —
乙	一级 二级	不限 6	5 000 4 000	4 000 3 000	2 000 1 500	— —
丙	一级 二级 三级	不限 不限 2	不限 8 000 3 000	6 000 4 000 2 000	3 000 2 000 —	500 500 —
丁	一、二级 三级 四级	不限 3 1	不限 4 000 1 000	不限 2 000 —	4 000 — —	1 000 — —
戊	一、二级 三级 四级	不限 3 1	不限 5 000 1 500	不限 3 000 —	6 000 — —	1 000 — —

注：① 防火分区之间应采用防火墙分隔。除甲类厂房外的一、二级耐火等级单层厂房，当其防火分区的建筑面积大于本表规定，且设置防火墙确有困难时，可采用防火卷帘或防火分隔水幕分隔。采用防火卷帘时应符合 GB 50016—2006《建筑设计防火规范》第 7.5.3 条的规定；采用防火分隔水幕时，应符合 GB 50084—2001《自动喷水灭火系统设计规范》的有关规定。

② 除麻纺厂房外，一级耐火等级的多层纺织厂房和二级耐火等级的单层、多层纺织厂房，其每个防火分区的最大允许建筑面积可按本表的规定增加 0.5 倍，但厂房内的原棉开包、清花车间均应采用防火墙分隔。

③ 一、二级耐火等级的单层、多层造纸生产联合厂房，其每个防火分区的最大允许建筑面积可按本表的规定增加 1.5 倍。一、二级耐火等级的湿式造纸联合厂房，当纸机烘缸罩内设置自动灭火系统，完成工段设置有效灭火设施保护时，其每个防火分区的最大允许建筑面积可按工艺要求确定。

④ 一、二级耐火等级的谷物筒仓工作塔，当每层工作人数不超过 2 人时，其层数不限。

⑤ 一、二级耐火等级卷烟生产联合厂房内的原料、备料及成组配方、制丝、储丝和卷接包、辅料周转、成品暂存、二氧化碳膨胀烟丝等生产用房应划分独立的防火分隔单元，当工艺条件许可时，应采用防火墙进行分隔。其中，制丝、储丝和卷接包车间可划分为一个防火分区，且每个防火分区的最大允许建筑面积可按工艺要求确定。但制丝、储丝及卷接包车间之间应采用耐火极限不低于 2.00 h 的墙体和 1.00 h 的楼板进行分隔。厂房内各水平和竖向分隔间的开口应采取防止火灾蔓延的措施。

⑥ 本表中“—”表示不允许。

（2）仓库的耐火等级、层数和面积除规范另有规定者外，应符合表 1.4-6 的规定。

（3）厂房内设置自动灭火系统时，每个防火分区的最大允许建筑面积可按表 1.4-5 的规定增加 1.0 倍。当丁、戊类的地上厂房内设置自动灭火系统时，每个防火分区的最大允许建筑面积不限。

（4）厂房内局部设置自动灭火系统时，其防火分区增加面积可按该局部面积的 1.0 倍计算。

（5）仓库内设置自动灭火系统时，每座仓库最大允许占地面积和每个防火分区最大允许建筑面积可按表 1.4-6 的规定增加 1.0 倍。

表 1.4-6　仓库的耐火等级、层数和面积

储存物品类别		仓库的耐火等级	最多允许层数	每座仓库的最大允许占地面积和每个防火分区的最大允许建筑面积（m^2）						
				单层仓库		多层仓库		高层仓库		地下、半地下仓库或仓库的地下室、半地下室
				每座仓库	防火分区	每座仓库	防火分区	每座仓库	防火分区	防火分区
甲	3、4 项	一级	1	180	60	—	—	—	—	—
	1、2、5、6 项	一、二级	1	750	250	—	–	—	—	—
乙	1、3、4 项	一、二级	3	2 000	500	900	300	—	—	—
		三级	1	500	250	—	—	—	—	—
	2、5、6 项	一、二级	5	2 800	700	1 500	500	—	—	—
		三级	1	900	300	—	—	—	—	—
丙	1 项	一、二级	5	4 000	1 000	2 800	700	—	—	150
		三级	1	1 200	400	—	—	—	—	—
	2 项	一、二级	不限	6 000	1 500	4 800	1 200	4 000	1 000	300
		三级	3	2 100	700	1 200	400	—	—	—
丁		一、二级	不限	不限	3 000	不限	1 500	4 800	1 200	500
		三级	3	3 000	1 000	1 500	500	—	—	—
		四级	1	2 100	700	—	—	—	—	—
戊		一、二级	不限	不限	不限	不限	2 000	6 000	1	1 000
		三级	3	3 000	1 000	2 100	700	—	500—	—
		四级	1	2 100	700	—	—	—	—	—

注：① 仓库中的防火分区之间必须采用防火墙分隔。

② 石油库内桶装油品仓库应按现行国家标准《石油库设计规范》GB 50074—2014 的有关规定执行。

③ 一、二级耐火等级的煤均化库，每个防火分区的最大允许建筑面积不应大于 12 000 m2。

④ 独立建造的硝酸铵仓库、电石仓库、聚乙烯等高分子制品仓库、尿素仓库、配煤仓库、造纸厂的独立成品仓库，以及车站、码头、机场内的中转仓库，当建筑的耐火等级不低于二级时，每座仓库的最大允许占地面积和每个防火分区的最大允许建筑面积可按本表的规定增加 1.0 倍。

⑤ 一、二级耐火等级粮食平房仓库的最大允许占地面积不应大于 12 000 m2 ，每个防火分区的最大允许建筑面积不应大于 3 000 m2；三级耐火等级粮食平房仓库的最大允许占地面积不应大于 3 000 m2，每个防火分区的最大允许建筑面积不应大于 1 000 m2。

⑥ 一、二级耐火等级冷库的最大允许占地面积和防火分区的最大允许建筑面积，应按现行国家标准《冷库设计规范》GB 50072—2010 的有关规定执行。

⑦ 酒精度为 50%以上的白酒仓库不宜超过三层。

⑧ 本表中“—”表示不允许。

⑨ 储存物品类别中的项如表 1.3-2 中所示的项别。

1.5　建筑物的防烟分区

防烟分区是指在建筑内部屋顶或顶板、吊顶下，采用具有挡烟功能的构配件进行分隔

所形成的具有一定蓄烟能力的空间。

建筑物内应根据需要划分防烟分区，其目的是为了在火灾初期阶段将产生的烟气控制在一定区域内，并通过排烟设施将烟气迅速有组织地排出室外，防止烟气侵入疏散通道或蔓延到其他区域，以满足人员安全疏散和消防扑救的需要。

防烟分区的划分原则如下。

（1）排烟系统中首先要确认防烟分区的划分，防烟分区的划分原则是每个防烟分区面积一般不超过 500 m^2（汽车库的防烟分区面积不超过 2 000 m^2）。

（2）防烟分区应在防火分区内划分，并且防烟分区不应跨越防火分区。

（3）设置排烟设施的走道、净高不超过 6.00 m 的房间应采用挡烟垂壁、隔墙或从顶棚下突出不小于 0.5 m 的梁划分防烟分区，在每个防烟分区内均设有排烟口。

（4）净空高度超过 6 m 的房间，可不划分防烟分区，防火分区等同防烟分区。

挡烟垂壁是指安装在吊顶或楼板下或隐蔽在吊顶内，火灾时能够阻止烟和热气体水平流动的垂直分隔物。挡烟垂壁分为固定挡烟垂壁和活动挡烟垂壁两种，固定挡烟垂壁就是采用不燃烧材料制作的，固定在建筑物顶棚下。图 1.5-1 所示为某商场采用防火玻璃作为固定挡烟垂壁。

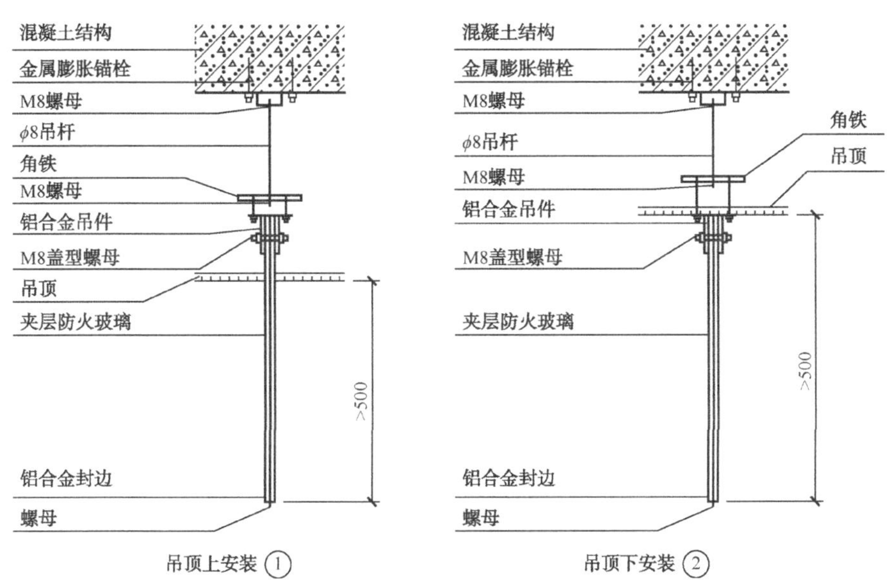

图 1.5-1　固定挡烟垂壁

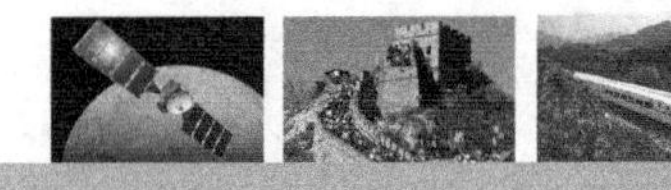

活动挡烟垂壁按活动方式可分为卷帘式挡烟垂壁和翻板式挡烟垂壁。执行标准为GA 533—2005《挡烟垂壁》，如图1.5-2所示。活动挡烟垂壁的有效下降高度应不小于500 mm，卷帘式挡烟垂壁的单节宽度应不大于6 000 mm，翻板式挡烟垂壁的单节宽度应不大于2 400 mm。

图1.5-2　卷帘式挡烟垂壁

第2章 火灾自动报警系统的组成与分类

第 1 章我们了解了室内火灾的发展过程。在火灾发展到猛烈燃烧阶段，火灾所造成的损失将是极大的，为了在火灾初期阶段及时发现火灾，最大限度地减小火灾所造成的损失，我们在建筑物中设置了火灾自动报警系统，用以监测建筑物火灾的发生。

在建筑物发生火灾时，发生火灾的场所或部位可能处在无人监视状态，为了保证在火灾初期阶段能够及早发现、及早扑救，减少火灾带来的损失，可以通过火灾自动报警系统中设置的火灾探测器实时监测被警戒的现场或对象，火灾探测器检测到火灾产生的烟雾、高温、火焰及火灾特有的气体等火灾参数，并将其转换成电信号，经过与正常状态阈值或参数模型分析比较，给出火灾报警信号，通过火灾报警控制器上的报警显示装置显示出来，通知消防人员发生了火灾。这就是火灾自动报警系统中的自动报警的功能。

对于发生火灾的场所或部位处在有人监视状态时，室内的人员应该首先进行报警，火灾自动报警系统中设置的手动报警按钮就是起这个作用的，当人员发现建筑物内某个场所或对象发生火灾时，按下附近的手动报警按钮，手动报警按钮将该火灾报警信号传送给火灾报警控制器，并通过火灾报警控制器上的报警显示装置显示出来，通知消防人员发生了火灾，这就是火灾自动报警系统的人工报警功能。

火灾报警系统通过系统中设置的火灾探测器和手动报警按钮发出火灾报警信号，实现了对火灾的自动与人工手动报警功能。当火灾报警信号被确认是真实火灾后，火灾自动报警系统应能同时完成对相关的消防设施或系统的控制，启动消防应急广播系统或火灾警报装置，通知现场有关人员投入灭火操作或从火灾现场安全疏散；切断非消防电源，防止火势的进一

步扩大；启动有关的防排烟设备及火灾疏散指示和应急照明系统，为人员疏散提供安全的疏散路径；关闭有关电动防火门、防火卷帘形成有效的防火分隔，进一步将火势控制在一定范围内；利用消防电话系统指挥调度灭火救援工作；启动消火栓系统、自动喷水灭火系统、气体灭火系统及装置，及时扑灭火灾，减少火灾损失。这些由火灾报警信号联动启动相关消防设施就是火灾自动报警系统的联动功能。

火灾自动报警系统实际上是由火灾报警系统和消防设备联动控制系统所组成的，对被保护的场所或对象进行早期火灾探测，并将探测到的火灾报警信号传输到火灾报警控制器，并显示报警部位，同时通过消防联动设备控制系统启动相关联的消防设施，完成系统设计的各项消防功能，从而达到对保护对象的火灾探测、火灾报警，以及疏导和保护人员、控制和扑灭火灾的目的。

2.1 火灾自动报警系统的组成与发展

火灾自动报警系统是实现火灾早期探测，发出火灾报警信号，并向各类消防设备发出控制信号完成各项消防功能的系统，一般由火灾触发器件、火灾警报装置、火灾报警控制器、消防联动控制系统等组成。火灾自动报警系统组成如图 2.1-1 所示。

1. 火灾触发器件

火灾触发器件是通过探测周围使用环境与火灾相关的物理或化学现象的变化，向火灾报警控制器传送火灾报警信号的器件，主要包括火灾探测器、手动火灾报警按钮等。火灾探测器是自动探测火灾，而手动报警按钮则是人发现火灾后，人工报警。在火灾报警系统中，火灾探测器和手动报警按钮是系统火灾警报信号的来源。

2. 火灾警报装置

火灾警报装置是指与火灾报警控制器分开设置的，在火灾情况下能够发出声和（或）光的火灾警报信号的装置，又称为声和（或）光警报器，如常见的声光报警器、消防警铃等。火灾警报装置的作用是在火灾发生并被确认后，安装在现场的火灾警报装置被启动，发出区别于正常环境的火灾警报信号，达到提醒人员注意、引导人员安全迅速疏散的目的。

3. 火灾报警控制器

火灾报警控制器即火灾自动报警系统的报警主机，它满足 GB 4717—2005《火灾报警控制器》的要求，通过专用线路连接现场的火灾触发器件，接收并发出火灾报警信号和故障信号，同时完成相应的显示和控制功能的设备。

4. 消防联动控制系统

消防联动控制系统也是火灾自动报警系统的一部分，在火灾自动报警系统中，用于接收火灾报警控制器发出的火灾报警信号，完成各项消防功能的控制系统。消防联动控制系统通常由消防联动控制器、模块、气体灭火控制器、消防电气控制装置、消防设备应急电源、消防应急广播设备、消防电话、传输设备、消防控制中心图形显示装置、消防电动装

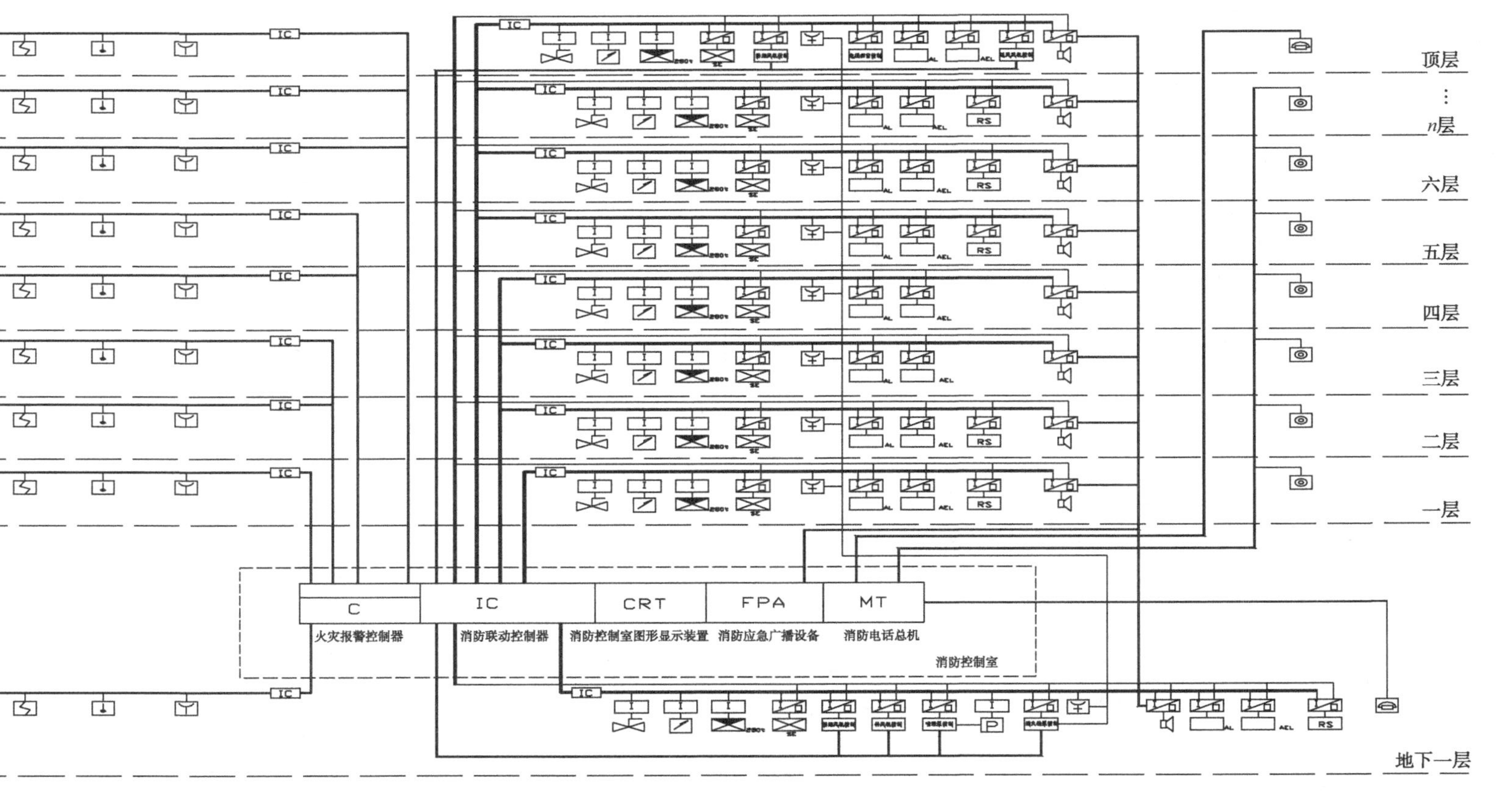

图2.1-1　火灾自动报警系统组成

置、消防泵控制器、消火栓按钮等设备组成。消防联动控制器我们通常称为消防联动控制设备，也称为消防联动主机，它满足 GB 16806—2006《消防联动控制系统》要求，接收火灾报警控制器或其他火灾触发器件发出的火灾报警信号，根据设定的控制逻辑发出控制信号，控制各类消防设备实现相应消防功能。

5. 火灾自动报警系统的发展

火灾报警控制器与火灾触发器件、消防联动控制器与火灾触发器件或模块均通过专用线路相连接，构成了火灾自动报警系统。我们将火灾报警控制器或消防联动控制器的外连接线路包括该线路上连接的火灾触发器件、模块及火灾显示盘等部件统称为回路。回路是控制器与其外部器件信号的传输通道，一台控制器所带的回路数量因不同生产厂家、不同型号而有所不同，就控制器本身而言，可分为单回路控制器和多回路控制器。控制器与火灾探测器及其他器件之间的连接线制式我们称为线制，这个制式也可以理解为连接线路的根数。最初的火灾自动报警系统的探测技术尚未发展到可寻址技术，线路上的火灾触发器件没有独立的地址，无法相互区别，更无法被主机所识别、显示和控制。火灾报警控制器只能对其所连接的各个回路识别、显示和控制。为了满足主机能报警到具体的部位（报警到点）的要求，每个回路只能连接一只探测器，主机显示的回路部位就是探测器的安装部位。图 2.1-2 为多线制中的一种 N+4 线制，这类布线方式造成系统线路数量庞大，线路连接复杂，不仅成本高，故障点也相应增多。

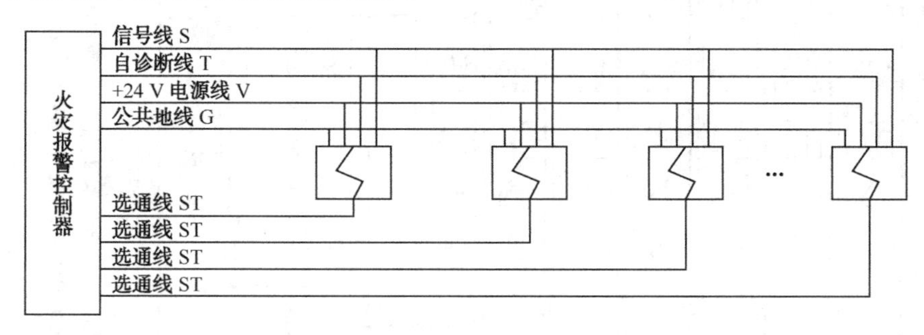

图 2.1-2　N+4 多线制火灾自动报警系统线路

随着微型计算机的发展和普及，多线制系统就逐渐地退出了市场，取而代之的是以可寻址技术为代表的总线制系统。在总线制系统中，主机与现场设置的具有自己独立地址编码的火灾探测器、手动报警按钮、消火栓按钮、火灾警报装置及各类模块等设备之间公用同一公共线路进行信号传输，这个火灾报警系统中控制单元与探测单元等相关部件占用同一线路进行信号传输，此公共通道称为总线。目前，采用的总线数量已达到用两条公共线将上百个地址编码的现场设备连接在一起，我们称为二总线系统，图 2.1-3 所示为二总线系统的线路连接方式。二总线系统在利用总线给探测器提供电源电流的同时，可以向每个地址编码设备发出寻址信号，并且接收不同的回答反馈信号，也可以对输出模块发出动作指令信号。

在二总线火灾自动报警系统中，并联挂接在二总线上的现场设备均有自己独立的地址编码，这类地址编码用以表征探测器、模块、按钮等现场设备在系统中的地址编码。例如，一只火灾探测器的地址编码是 1/021，则表明这个火灾探测器安装在火灾自动报警系统中的第 1 个二总线回路上，在该回路中编码为第 021 号，也可以理解为这只火灾探测器占有了火灾

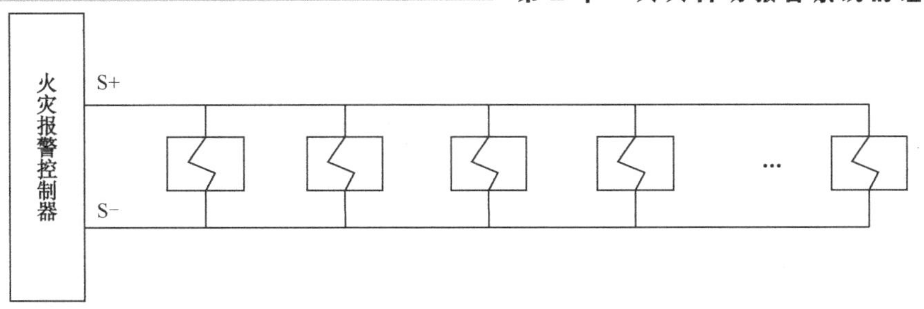

图 2.1-3 二总线制火灾自动报警系统线路

自报警系统中的第 1 个二总线回路中的第 021 号地址部位。这些可以直接连接到总线上的带有地址码的，占有地址部位号的探测器、中继器、短路隔离器等控制器可查询的部件统称为编码部件。在二总线火灾自动报警系统中，每个回路的地址编码均从 1 开始，每个回路内的编码部件的地址码不允许重复（即重码），这样主机就可以识别回路中的每个编码部件，并可以完成双向信号传输。

二总线系统的出现，使得火灾自动报警系统的线路变得更加简单，每个二总线回路只有两根电线与探测器、模块等编码部件相连接。最初的总线系统中，同一回路中只能挂接同类的编码部件。例如，一个回路安装的是火灾触发器件，那么这个回路就只能连接火灾探测器、手动报警按钮等，而不能安装输出模块。这类只能安装火灾探测器、手动报警按钮的回路，我们称为报警信号传输总线（也称为报警传输线路或报警回路）。反之，有的回路安装了模块，那么这个回路就不能安装探测器、手动报警按钮了，我们把这类安装模块的回路，称为控制信号传输总线（也称为控制回路或联动控制线路）。最早的二总线系统，不仅仅是总线上安装的器件有类别的要求，就是主机也是按照功能分开设置的。例如，只能连接报警信号传输总线的主机，我们称为火灾报警控制器；只能连接控制信号传输总线的主机，我们称为消防联动控制设备。在消防控制室内，火灾报警控制器与消防联动控制设备并列放置，它们之间通过通信线路相连接，完成主机相互之间的信息传输，图 2.1-1 所示就是这类系统。后来随着计算机技术发展和完善，火灾报警控制器与消防联动控制设备合二为一，出现了现在普遍使用的火灾报警控制器（联动型）的主机，火灾报警控制器（联动型）是将火灾报警控制器、消防联动控制器集成在一起，同时满足 GB 4717—2005《火灾报警控制器》、GB 16806—2006《消防联动控制系统》的要求，既可以接收并显示火灾报警信号，又可以通过输入/输出模块控制消防设备，即该主机既可以连接报警信号传输总线，又可以连接控制信号传输总线，图 2.1-4 所示为采用火灾报警控制器（联动型）控制信号传输总线与报警信号传输总线分设的火灾自动报警系统。

火灾报警控制器（联动型），采用控制信号传输总线与报警信号传输总线分设方式组成的火灾自动报警系统出现后不久，伴随着可寻址技术的发展，原先分开设置的报警信号传输总线和控制信号传输总线被合并为同一二总线回路，该回路成为现在普遍使用的既可以安装探测器、手动报警按钮等火灾触发器件，也可以同时安装模块的混合二总线系统。图 2.1-5 所示为采用火灾报警控制器（联动型）控制信号传输总线与报警信号传输总线合用的火灾自动报警系统。这类系统相对控制信号传输总线与报警信号传输总线分设的火灾自动报警系统来看，其系统线路更加简单，成本也相对降低，但是总线故障影响范围大，线路敷设等级要求高，要按照消防控制、通信和警报线路的要求设置总线回路。

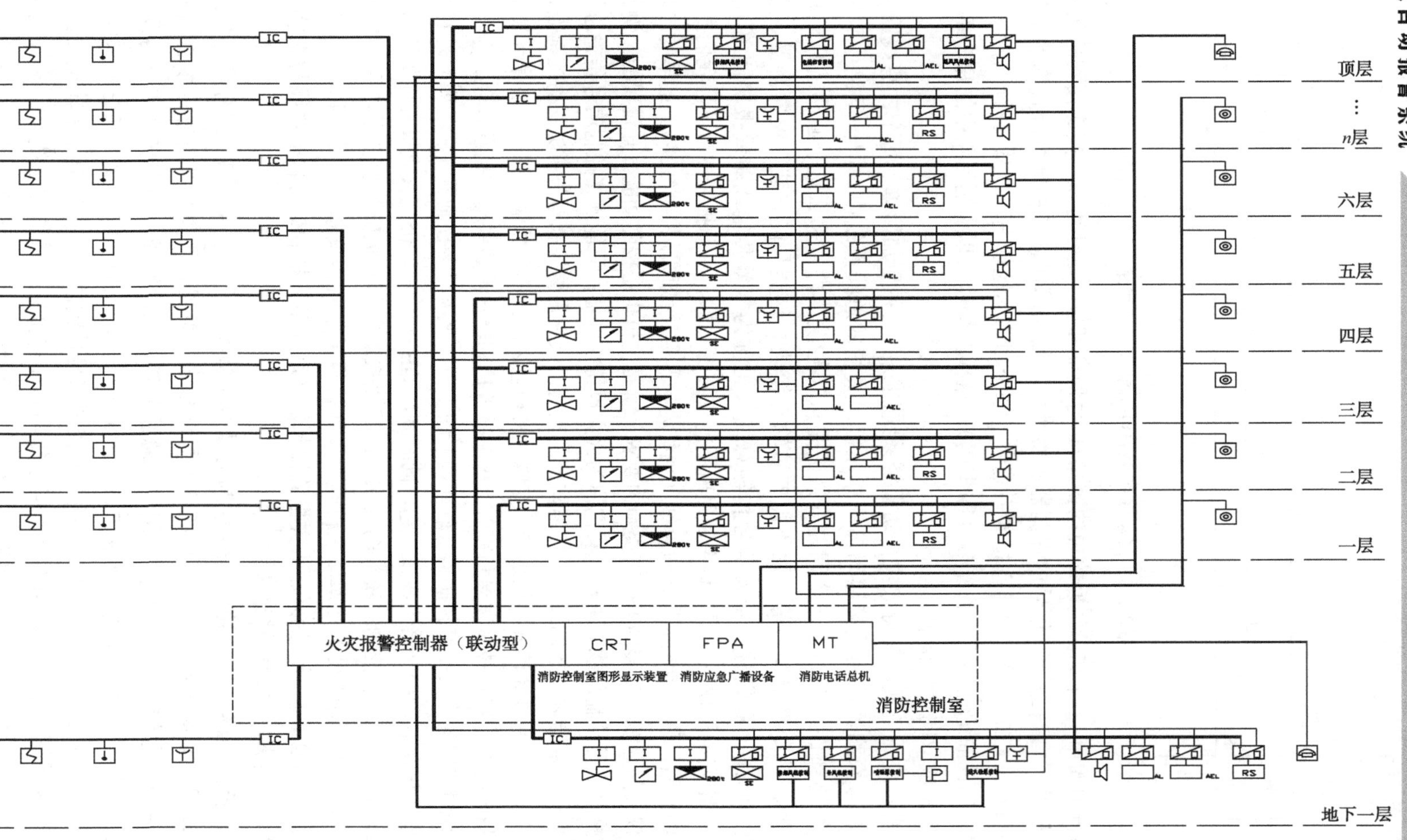

图2.1-4　控制信号传输总线与报警信号传输总线分设的火灾自动报警系统

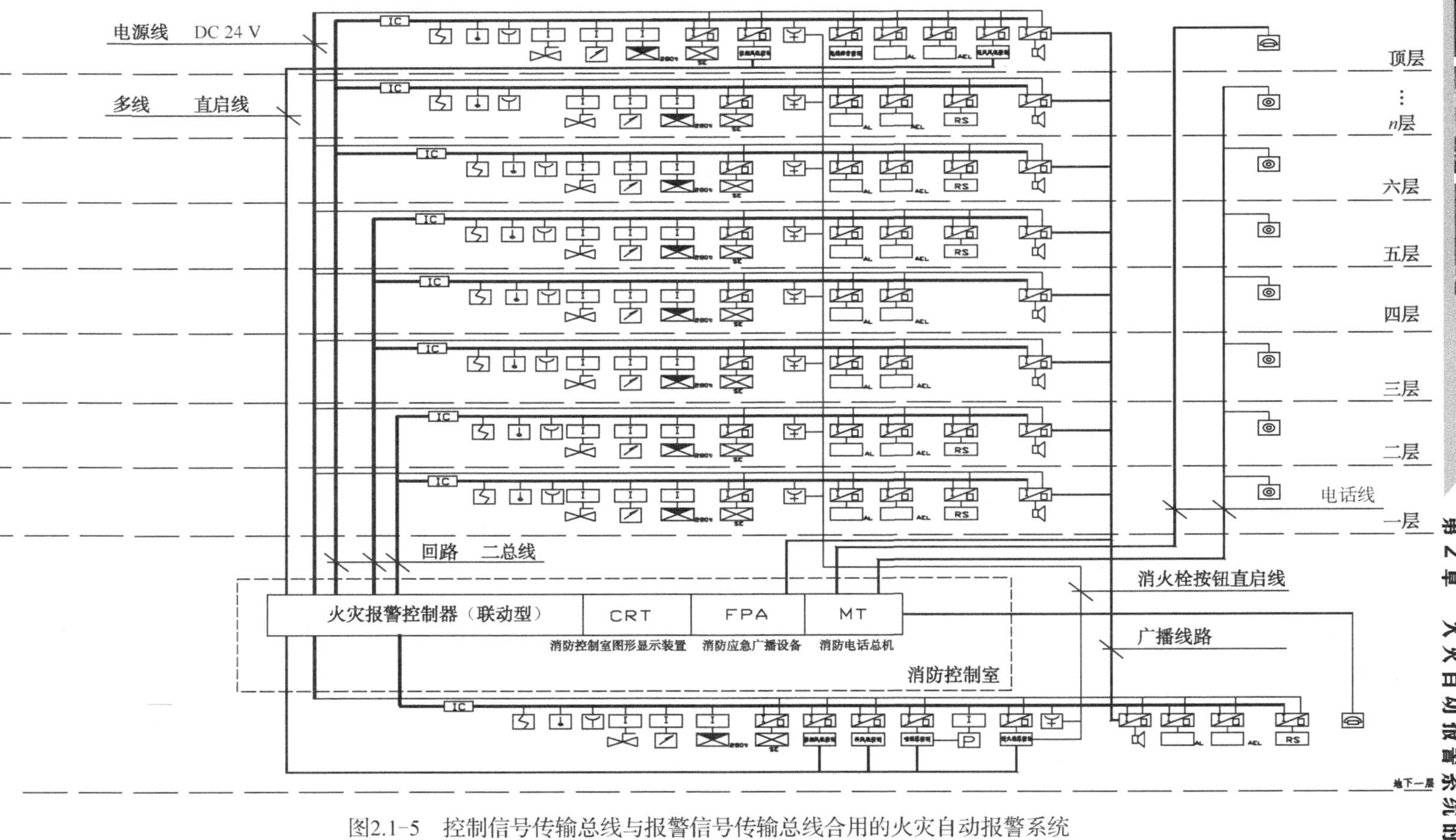

图2.1-5 控制信号传输总线与报警信号传输总线合用的火灾自动报警系统

在二总线回路中，火灾探测器、手动报警按钮、模块等编码部件单独占一个独立的地址码，该地址码既是主机与编码部件之间相互通信的识别码，同时也反映这类编码部件的地理位置，我们往往称为点。在回路中，一个点对应一个安装位置，同时也对应主机的一个显示部位。由于一个二总线回路中，每个编码部件都具有独立的地址编码，那么回路中允许安装的编码部件的数量，就是该回路的容量。我们往往采用一个回路带多少点，来表述回路容量。例如，EI-2000G 型火灾报警控制器，每个回路可以安装 242 个编码部件，我们称该火灾报警控制器的回路容量为 242 点。EI-2000G 火灾报警控制器最多可以安装 10 块双回路板，每个双回路板设有两个二总线回路，那么每台 EI-2000G 火灾报警控制器最多可带 4 840 个编码部件，即该型号的一台火灾报警控制器的容量（控制器能够连接并可靠工作的部件总量）为 4 840 点。在实际工程设计时，总线回路容量不宜设满，宜留出 15%～20% 的余量。

火灾自动报警系统不仅可通过总线系统实现火灾报警和消防联动控制，还可在消防控制室内通过火灾报警控制器（联动型）上设置的手动控制装置，对重要消防设施进行手动直接控制，并可对消防应急广播系统和消防电话系统等进行手动操作。这些我们在今后的有关章节中进行介绍。

2.2 火灾自动报警系统的分类

火灾自动报警系统的分类主要是根据工程建设的规模、保护对象的性质、火灾报警区域的划分和消防管理机构的组织形式，将火灾自动报警系统划分为三种基本形式，即区域报警系统、集中报警系统、控制中心报警系统。

1. 区域报警系统

区域报警系统（Local Alarm System）是由区域火灾报警控制器和火灾探测器等组成，或由火灾报警控制器和火灾探测器等组成，且功能简单的火灾自动报警系统。

一般设置区域报警系统的建筑规模较小，火灾探测区域不多且保护范围不大，多为局部性保护的报警区域，为了限制区域报警系统的规模，以便于管理，对于区域报警系统，设置火灾报警控制器的总数不应超过两台，如图 2.2-1 所示。

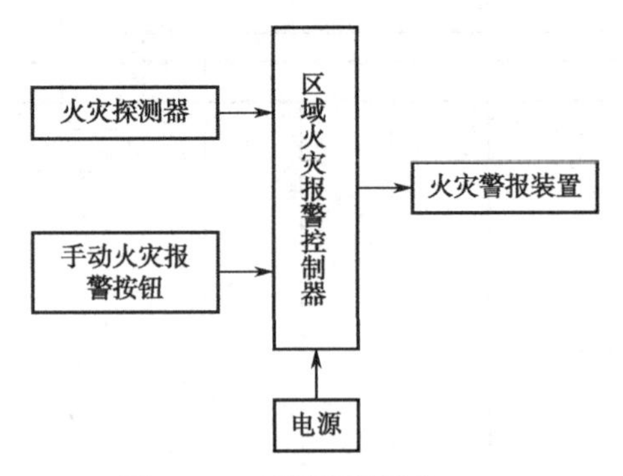

图 2.2-1　区域报警系统

当用一台区域火灾报警控制器或火灾报警控制器警戒多个楼层时，每个楼层各楼梯口或消防电梯前等明显部位，都应装设识别火灾楼层的灯光显示装置，即火警显示灯，如图 2.2-2 所示。这是为了火灾时能明确显示火灾楼层位置，以便于扑救火灾时，能正确引导有关人员寻找着火楼层。

区域火灾报警控制器的设置，若受建筑用房面积的限制，可以不专门设置消防值班室，而由有人值班的房间（如保卫部门值班室、配电室、传达室等）代管，但该值班室应昼夜有人值班，并且应由消防、保卫部门直接领导管理。

图 2.2-2　火警显示灯

2. 集中报警系统

集中报警系统（Remote Alarm System）由集中火灾报警控制器、区域火灾报警控制器和火灾探测器等组成，或由火灾报警控制器、区域显示器和火灾探测器等组成，且功能较复杂的火灾自动报警系统。

集中报警控制系统由一台集中报警控制器、两台以上的区域报警控制器、火灾警报装置和电源等组成。高层宾馆、饭店、大型建筑群一般使用的都是集中报警系统。为了加强管理，保证系统可靠运行，集中报警控制器应设在专用的消防控制室或消防值班室内，不能安装在其他值班室内由其他值班人员代管，或用其他值班室兼作集中报警控制器值班室。区域报警控制器设在各层的服务台处。对于总线制火灾报警控制系统，区域报警控制器也可以是楼层复示器，如图 2.2-3 所示。

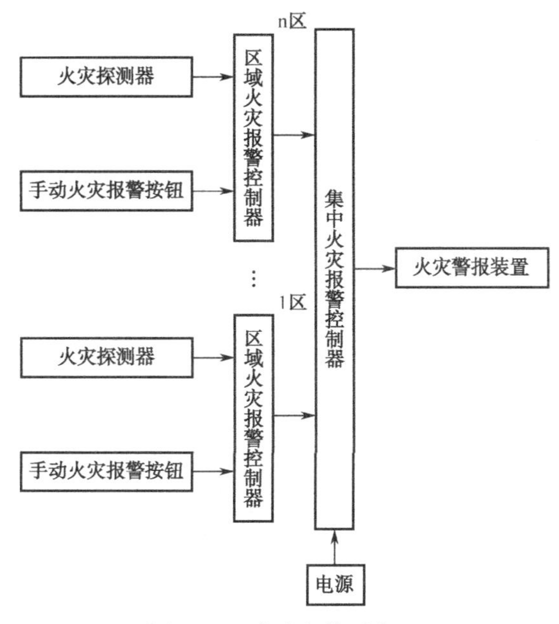

图 2.2-3　集中报警系统

3. 控制中心报警系统

控制中心报警系统是由设置在消防控制中心（或消防控制室）的消防联动控制设备、集中火灾报警控制器、区域火灾报警控制器和各种火灾探测器等组成，或由消防联动控制设备、多台通用火灾报警控制器和各种火灾探测器及功能模块等组成。被联动控制的设备包括火灾警报装置、火警电话、火灾应急照明、火灾应急广播、防排烟、通风空调、消防电梯和固定灭火控制装置等。也就是说集中报警系统加上联动的消防控制设备就构成控制中心报警系统，如图 2.2-4 所示。

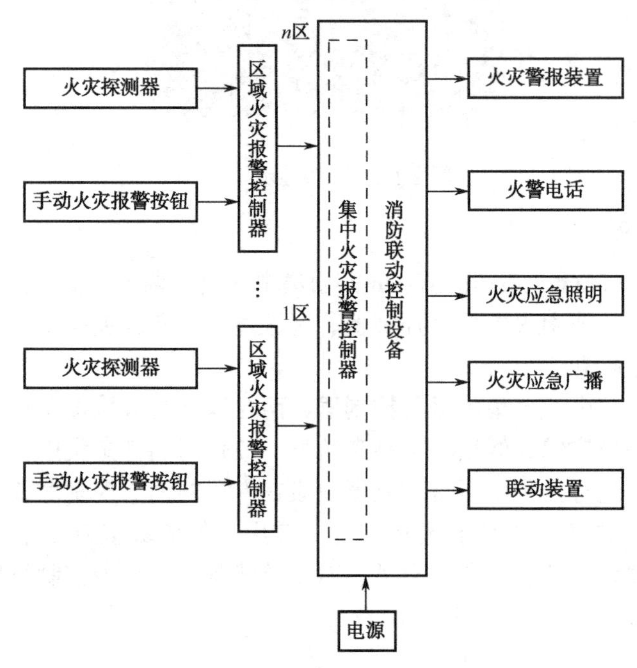

图 2.2-4　控制中心报警系统

4. 火灾自动报警系统保护对象

火灾自动报警系统的保护对象是建筑物，而对于不同的建筑物，其耐火等级、防火分区、层数、面积、火灾危险性、建筑高度、疏散和扑救难度、使用性质等都不尽相同。火灾自动报警系统，按其系统设计的特点和要求，将各类建筑物归类，分为三个保护级别，即特级保护对象、一级保护对象和二级保护对象。火灾自动报警系统保护对象分级如表 2.2-1 所示。区域报警系统一般适用于二级保护对象；集中报警系统一般适用于一、二级保护对象；控制中心系统一般适用于特级、一级保护对象。

表 2.2-1　火灾自动报警系统保护对象分级

等级	保护对象	
特级	建筑高度超过 100m 的高层民用建筑	
一级	建筑高度不超过 100 m 的高层民用建筑	一类建筑

续表

等级	保护对象	
特级	建筑高度超过 100m 的高层民用建筑	
一级	建筑高度不超过 24 m 的民用建筑及建筑高度超过 24 m 的单层公共建筑	1．200 张病床及以上的病房楼，每层建筑面积 1 000 m^2 及以上的门诊楼 2．每层建筑面积超过 3 000 m^2 的百货楼、商场、展览楼、高级旅馆、财贸金融楼、电信楼、高级办公楼 3．藏书超过 100 万册的图书馆、书库 4．超过 3 000 座位的体育馆 5．重要的科研楼、资料档案楼 6．省级（含计划单列市）的邮政楼、广播电视楼、电力调度楼、防灾指挥调度楼 7．重点文物保护场所 8．大型以上的影剧院、会堂、礼堂
	工业建筑	1．甲、乙类生产厂房 2．甲、乙类物品库房 3．占地面积或总建筑面积超过 1 000 m^2 的丙类物品库房 4．总建筑面积超过 1 000 m^2 的地下丙、丁类生产车间及物品库房
	地下民用建筑	1．地下铁道、车站 2．地下电影院、礼堂 3．使用面积超过 1 000 m^2 的地下商场、医院、旅馆、展览厅及其他商业或公共活动场所 4．重要的实验室、图书、资料、档案库
二级	建筑高度不超过 100 m 的高层民用建筑	二类建筑
	建筑高度不超过 24 m 的民用建筑	1．设有空气调节系统的或每层建筑面积超过 2 000 m^2、但不超过 3 000 m^2 的商业楼、财贸金融楼、电信楼、展览楼、旅馆、办公楼、车站、海河客运站、航空港等公共建筑及其他商业或公共活动场所 2．市、县级的邮政楼、广播电视楼、电力调度楼、防灾指挥调度楼 3．中型以下的影剧院 4．高级住宅 5．图书馆、书库、档案楼
	工业建筑	1．丙类生产厂房 2．建筑面积大于 50 m^2，但不超过 1 000 m^2 的丙类物品库房 3．总建筑面积大于 50 m^2，但不超过 1 000 m^2 的地下丙、丁类生产车间及地下物品库房
	地下民用建筑	1．长度超过 500 m 的城市隧道 2．使用面积不超过 1 000 m^2 的地下商场、医院、旅馆、展览厅及其他商业或公共活动场所

2.3　消防控制室

消防控制室（Fire protection control room）是设有专门装置以接收、显示、处理火灾报警信号，控制消防设施的房间。消防控制室设置在本体建筑内或外部独立建筑内，具有接受火灾报警信号和发出建筑消防设施启动指令的功能性房间，是火灾扑救时的信息指挥中心。

消防控制室内设有火灾自动报警控制器和消防设施控制设备，用于接收、显示、处理

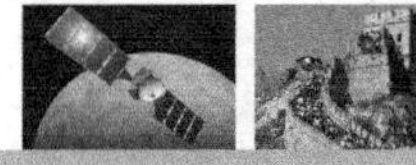

火灾报警信号，检测建筑物内火灾发生，控制建筑物内的相关消防设施。在平时，它全天候地监控建筑消防设施的工作状态。当建筑物内发生火灾后，它将成为火警信息汇集、显示、处理的中心，能够及时、准确地反馈火情的发展过程，并且通过消防联动系统自动和手动方式控制相关消防设备的启动，从而保证人员的安全疏散和扑灭火灾。

对于设有火灾自动报警系统和自动灭火系统，或设有火灾自动报警系统和机械防烟、排烟设施的建筑，应设置消防控制室。消防控制室设置应满足具有一定的耐火安全性，当消防控制室单独建造时，其耐火等级不应低于二级；当消防控制室附设在建筑物内时，宜设置在建筑物内首层的靠外墙部位，也可设置在建筑物的地下一层，并应采用耐火极限不低于 2.00 h 的隔墙和 1.50 h 的楼板与其他部位隔开。当消防控制室设置送、回风管时，应在风管穿墙处设防火阀。

消防控制室是发生火灾后人员持续工作的处所，但是一旦火势威胁到消防控制室内人员的安全时，室内工作人员应及时安全的撤离疏散到安全地点，为此消防控制室应设置直通室外的安全出口供人员疏散用。为了便于平时的工作需要，消防控制室与楼内其他场所人员方便通行的需要，消防控制室的隔墙上如需要开门时，均应采用乙级防火门（人民防空工程中的消防控制室应设置甲级防火门）。无论是直通室外的安全出口还是隔墙上开设的乙级防火门，均应向疏散方向开启，且入口处应设置明显的标志。消防控制室平面结构如图 2.3-1 所示。

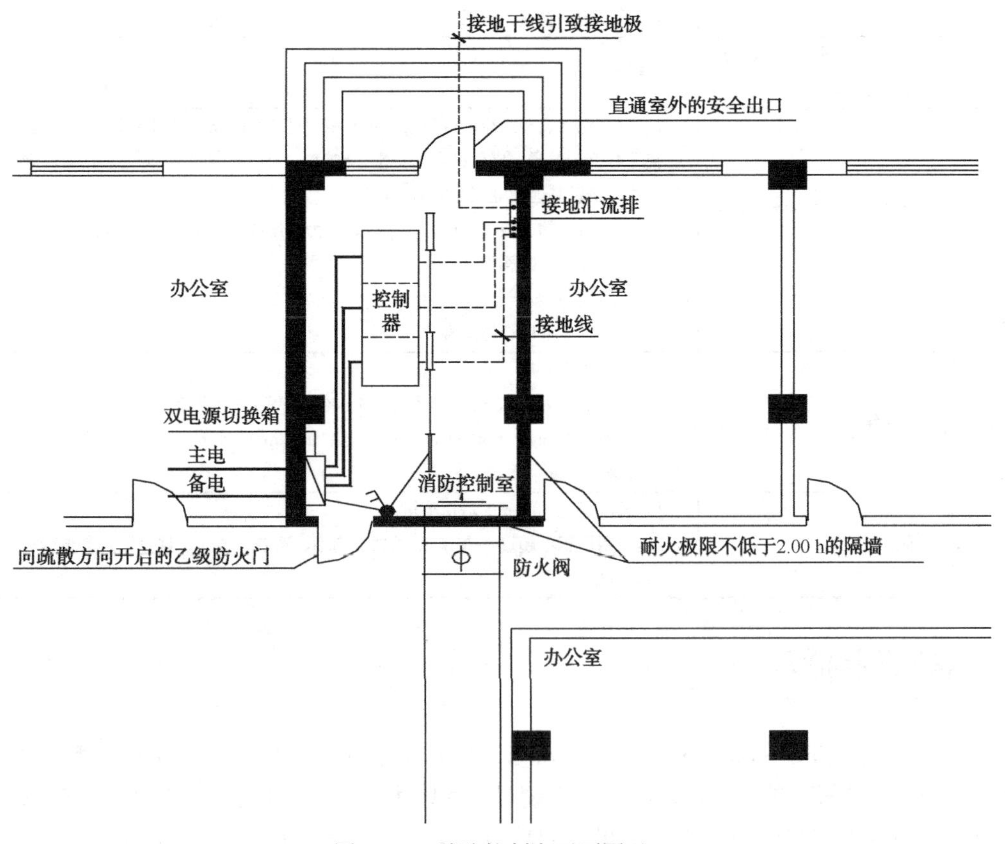

图 2.3-1　消防控制室平面图示

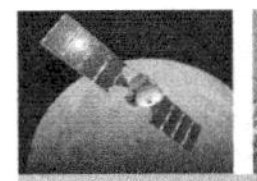

为了保证消防控制室内的火灾报警控制器的正常工作，不受到其他电气信号的干扰，消防控制室周围不应布置电磁场干扰较强及其他影响消防控制设备工作的设备用房。同时为了保证消防控制室不受其他与消防无关的系统故障的影响，消防控制室内严禁与其无关的电气线路及管路穿过消防控制室。

为了保证发生火灾后消防控制室能持续的工作，要求对消防控制室内的消防用电设备的供电电源采用双回路供电，应在其配电线路的最末一级配电箱处设置自动切换装置。同时，消防控制室应设置消防应急照明灯具，消防控制室应急照明灯具的照度仍应保证正常照明的照度。实际工程中，消防控制室应急照明灯具往往就是正常照明灯具，只是其供电电源引自消防控制室内的双电源切换装置。

第3章 火灾探测器

火灾探测器作为火灾自动报警系统的一个组成部分，使用至少一种传感器持续或间断监视与火灾相关的至少一种物理和（或）化学现象，并向控制器提供至少一种火灾探测信号。

火灾探测器是指用来响应其附近区域由火灾产生的物理和（或）化学现象的探测器件。物质在燃烧过程中，通常会产生烟雾，同时释放出燃烧气体，它们与空气中的氧发生化学反应，形成含有大量红外线和紫外线的火焰，并导致周围环境温度逐渐升高。这些烟雾、温度、火焰和燃烧气体称为火灾参数。火灾探测器的基本功能就是对烟雾、温度、火焰和燃烧气体等火灾参数做出有效反应，通过敏感元件，将表征火灾参数的物理量转化为电信号，送到火灾报警控制器。

3.1 火灾探测器的分类及产品型号

1. 火灾探测器的分类

按照探测区域不同，火灾探测器分为点型探测器和线型探测器两大类。点型探测器是指响应一个小型传感器附近的被监视现象的探测器。如我们经常使用的点型感烟火灾探测器和点型感温火灾探测器就属于这类探测器，其保护范围为以探测器安装位置为圆心，以若干米长度为半径的圆形区域。线型探测器是指响应某一连续路线附近的被监视现象的探测器，其保护范围是一带状面积，如红外光束感烟火灾探测器、缆式线型感温火灾探测器都属于线型探测器。

按照探测火灾参数的不同，探测器又可分为感烟探测器、感温探测器、火焰探测器和可燃气体探测器。部分火灾探测器的分类如表3.1−1。

表 3.1-1　部分火灾探测器的分类

名　称		火灾参数	类　型
感烟探测器	离子感烟探测器	烟雾	点型
	光电感烟探测器	烟雾	点型
	红外光束感烟探测器	烟雾	线型
	空气采样感烟探测器	烟雾	点型
	图像感烟探测器	烟雾	点型
感温探测器	机械式感温探测器	温度	点型
	热敏电阻感温探测器	温度	点型
	半导体感温探测器	温度	点型
	缆式线型感温探测器	温度	线型
	分布式光线感温探测器	温度	线型
	光纤光栅感温探测器	温度	线型
	空气管差温探测器	温度	线型
火焰探测器	红外火焰探测器	红外光	点型
	紫外火焰探测器	紫外光	点型
	图像火焰探测器	图像	点型
可燃气体探测器	半导体可燃气体探测器	可燃气体	点型
	接触燃烧式可燃气体探测器	可燃气体	点型
	固定电介质可燃气体探测器	可燃气体	点型
	红外吸收式可燃气体探测器	可燃气体	点型/线型

2. 火灾探测器产品型号的组成

火灾探测器产品型号编制执行 GA/T 227—1999《火灾探测器产品型号编制方法》，这个标准是一部推荐性标准，目前很多生产厂家参照这个标准，编制探测器的具体型号。

火灾探测器产品型号由特征代号和规格代号两大部分组成。其中，特征代号由类组型特征代号、传感器特征代号及传输方式代号构成；规格代号由厂家及产品代号、主参数及自带报警声响标志构成。火灾探测器产品型号的形式如图 3.1-1 所示。

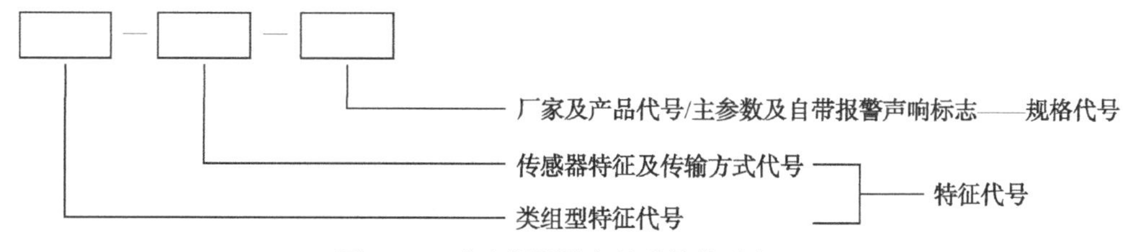

图 3.1-1　火灾探测器产品型号的形式

1）类组型特征代号

类组型特征代号包括火灾报警设备在消防产品中的分类代号、火灾探测器代号、火灾探测器类型分组代号和应用范围特征代号。类组型特征代号用大写汉语拼音字母表示。代号中使用的汉语拼音字母为类组型特征名称中具有代表性的汉语拼音字母。

2）传感器特征代号

传感器特征代号包括火灾探测器敏感元件代号和敏感方式特征代号。除感温火灾探测器需用敏感元件特征代号和敏感方式特征代号表示外，其他各类火灾探测器只用敏感元件代号。传感器特征代号用有代表性的传感器特征名称汉语拼音中的一个字母表示。

3）传输方式代号

传输方式代号表明火灾探测器是无线传输方式、编码方式、非编码方式、混合方式，用一个汉语拼音大写字母表示。

4）厂家及产品代号

厂家代号表示生产厂家的名称，用汉语拼音字母或英文字母表示。产品代号表示产品的系列号，用阿拉伯数字表示。

5）主参数及自带报警声响标志

火灾探测器产品的主参数表示该火灾探测器的灵敏度级别或动作阈值，分别用罗马数字和阿拉伯数字表示。如两者同时存在，两者之间用斜线隔开。对于自带报警声响的火灾探测器在主参数之后用大写汉语拼音字母 B 标明。

3. 火灾探测器的产品型号编制方法

火灾探测器的产品型号编制方法如图 3.1-2 所示。

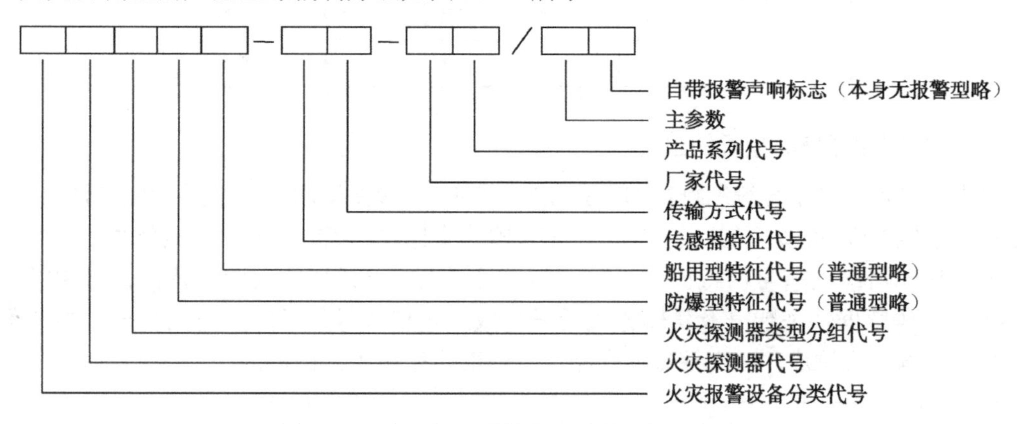

图 3.1-2　火灾探测器的产品型号编制方法

1）类组型特征表示法

（1）J（警）——消防产品中火灾报警设备分类代号。

（2）T（探）——火灾探测器代号。

（3）火灾探测器类型分组代号。各种类型火灾探测器的具体表示方法是：

Y（烟）——感烟火灾探测器；

W（温）——感温火灾探测器；

G（光）——感光或火灾探测器；

Q（气）——气体敏感火灾探测器；

T（图）——图像摄像方式火灾探测器；

S（声）——感声火灾探测器；

F（复）——复合式火灾探测器。

（4）应用范围特征表示法。

火灾探测器的应用范围特征是指火灾探测器的适用场所，适用于爆炸危险场所的为防爆型，否则为非防爆型；适用于船上使用的为船用型，适合于陆上使用的为陆用型。其具体表示方式是：

B（爆）——防爆型（型号中无“B”代号即为非防爆型，其名称也无须指出“非防爆型”）；

C（船）——船用型（型号中无“C”代号即为陆用型，其名称中也无须指出“陆用型”）。

2）传感器特征表示法

（1）感烟火灾探测器传感器特征表示法是：

L（离）——离子；

G（光）——光电；

H（红）——红外光束。

吸气型感烟火灾探测器传感器特征表示法是：

LX——吸气型离子感烟火灾探测器；

GX——吸气型光电感烟火灾探测器。

（2）感温火灾探测器传感器特征表示法。

感温火灾探测器的传感器特征由两个字母表示，前一个字母为敏感元件特征代号，后一个字母为敏感方式特征代号。

① 感温火灾探测器敏感元件特征代号表示法是：

M（膜）——膜盒；

S（双）——双金属；

Q（球）——玻璃球；

G（管）——空气管；

L（缆）——热敏电缆：

O（偶）——热电偶，热电堆；

B（半）——半导体；

Y（银）——水银接点；

Z（阻）——热敏电阻；

R（熔）——易熔材料；

X（纤）——光纤。

② 感温火灾探测器敏感方式特征代号表示法是：

D（定）——定温；

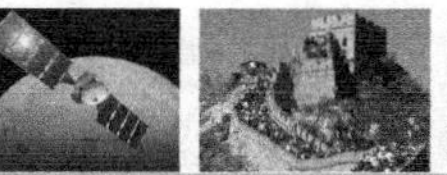

C（差）——差温；

O——差定温。

（3）感光火灾探测器传感器特征表示法是：

Z（紫）——紫外；

H（红）——红外；

U——多波段。

（4）气体敏感火灾探测器传感器特征表示法是：

B（半）——气敏半导体；

C（催）——催化。

（5）图像摄像方式火灾探测器、感声火灾探测器传感器特征可省略。

（6）复合式火灾探测器传感器特征表示法。

复合式火灾探测器是对两种或两种以上火灾参数响应的火灾探测器。复合式火灾探测器的传感器特征用组合在一起的火灾探测器类型分组代号或传感器特征代号表示。传感器特征的火灾探测器用其传感器特征表示，其他用火灾探测器类型分组代号表示，感温火灾探测器用其敏感方式特征代号表示。

3）传输方式表示法

W（无）——无线传输方式；

M（码）——编码方式；

F（非）——非编码方式；

H（混）——编码、非编码混合方式。

4）厂家及产品代号表示法

厂家及产品代号为4～6位，前2位或3位使用厂家名称中具有代表性的汉语拼音字母或英文字母表示厂家代号，其后用阿拉伯数字表示产品系列号。

5）主参数及自带报警声响标志表示法

（1）定温、差定温火灾探测器用灵敏度级别或动作温度值表示。

（2）差温火灾探测器、感烟火灾探测器的主参数无须反映。

（3）其他火灾探测器用能代表其响应特征的参数表示；复合火灾探测器主参数如为两个以上，其间用“/”隔开。

3.2 感烟火灾探测器

1. 感烟火灾探测器的分类与图形符号

感烟火灾探测器是对悬浮在大气中的燃烧、热解产生的固体或液体微粒敏感的火灾探测器。感烟火灾探测器是火灾自动报警系统中常用的探测器，由于建筑物室内火灾大多数都是固体可燃物引发的火灾，通常具有5～20 min的阴燃过程，对于火灾初期有阴燃阶段、产生大量的烟和少量的热、很少或没有火焰辐射的场所，感烟火灾探测器是最理想的。

感烟火灾探测器按照探测方法不同分为离子感烟探测器和光电感烟探测器；按照探测器的探测响应范围不同分为点型和线型两大类。

点型探测器通常为可拆卸探测器，由探头和探测器底座组成。探测器底座固定在建筑物顶棚上，总线连接在底座的相应接线柱上。探测器底座分为两种，一种是具有编码地址的探测器底座，我们称为探测器编码底座，使用编码底座的探测器，其在系统中的地址码是通过编码底座设定的，与探头没有关系；另一种是不具有编码地址的探测器底座，只是供探测器固定安装探头用，我们称为非编码底座。这类非编码底座的探测器，在系统中的地址码是通过编码探头设定的，与底座无关，目前大多数生产厂家采用非编码底座。探测器编码底座如图 3.2-1 所示。探测器非编码底座如图 3.2-2 所示。

图 3.2-1　探测器编码底座

图 3.2-2　探测器非编码底座

点型感烟火灾探测器安装在室内顶棚上，当室内发生火灾，火灾产生的烟雾由于受热膨胀，其密度小于室内空气密度，受到室内空气的上升浮力作用而向上扩散，到达顶棚后，受到建筑结构的约束，沿着顶棚蔓延，并形成一定厚度的烟层。点型感烟火灾探测器受到顶棚烟雾的作用，发出火灾信号，实现自动报警的功能。对于火灾初期产生的烟雾，受到火灾动能的驱动形成向上扩散的趋势，烟雾扩散的高度取决于火灾动能的大小，也就是燃烧释放热量的多少。对于阴燃火灾，由于火灾动能小，火灾产生的烟雾上升高度相对较低，导致点型感烟火灾探测器探测阴燃火灾的极限高度在距离地面 12 m 的位置，如果点型感烟火灾探测器被安装在高出这个极限高度以上，感烟探测器探测出火灾烟雾信号时，地面火灾已经不再是阴燃状态下的火灾，而处于有焰燃烧甚至猛烈燃烧阶段，这时即便探测到火灾的发生，也失去了感烟火灾探测器作为“早发现、早报警”的设置意义。在实际工程中，对于顶棚高度大于 12 m 的大空间场所，如大型的会展中心、大型商场酒店的共享大厅等，为了探测这类高大空间的早期火灾，我们则采用线型感烟火灾探测器进行探测。线型感烟火灾探测器不需要类似点型感烟火灾探测器那样需要固定在建筑物顶棚上，依靠顶棚集烟层来完成火灾探测，而是可以安装在高大空间的墙壁上，当扩散上升的烟雾遮挡其发射和接收的光束时，产生火灾报警信号，达到探测初起火灾的目的。为了保证线型感烟火灾探测器也能有效探测初期火灾的发生，其一般安装在距离着火部位高度 20m 以下的位置。

表 3.2-1 是常见的感烟火灾探测器的设计图形符号，在平面图和系统图中均相同。

表 3.2-1　感烟火灾探测器的设计图形符号

图形符号	类　型
	点型感烟火灾探测器
N	点型感烟火灾探测器（非地址码型）
EX	点型感烟火灾探测器（防爆型）
	线型光束感烟火灾探测器（发射部分）
	线型光束感烟火灾探测器（接受部分）
ASD	空气采样早期烟雾探测器

2．离子感烟火灾探测器

离子感烟火灾探测器多为点型探测器，即点型离子感烟火灾探测器。点型离子感烟火灾探测器是根据电离原理进行火灾探测的点型火灾探测器。

点型离子感烟火灾探测器如图 3.2-3 所示。离子感烟火灾探测器主要是依靠电离室进行烟雾探测的。电离室是在一对相对的电极间放置产生α放射线的放射源，如图 3.2-4 所示。电离室内的放射源持续不断地放射出射线粒子，射线粒子不断撞击空气分子，引起电离，产生大量带正、负电荷的离子，从而使极间空气具有导电性。当在电离室两电极间施加一电压时，使原来做无序运动的正、负离子在电场的作用下做有规则的定向运动，正离子向负极运动，负离子向正极运动，从而形成电离电流，电离电流的大小与电离室的几何尺寸，放射源的性质，施加电压的大小，以及空气的密度、温度、湿度和气流等因素有关。施加的电压越高，电离电流越大，但当电离电流达到一定值时，施加电压再高，电离电流也不会增加，此电流称为饱和电流。

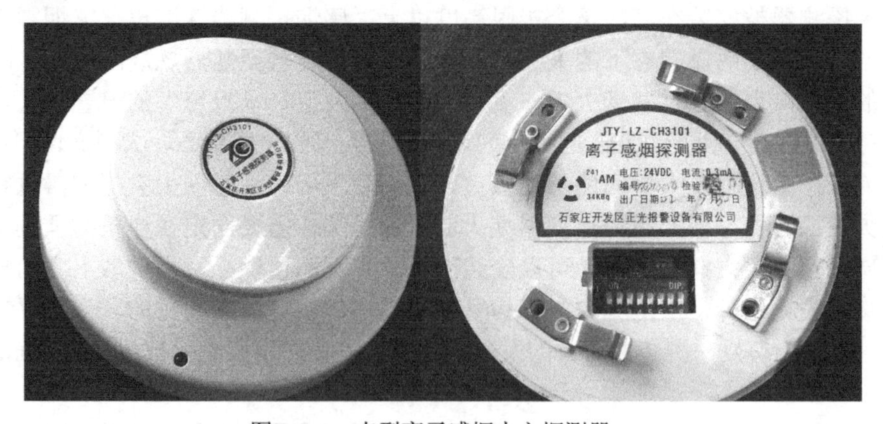

图 3.2-3　点型离子感烟火灾探测器

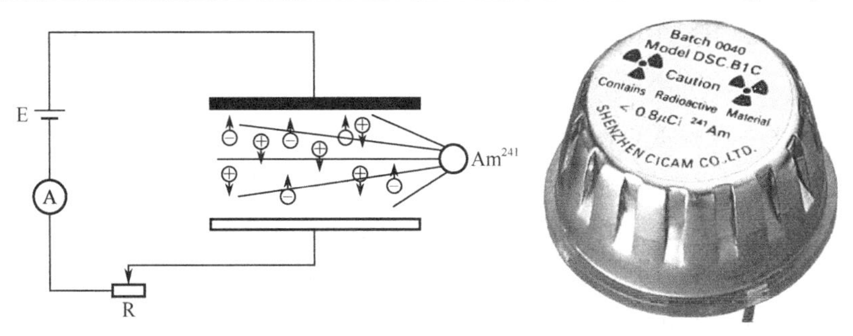

图 3.2-4　电离室

当火灾发生，烟雾进入电离室内时，表面积较大的烟雾粒子利用其吸附特性，吸附其中的部分正、负离子，正、负离子被吸附到比离子重千百倍的烟雾粒子上，一方面使离子在电场中的运动速度降低了，另一方面增加了正、负离子互相复合的概率，其结果是使电离电流减少，相当于电离室内的空气等效阻抗增加了。电离室的这种变化与烟雾浓度有直接线性关系，并可以通过电子线路加以检测，从而获得与烟浓度有直接关系的电信号，并用于火灾报警，这种火灾探测方法我们称为空气离化法。采用空气离化法构成的离子感烟火灾探测器对火灾初起阶段阴燃产生的烟雾气溶胶检测非常灵敏和有效，可测烟雾粒径范围在 0.01～10 μm 左右，尤其是对 GB 4715—2005《点型感烟火灾探测器》中规定的四种试验火（SH1——木材热解阴燃火、SH2——棉绳阴燃火、SH3——聚氨酯塑料火和 SH4——正庚烷火）产生的烟雾能获得极好的响应。

电离室内的放射源有镭—266（266Re）、钚—238（238Pu）、钚—239（239Pu）和镅—241（241 Am）等四种，在图 3.2-5 中，可以看到放射源在电离室内的位置。目前，多采用镅—241α放射源作为离子感烟火灾探测器的放射源，主要原因是镅—241 放射源是α、弱γ射线源，α射线具有强的电离作用，当它穿过物质时，每次与物质分子或原子碰撞打出一个电子。若一个能量为 5-MeV 的射线粒子，每打出一个电子损失 33-eV 能量，则在它完全静止前，大约可电离 15 万多个分子或原子。同时α射线还具有射程较短、成本低、半衰期较长（433 年）等特点，并且镅—241 属于是四类放射源，按照环保部《放射源分类办法》属于低危险源。我国标准规定离子感烟火灾探测器内 241 Am 的α射线能量低于 5 MeV，放射性活度低于 0.9 μCi。点型离子感烟火灾探测器在商标处均标有放射性标志，在图 3.2-3 中可见。

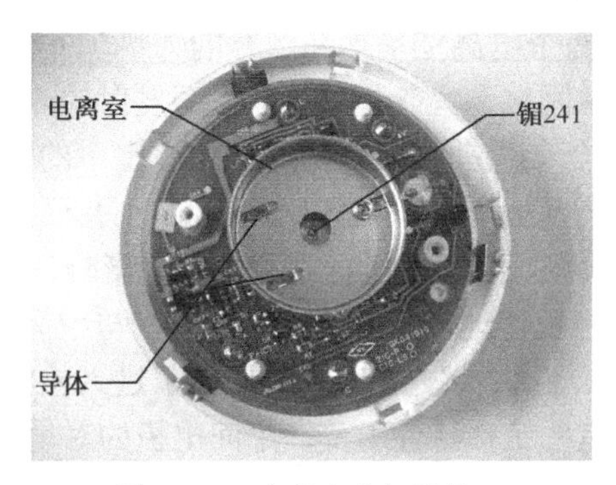

图 3.2-5　电离室内部结构

离子感烟火灾探测器的电离室分为双源双室和单源双室两种结构。常用的是单源双室结构。

1）双源双室离子感烟火灾探测器

双源双室离子感烟火灾探测器原理如图 3.2-6 所示。电离室内置有两个性能完全一致的放射源，内电离室在结构上几乎是封闭的，烟雾粒子很难进入，而空气可以缓慢进入，称为补偿室。外电离室在结构上是开放的，烟雾粒子很容易进入，称为检测室。电离室的串联方式可减少环境温度、湿度、气压等自然条件变化时对电离电流的影响，提高探测器的环境适应能力和稳定性。正常状态下加在补偿室和检测室上的电压 U_1 和 U_2 相等（$U_1=U_2=12$ V），当火灾发生时，烟雾离子进入检测室，造成内外电离室等效阻抗发生变化，相应的分压比也发生变化，U_1 减少为 U_1'，U_2 增加为 U_2'，内外电离室相连点的电位升高，出现电压差$\triangle U$，阻抗变换电路把这高阻抗信号输出变换成低阻抗输出，低阻抗信号经放大后，达到或超过阈值，则探测器报出火警信号。

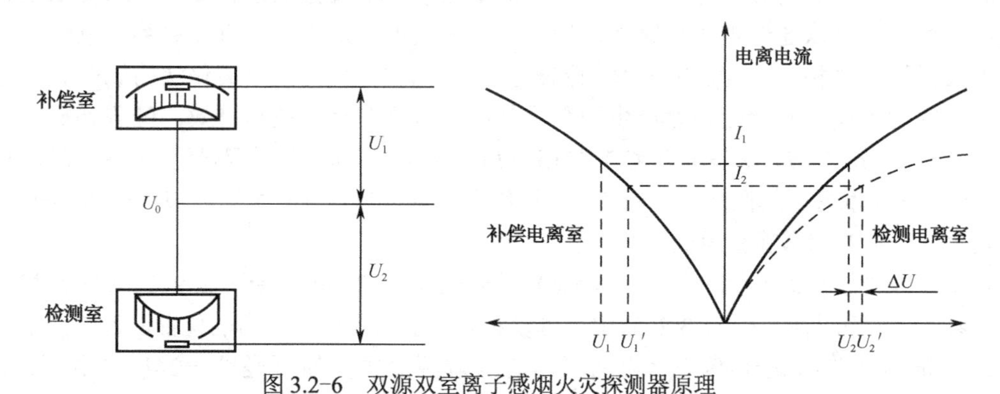

图 3.2-6　双源双室离子感烟火灾探测器原理

双源双室离子感烟火灾探测器由于采用双放射源内外电离室串联结构，因此对上、下两放射源片的强度配比和两电离室的分压配比的一致性的工艺要求较高。

2）单源双室离子感烟火灾探测器

单源双室离子感烟火灾探测器原理如图 3.2-7 所示。它的工作原理与双源双室离子感烟火灾探测器基本相同，但结构形式则完成不同。它是利用一块放射源在同一平面（也有的不在同一平面）形成两个电离室，即单源双室。检测室与补偿室的比例相差很大，其几何尺寸补偿室小、检测室大。两个电离室基本是敞开的，气流是互通的，检测室直接与大气相通，而补偿室则通过检测室间接与大气相通。放射源发射的α 射线先经过补偿室，然后穿过位于两室中间电极上的一个小孔进入检测电离室。两室中的空气部分被电离，各形成空间电荷区。由于放射源的活度是一定的，中间电极上的小孔面积也是一定的，从小孔进入检测室的α 离子也是一定的，在正常情况下，它不受环境影响，因此电离室的电离平衡是稳定的，在无烟状态下，中间极板对地电压 U_o 及内部电极与中间电极之间的电压 U_i 相对稳定，$U_o=U_i=12$ V，$U_o+U_i=U_s$。当火灾发生时，烟雾粒子进入检测电离室，使检测室空气的等效阻抗增加，而补偿电离室的工作特性不变。中间电极的对地电压增加到 U_o'，而 U_i 减小到 U_i'，检测中间极板上的电压 U_o 的变化量为 ΔU，当其超过某一阈值时，则作为火灾报警信号输出。

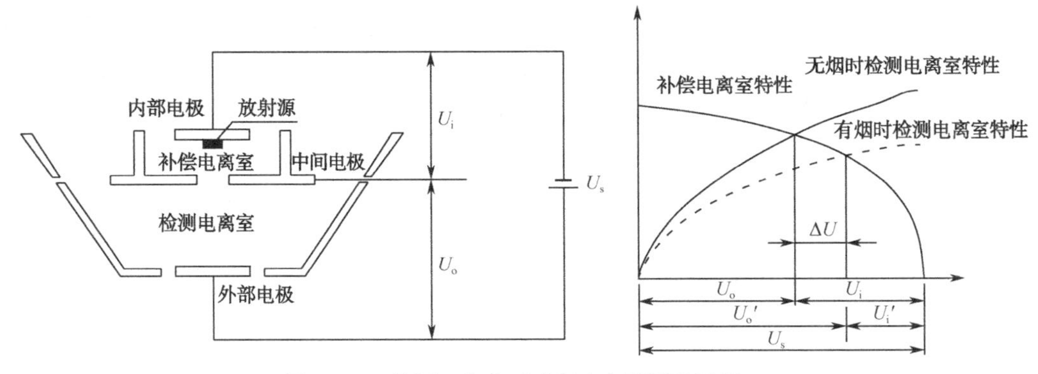

图 3.2-7　单源双室离子感烟火灾探测器原理

3）单源双室电离室与双源双室电离室相比具有的主要优点

（1）由于两电离室同处在一个相通的空间，只要两个电离室的比例设计合理，既能保证在火灾时烟雾顺利进入检测室而迅速报警，又能保证在环境变化时两室同时变化。因此它工作稳定，环境适应能力强。它不仅能适应环境因素（温度、湿度、气压和气流）的慢变化，更能适应环境因素的快速变化，并提高了抗潮、抗温性能。

（2）增强了抗灰尘、抗污染的能力。当灰尘轻微地沉积在放射源的有效源面上，导致放射源发射的α 粒子的能量和强度明显变化时，会引起工作电流变化，补偿室和检测室的电流均会变化，从而检测室分压的变化不明显。

（3）一般双源离子感烟火灾探测器是通过改变电阻的方式实现灵敏调节的，而单源双室离子感烟火灾探测器是通过改变放射源的位置来改变电离室的空间电荷分布，也即源极和中间极的距离连续可调，可以比较方便地改变检测室的静态分压来实现灵敏度调节。这种灵敏度调节连续且简单，有利于探测器响应阈值一致性的调整。

（4）因为单源双室只需一个更弱的α 放射源，这比双源双室的电离室放射源强度可减少一半，且也克服了双源双室电离室要求两放射源相互匹配的缺点。

总之，单源双室离子感烟火灾探测器与双源双室离子感烟火灾探测器相比，具有灵敏度高且连续可调，环境适应能力强，工作稳定，可靠性高，放射源活度小，特别是抗潮湿能力大大优于双源双室，在缓慢变化的环境中使用是不会发生误报的。

一般来说，离子感烟火灾探测器对各种烟颗粒的响应灵敏度较一致。无论是对低温燃烧阶段的大颗粒烟雾，还是对开放性火灾的小颗粒烟雾，都有很高的灵敏度，因此有较宽的响应范围。

由于离子感烟火灾探测器是核技术产物，在正常使用和良好维护条件下，火灾探测器寿命一般可达 10～15 年。应该指出，从环保角度看，这类探测器报废后需要集中由专业机构或部门处理放射源。

3. 光电式感烟火灾探测器

点型光电感烟火灾探测器是根据散射光、透射光原理进行火灾探测的点型火灾探测器。

烟粒子和光相互作用时，能够发生两种不同的过程。一方面粒子可以以同样波长再辐射已经接收的能量，再辐射可在所有方向上发生，但通常在不同方向上其强度不同，这个

过程称为散射。另一方面，辐射能可以转变成其他形式的能，如热能、化学反应或不同波长的辐射，这些过程称为吸收。在可见光和近红外光谱范围内，对于黑烟，光衰减以吸收为主，而对于灰白色烟，则主要受散射制约。光电感烟火灾探测器就是根据火灾所产生的烟雾颗粒对光线的吸收或散射作用来实现火灾探测。这类探测方法我们称为光电探测法。通过测量烟雾在其光路上造成的衰减来判定烟雾浓度的方法称为减光型探测法，通过测量烟雾对光散射作用产生的光能量来确定烟雾浓度的方法称为散射型探测法。根据减光型探测法制造的光电感烟火灾探测器称为减光式光电感烟火灾探测器，按照散射型探测法制造的光电感烟火灾探测器称为散射光式光电感烟火灾探测器。

1）减光式光电感烟火灾探测器

减光式光电感烟火灾探测器是根据烟雾颗粒对光线（一般是红外线）的阻挡作用所形成的光通量减少量来实现对烟雾浓度的有效探测。探测器的检测室内装有发光元件和受光元件。在正常情况下受光元件接受到发光元件发出的一定光量，使其产生一定的光电流。在火灾发生时，探测器的检测室内进入大量烟雾，发光元件的发射光受到烟雾的遮挡，使受光元件接受的光量减少，光电流降低，降低到一定值时，探测器发出报警信号。减光式光电感烟火灾探测器工作原理如图 3.2-8 所示。

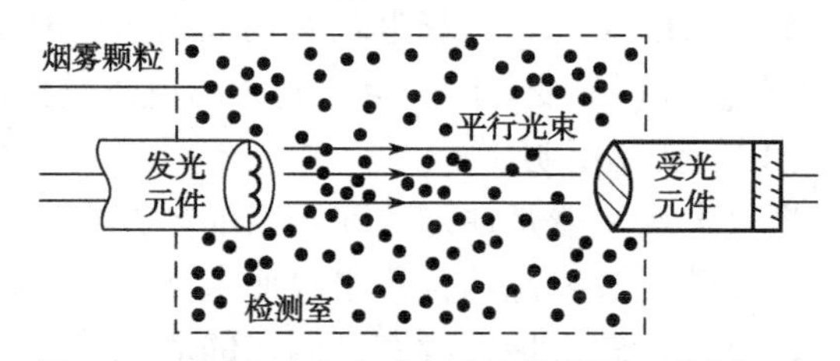

图 3.2-8　减光式光电感烟火灾探测器工作原理

减光式光电感烟火灾探测器目前很少使用在点型结构的火灾探测器上，多被应用在发光与受光部分分离结构的对射式线性结构的火灾探测器，实现大面积探测，如收发光装置分离的线型红外光束感烟火灾探测器。

2）散射光式光电感烟火灾探测器

散射光式光电感烟火灾探测器是在其检测室内装有发光元件（光发射器）和受光元件（接收器），发光元件目前大多数采用发光效率高的红外发光二极管，受光元件大多采用半导体硅光电池（或光电二极管）。在正常无烟的情况下，受光元件接收不到发光元件发出的光，因此不产生光电流。在火灾发生时，当产生的烟雾进入探测器的检测室时，由于烟粒子的作用，使发光元件发射的光产生漫反射（散射），这种散射光被受光元件所接受，使受光元件阻抗发生变化，产生光电流，将烟雾信号转变成电信号。电信号经过分析处理，从而实现火灾的探测报警。散射光式光电感烟火灾探测器是目前使用最多的感烟火灾探测器，JTY-GD-EI601O 型点型光电感烟火灾探测器如图 3.2-9 所示。

散射光式探测器通过与发光元件成一定夹角的光电接收元件收到的散射光强度，可以得到与烟浓度成比例的电流或电压信号，用于判断火灾。其夹角越大，灵敏度越高。散射光式光电感烟火灾探测器根据散射角（散射角是光发射器与接收器在发射光线方向与接收的折射光线方向之间的夹角）的大小分为前向散射和后向散射两种类型。

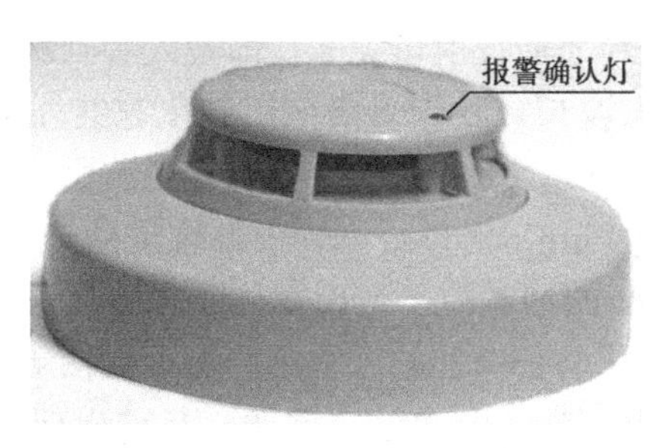

图 3.2-9　JTY-GD-EI601O 型点型光电感烟火灾探测器

前向散射即散射角度为锐角方向的散射光，如图 2.3-10 所示。前向散射光电感烟火灾探测器对颜色较浅的灰色烟雾极为灵敏，而对明火生成的黑色烟雾响应灵敏度较低，适用于火势蔓延前产生可见烟雾、火灾危险性大的场所。

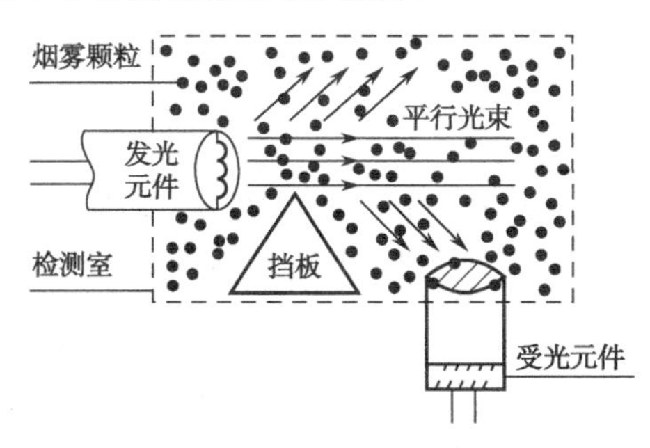

图 3.2-10　前向散射火灾探测器原理

后向散射即散射角度为钝角方向的散射光，如图 2.3-11 所示。检测室内设置发光元件和受光元件，发光元件采用红外发射管，发出红外光线，经发射透镜聚焦后形成平行光束射出。当有烟雾进入检测室时，烟雾粒子在由发光元件发射的红外光束作用下发生散射，散射光经检测室内的光栅折射后被受光元件的红外光敏二极管接收，转换成电信号。该信号随烟雾浓度的增加而增强，对该信号进行运算处理后即可对火灾危险进行判断。

图 3.2-11　后向散射火灾探测器原理

根据燃烧物的不同，在燃烧的各个阶段会伴随着产生粒子直径为 0.01～10 μm 的烟雾颗粒，并且产生的烟雾有的是颜色很深的黑色烟雾。这种黑色烟雾吸收光线的能力很强，对于照射在其上的光辐射以吸收为主，散射光很弱，这样就影响其他烟粒子对光的散射，采用光散射探测原理的光电感烟火灾探测器对这种黑烟探测能力较差。还有一类粒径小、颜色浅，甚至肉眼看不见的的烟雾。根据光散射定律，一个悬浮在空中的小微粒，当其粒径大于被反射光的波长时，它才能产生反射光。由于可见光波长在 0.3～0.7 μm，因而只有粒

径大于 0.3 μm 的轻度着色微粒才能反射可见光，即被人看到。由于光电感烟火灾探测器最小可测烟雾粒径取决于探测光波长，我国目前多用砷化镓红外发光二极管，与硅光敏二极管配对，发光峰值波长为 0.94 μm，探测光波长处于红外波段。由于散射光式光电感烟火灾探测器光源发光波长一般在 0.9 μm，对燃烧产物中颗粒粒径在 0.9～10 μm 的烟雾粒子能够灵敏探测，而对 0.01～0.9 μm 的烟雾粒子浓度变化反应不灵敏，导致了前向、向后散射光电感烟火灾探测器很难满足 GB 4715—2005《点型感烟火灾探测器》规定的四种试验火所产生的烟具有响应一致性的要求。为了解决这个问题，目前出现很多采用减光式和散射光式组合方式，或者是前向散射方式和后向散射方式组合起来的光电感烟火灾探测器。其探测方法是在检测室内设置两个相对着的光发射器，光接收器选择合适的角度设置，构成探测结构，其中一个光发射器与光接收器构成前向散射探测结构，另一个光发射器与光接收器构成后向散射探测结构。光接收器能够接收到烟粒子的两路散射光作用，加强了光散射效果，从而增大了光电接收器输出信号，达到对黑烟响应的目的。前向、后向双光路点型光电感烟火灾探测器结构如图 3.2-12 所示。该光电感烟火灾探测器利用红外光电元件及前向、后向双光路设计技术来检测烟雾浓度，探测器采用红外线散射原理探测火灾产生的烟雾，探测元件主要有红外发射、接收对管及独创立式双向散射迷宫，屏蔽外界杂散光干扰但不影响烟雾颗粒进入，使得光电感烟火灾探测器可对各种烟雾均衡响应。

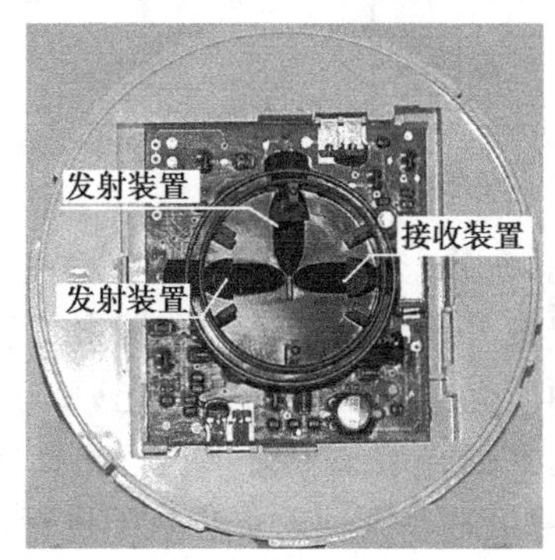

图 3.2-12　前向、后向双光路点型光电感烟火灾探测器结构

光电感烟火灾探测器均采用间歇式工作方式，发光间歇在 3～5 s，以确保其使用寿命。在正常使用和良好维护条件下，使用寿命可达 10～15 年。

4．激光式光电感烟火灾探测器

激光式光电感烟火灾探测器分为点型和线型探测器两类，目前使用最多的是线型探测器，包括激光对射感烟火灾探测器和管型吸气式感烟火灾探测器。

1）激光对射感烟火灾探测器

激光对射感烟火灾探测器与红外光束式感烟火灾探测器相似，均属于应用光束被烟雾粒子吸收而减弱原理的线型感烟火灾探测器，即线型光束感烟火灾探测器的一种。其工作原理是利用烟雾粒子吸收激光光束原理制成，激光器在脉冲电源的激发下发出一束毫瓦级的激光束，通过被保护的空间，再由对面的反射器反射回激光器附近的一个大的光电管上，在正常情况下探测器不发出警报。当火灾发生时，烟雾上升并扩散，当位于顶板附近的激光束在通过烟雾区域时产生杂乱偏转并被大量的烟雾遮挡而减弱到一定程度时，光电接收信号减弱，便会发出火灾报警信号。

激光对射感烟火灾探测器灵敏度高，利用激光作为探测光源，能够探测出光路附近烟雾的微小变化，相比传统的红外光束探测器的灵敏度提高几倍。特别适用于大型场馆、高层建筑群、文物保护建筑设施、仓库群及隧道工程等大空间或长形空间。

2）空气采样探测器（吸气式感烟火灾探测器）

吸气式感烟火灾探测器是指采用吸气工作方式获取探测区域火灾烟参数的感烟火灾探测器。根据 GB 15631—2008《特种火灾探测器》规定，这类探测器属于特种火灾探测器，按其响应阈值范围可分为普通型、灵敏型和高灵敏型。按其功能构成方式可分为探测型和探测报警型。按其采样方式可分为管型吸气式（管路采样式）和点型吸气式（点型采样式）。管型吸气式感烟火灾探测器是通过采样管道获取探测区域火灾烟参数的感烟火灾探测器。点型吸气式感烟火灾探测器是采用呼气工作方式获取探测区域火灾烟参数的点型感烟火灾探测器。管型吸气式感烟火灾探测器如图 3.2-13 所示。点型吸气式感烟火灾探测器如图 3.2-14 所示。本节主要以管型吸气式感烟火灾探测器为主进行介绍。

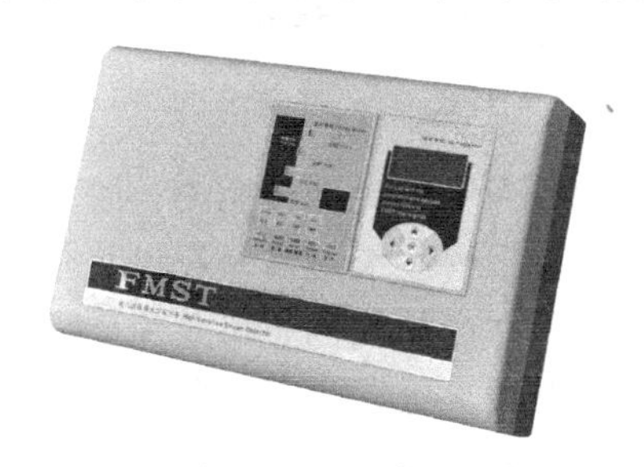

图 3.2-13　管型吸气式感烟火灾探测器

图 3.2-14　点型吸气式感烟火灾探测器

传统的点型感烟火灾探测器都是固定在顶棚上，等待烟雾将其淹没并渗透到探测器内部时才能引起报警。而吸气式感烟火灾探测器属于主动式探测器，它采用了抽气泵，主动抽取被保护区的空气进行分析，探测其烟雾含量，变被动等待为主动探测。

管型吸气式感烟火灾探测器系统包括探测器和采样管网。探测器由吸气泵、过滤器、激光腔、控制电路、显示模块、编程模块等组成。采样管网目前多采用 PVC 管，为了防止 PVC 管长期暴露于强阳光、极冷、极热的环境中，或者遇到可溶解 PVC 管的气体时也可采用钢管。管型吸气式感烟火灾探测器系统组成如图 3.2-15 所示。

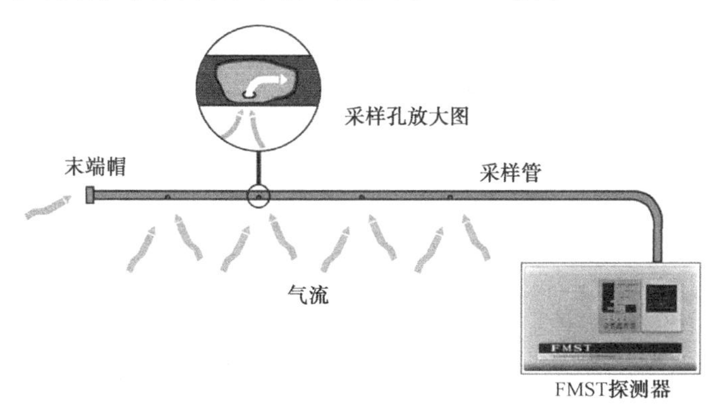

图 3.2-15　管型吸气式感烟火灾探测器系统组成

管型吸气式感烟火灾探测器的工作原理是吸气泵通过 PVC 采样管或金属管组成的采样管网，从被保护区内连续采集空气样品送入探测器，空气样品经过滤器组件滤去灰尘颗粒后进入激光腔，在激光腔内利用激光照射空气样品，其中烟雾粒子所造成的散射光被接收器接收，接收器将光信号转换成电信号后送到探测器的控制电路，通过波形识别电路除去噪声和巨型脉冲后，用粒子统计技术对余下的脉冲计数，有效测量出单位时间内的烟雾颗粒并转换成烟雾浓度值，该数值以可视发光图条的方式显示在显示模块上，指示保护区域内的烟雾浓度，并根据烟雾浓度和预设的报警阈值产生相应的火灾报警信号。其激光腔内部结构如图 3.2-16 所示。

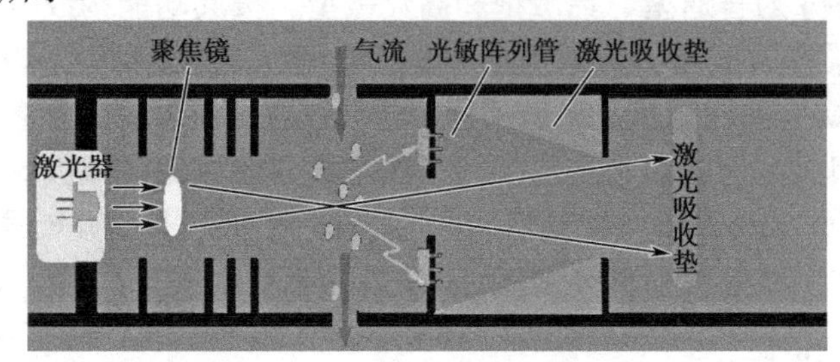

图 3.2-16　FMST 激光腔内部机构

管型吸气式感烟火灾探测器将火情的发展一般分为不可见烟（阴燃）阶段、可见烟阶段、可见火光阶段和剧烈燃烧四个阶段。传统的火灾报警系统通常是在可见烟阶段才能探测到烟雾，发出警报，此时火情所造成巨大的经济和财产损失已不可避免，尤其是发生火灾的设备往往是绝缘损害后才产生烟雾，这时即使发现火灾，也只是防止火灾向临近设备或空间蔓延，而着火的设备基本上已达到报废程度。而吸气式感烟火灾探测器可以对上述四个阶段进程监测并能分别以预警、行动、火警 1、火警 2 四种方式进行报警输出，尤其是在预警阶段，着火设备刚刚由于过热等原因出现极少量的烟雾，这时发现并停止其工作，不仅可以防止火灾向相邻区域或设备蔓延，甚至可以最大限度保全着火设备，经检修后继续使用，这样就能够达到极早预警的目的。吸气式感烟火灾探测器极早预警如图 3.2-17 所示。

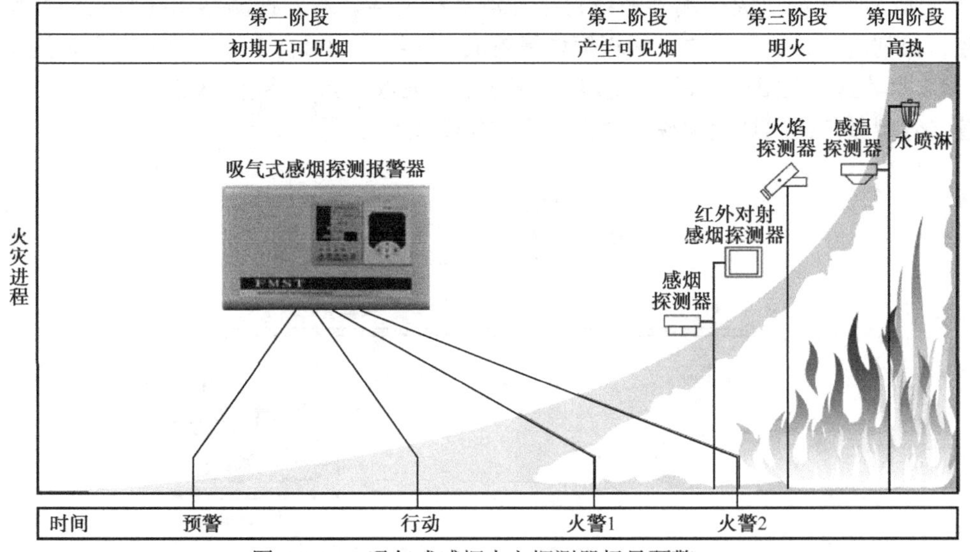

图 3.2-17　吸气式感烟火灾探测器极早预警

5. 红外光束式感烟火灾探测器

红外光束式感烟火灾探测器是线型光束感烟火灾探测器的一种，属于应用光束被烟雾粒子吸收而减弱的原理的线型感烟火灾探测器。由于点型感烟火灾探测器的安装高度被局限在 12 m 以内，对于高大空间场所内的火灾探测往往采用安装于场所周围墙壁上一定高度的红外光束式感烟火灾探测器。这种火灾探测器的工作原理与减光式光电感烟火灾探测器类似，仅是光束发射器和接收器分别为两个独立的部分，不再有检测室，红外测量区的光路暴露在被保护的空间，并加长了许多倍。在测量区内无烟时，发射器发出的红外光束被接收器接收，这时的探测器处于正常监视状态。如果有烟雾扩散到测量区，对红外光束起到吸收和散射作用，使到达接收器的光信号减弱，接收器则对此信号进行放大、处理并输出火警信号。图 3.2-18 所示为对射式红外光束型感烟火灾探测器。

图 3.2-18　对射式红外光束型感烟火灾探测器

红外光束型感烟火灾探测器基本机构由发射器、光学系统和接收器三个部分组成。

发射器：发射器通过测量区向接收器提供足够的红外光束能量，间歇地发射红外光，这类似于光电感烟火灾探测器中的脉冲发射方式，通常发射脉宽为 13 μs，周期为 8 ms，由间歇振荡器和红外光管完成发射功能。

光学系统：光学系统采用两块口径和焦距相同的双凸透镜分别作为发射透镜和接收透镜。红外发光管和接收硅光电二极管分别置于发射和接收端的焦点上，使测量区为基本平行光线的光路，并可方便调整发射器与接收器之间的光轴重合。

接收器：接收器由硅光电二极管作为探测光电转换元件，接收发射器发过来的红外光信号，把光信号转换成电信号，由后续电路放大、处理、输出报警。接收器中还设有防误报、检查及故障报警等电路，以提高整个系统的工作可靠性。

目前，一个发射器/接收器组合成一个单元和一个反射镜构成的新型红外光束式感烟火灾探测器被广泛使用。当烟雾进入发射器/接收器和反射镜之间区域，导致接收器的信号减弱，从而发出火警信号。这类新型的红外光束型感烟火灾探测器也称为反射式红外光束型感烟火灾探测器。图 3.2-19 所示为研发生产的反射式红外光束型感烟火灾探测器和反射镜。

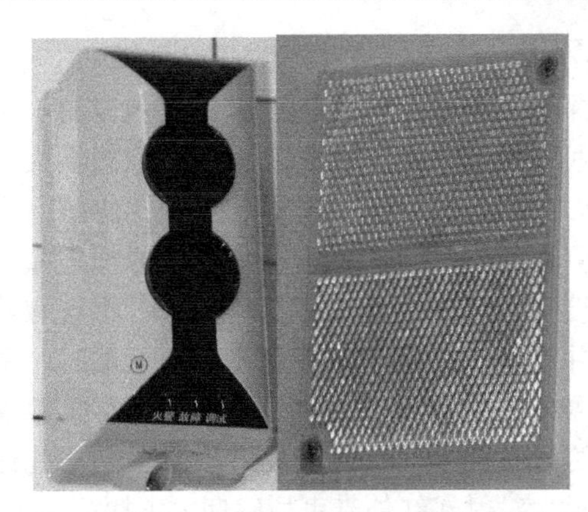

图 3.2-19　反射式红外光束型感烟火灾探测器和反射镜

3.3　感温火灾探测器

建筑物室内发生火灾后，除了向室内空间扩散烟雾，同时也向室内空间扩散燃烧产生的热量，导致室内空间温度的上升。阴燃阶段温度变化不明显，而在有焰燃烧阶段，室内可燃物燃烧产生热量导致烟气温度升高，释放出大量的热烟气。燃烧产生的高温烟气热而轻，容易上升，这样就需要有新的空气进行补充，形成对流。热通过流动介质，将热量由空间中的一处传到另一处的现象，称为热对流。热对流是热传播的主要方式，是影响初期火灾发展的最主要因素。

室内火灾发展到有焰燃烧阶段，出现火焰，火焰热量一方面将烟气加热形成热烟气，另一方面将热量以电磁波形式的传递，称为热辐射。由于热辐射的能量与火焰温度的四次方成正比，因此，当火灾处于成长发展阶段时，热辐射成为热传播的主要方式。

火灾室内温度的探测主要就是根据物质燃烧释放出热量所引起的环境温度升高或其变化率大小，通过热敏元件与电子线路来探测。探测温度升高到规定的阀值温度，称为定温探测法，而通过探测室内环境温度升温速率来判定火灾发生的方法，称为差温探测法。

对于通过室内火灾温度的探测来发现室内火灾的发生，需要我们在火灾发生很短时间内就给予探测到，否者当室内发生轰燃甚至到达猛烈燃烧阶段，火灾将很难控制在一定范围，同时也会带来大量的财产损失并严重威胁人民生命安全。室内发生火灾的热量扩散主要通过热烟气的对流和火焰的热辐射，室内温度的上升也受到室内空间大小的影响。火灾由阴燃状态发展到刚刚出现有焰燃烧时，是通过温度探测的最好时机，而此时室内温度是不均衡的，距离火源近的地方温度变化明显，距离火源远的部位温度变化缓慢，尤其是室内顶棚，不仅受热辐射的影响，同时也受到燃烧过程形成热的烟气影响。由于燃烧过程形成热的烟气在上升过程中不断地卷吸进室内的冷空气，同时建筑结构也对其产生影响，使得热烟气随着上升高度的增加，其温度在降低，为了保证在有焰燃烧阶段的初期及时通过温度变化发现火灾，将距离着火地面 8 m 高度作为室内火灾的温度探测极限高度，超过这个高度，即使可以探测到火灾的发生，由于此时火势已经发展到对建筑内人们生命和财产带来严重威胁的程度，火灾的温度探测将失去很大意义。

感温火灾探测器是对温度、升温速率、温度变化响应的火灾探测器。感温探测器按照探测响应范围分为点型感温探测器和线型感温探测器两大类。

图 3.3-1 是常见的感温火灾探测器的设计图形符号，在平面图和系统图中均相同。

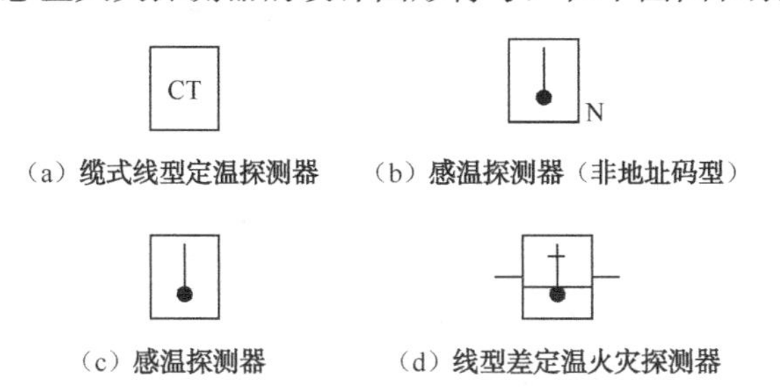

图 3.3-1　常见的感温火灾探测器的设计图形符号

1. 点型感温火灾探测器

点型感温火灾探测器是响应一个小型传感器附近监视现象的感温火灾探测器。点型感温探测器和点型感烟火灾探测器一样，多数都是可拆卸探测器，由底座和探头组成。在 2005 年以前，我国的点型感温探测器按照定温、差温和差定温来分类，在 2005 年以后，我国颁布了 GB 4716—2005《点型感温火灾探测器》国家标准，此标准规定点型感温探测器按照其动作温度分类，如表 3.3-1 所示。

表 3.3-1　点型感温火灾探测器分类　　（单位：℃）

探测器类别	典型应用温度	最高应用温度	动作温度下限值	动作温度上限值
A1	25	50	54	65
A2	25	50	54	70
B	40	65	69	85
C	55	80	84	100
D	70	95	99	115
E	85	110	114	130
F	100	125	129	145
G	115	140	144	160

点型感温探测器除表 3.3-1 分类外，还有 S 型和 R 型之分，S 型探测器即使对较高升温速率，在达到最小动作温度前也不能发出火灾报警信号；R 型探测器具有差定温特性，对于高升温速率，即使从低于典型应用温度以下开始升温也能满足响应时间要求。S 型和 R 型探测器可通过在表 3.3-1 中类别符号的后面附加字母 S 或 R 的形式（如 A1S、BR 等）标示 S 型或 R 型探测器，同时不强制要求每类探测器必须选择其中一种，允许探测器既不属于 S 型也不属于 R 型。

图 3.3-2 所示为 JTW-A2R-EI6011 型点型感温火灾探测器，该探测器即属于 A2R 型点型感温火灾探测器，使用环境温度为-10～50 ℃，典型应用温度为 25 ℃，动作温度范围为 56～66 ℃，是具有差定温特性的点型感温火灾探测器。

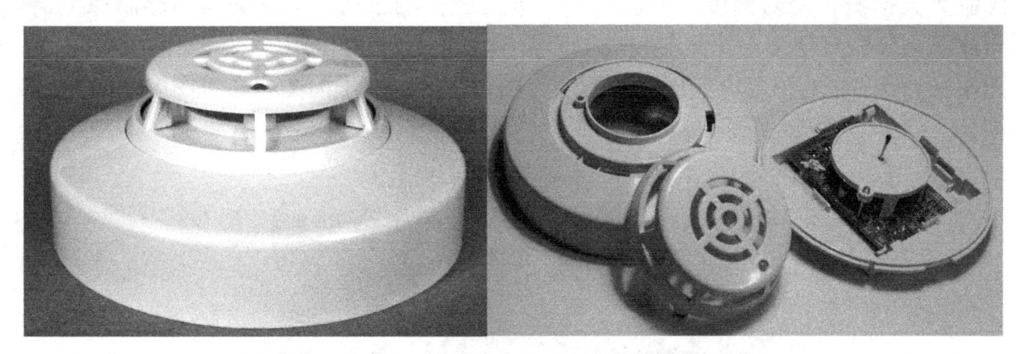

图 3.3-2　JTW-A2R-EI6011 型点型感温火灾探测器

2．线型感温火灾探测器

线型感温火灾探测器是对警戒范围内某一路线周围的温度参数响应的火灾探测器。

线型感温火灾探测器执行 GB 16280—2005《线型感温火灾探测器》国家标准，根据动作性能分为线型定温探测器、线型差温探测器和线型差定温探测器。

线型定温火灾探测器是具有定温功能的线型感温火灾探测器。所谓的定温功能就是当局部的环温度升高到规定值以上时，探测器才开始动作，定温火灾探测器也称为固定阈值定温火灾探测器。这类定温火灾探测器的固定阈值如表 3.3-2 所示。

表 3.3-2　固定阈值的定温探测器动作温度和不动作温度规定　（单位：℃）

动作温度	不动作温度	动作温度	不动作温度
60	40	105	75
70	45	138	85
85	65	180	108

注：允许使用环境最高温度不应超过不动作温度。

线型差温火灾探测器是具有差温功能的线型感温火灾探测器。差温功能就是当较大的控制范围内，温度变化达到或超过所规定的某一升温速率时，探测器才开始动作。升温速率见表 3.3-3 所示。

表 3.3-3　差温探测器在最小报警长度条件下响应时间

升温速率（℃/min）	响应时间下限值（min，s）	响应时间上限值（min，s）
10	0，30	2，20
20	0，22.5	1，30
30	0，15	1，00

线型差定温火灾探测器是具有差定温功能的线型感温火灾探测器。

根据国家标准 GB 16280—2005《线型感温火灾探测器》的规定，线型感温火灾探测器根据工作原理不同分为缆式线型感温火灾探测器和空气管式线型感温火灾探测器。

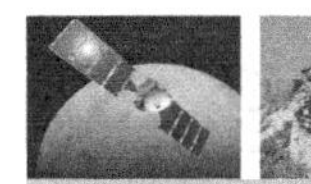

1）缆式线型感温火灾探测器

缆式线型感温火灾探测器是采用缆式线结构的线型定温火灾探测器。

缆式线型感温火灾探测器包括定温缆式线型感温火灾探测器、差温缆式线型感温火灾探测器和差定温缆式线型感温火灾探测器三种。这三种缆式线型感温火灾探测器又分为开关量缆式线型感温火灾探测器和模拟量缆式线型感温火灾探测器。按照探测器报警后是否恢复，又分为可恢复型和不可恢复型缆式线型感温火灾探测器。

缆式线型感温火灾探测器在工业建筑或特殊的应用场所中已发挥重要的监视火情的作用。它尤其能对电缆隧道、易燃工业原料堆垛等环境较恶劣场所，以及空气中粉尘大、有油烟、腐蚀气体、风速大而潮湿的环境进行早期火灾报警。图 3.3-3 所示为 JTW-LD-SL-D6000A 可恢复式缆式线型定温火灾探测器。该探测器由可重复使用的感温电缆、微处理器及终端盒三部分组成。感温电缆的动作温度可在 70～105 ℃之间设定调整。

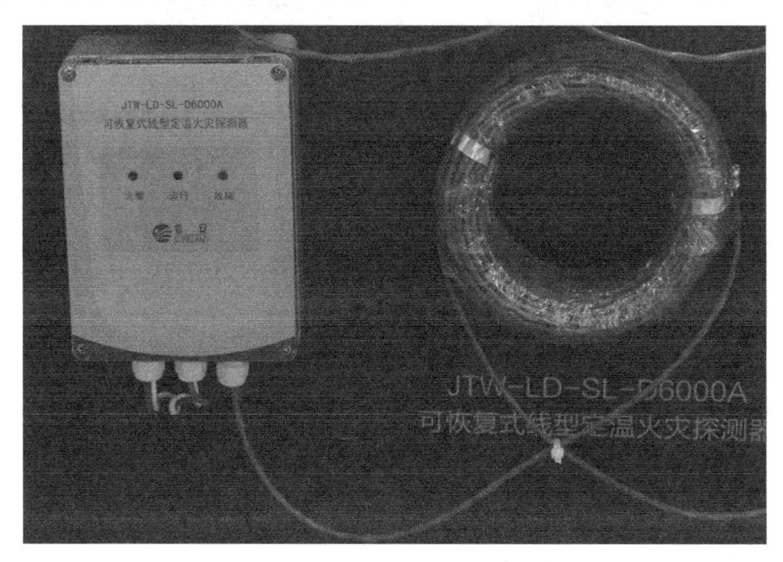

图 3.3-3 JTW-LD-SL-D6000A 可恢复式缆式线型定温火灾探测器

感温电缆实际上是一条热敏电缆，热敏电缆由两根弹性钢丝、热敏绝缘材料、塑料色带及塑料外护套组成，其结构如图 3.3-4 所示。在正常监视状态下，两根钢丝间呈绝缘状态。在每一热敏电缆中有一极微小的电流。当热敏电缆线路上任何一点（部位）的温度（可以是“电缆”周围空气或它所接触物品的表面温度）上升达到其额定动作温度时，其绝缘材料绝缘性能发生变化，两根钢丝之间互相导通，发出火警信号。

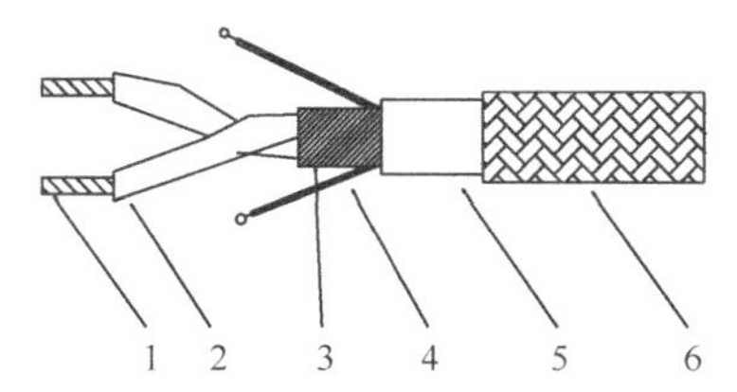

1—导体；2—NTC 特殊热敏绝缘材料；3—包带；4—补偿线；5—耐野外环境护套；6—金属屏蔽层

图 3.3-4 JTW-LD-TY 可恢复型缆式线型定温火灾探测器结构

2）空气管式线型感温火灾探测器

空气管式线型感温火灾探测器是采用空气管结构的线型感温火灾探测器。

空气管式线型感温火灾探测器包括差温空气管式线型感温火灾探测器和差定温空气管式线型感温火灾探测器两种。空气管线型感温火灾探测器是一种感受温升速率的探测器。它具有报警可靠，不怕环境恶劣等优点。在多粉尘、湿度大的场所也可使用。尤其适用于可能产生油类火灾且环境恶劣的场所，以及不易安装点型探测器的夹层、闷顶、库房、地道、古建筑等地方。由于敏感元件空气管本身不带电，也可安装在防爆场所。图 3.3-5 所示为 JTW-GCD-TY1003 可恢复式差定温空气管式线型感温火灾探测器。

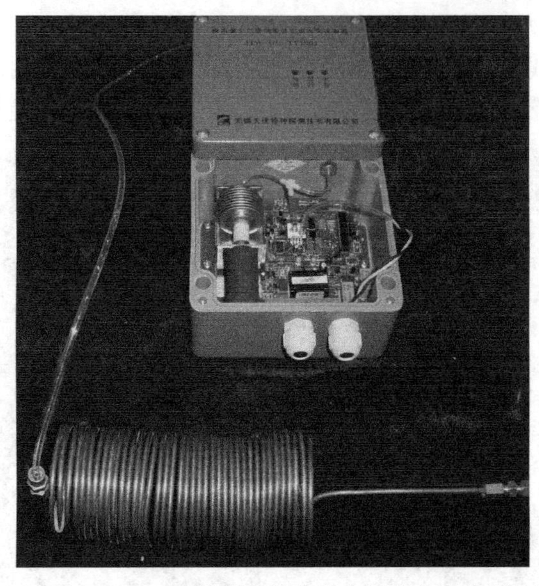

图 3.3-5　JTW-GCD-TY1003 可恢复式差定温空气管式线型感温火灾探测器

JTW-GCD-TY1003 可恢复式差定温空气管式线型感温火灾探测器是一种新型的报警温度及灵敏度可设定的、可自动检测管路故障、探测敏感元件不带任何电压和电流的新型本安型火灾探测报警产品。其不但具有常规空气管的差温报警性能，而且还具备定温报警功能。该探测器可和各类的火灾报警控制器连接构成火灾自动探测报警系统。

JTW-GCD-TY1003 可恢复式差定温空气管式线型感温火灾探测器由探测管路和微机处理器两部分组成，如图 3.3-6 所示。探测管的使用长度为 20～130 m，微机处理器环境防护等级为 IP65；系统在正常监视状态下，微机处理器内的数据采集电路无信号输出，此时微机处理器内的绿色指示灯按一定周期闪亮；微机处理器按一定的周期对探测管进行故障检测，当探测管路堵塞或开路时，此时黄色指示灯闪亮，故障继电器动作并通过其无源触点自动向报警控制器传输故障信号；当环境温度升高时，空气管内的空气开始膨胀，使压力升高，为使管内外气压平衡，这时气体可通过泄漏孔排出。当探测管周围的温度异常升高或发生火灾，这时探测管路内的气体膨胀导致压力增加，当压力增加的速率或压力值达到探测器预先设定的动作参数时，微机处理器内的信号处理电路通过放大、比较、判断处理输出火警信号，红色指示灯亮，火警继电器动作并通过无源触点自动向报警控制器传输火警信号。

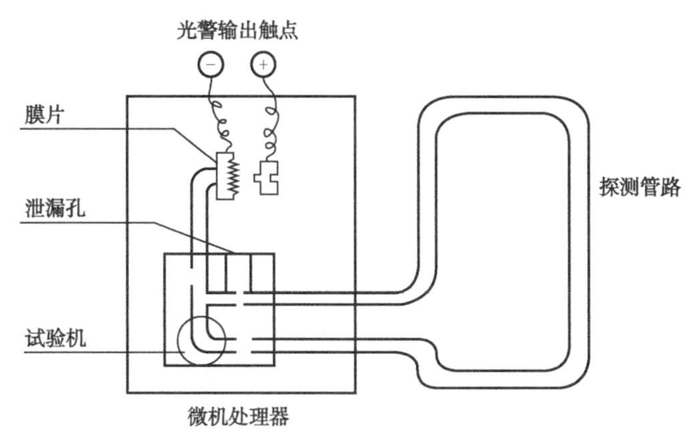

图 3.3-6　空气管线型感温火灾探测器工作原理

3）线型光纤感温火灾探测器

线型光纤感温火灾探测器是线型感温探测器的一种，线型光纤感温火灾探测器是分布式光纤温度探测（DTS）技术在火灾报警领域的具体应用，它以光纤拉曼（Raman）散射技术为基础，结合了高频脉冲激光、光波复用、光时域反射、高频信号采集及微弱信号处理等先进技术，主要用于电缆、隧道、油罐、气罐等长距离的火灾探测。目前，国家颁布GB/T 21197—2007《线型光纤感温火灾探测器》为推荐性标准。

线型光纤感温火灾探测器应至少由感温光纤光栅、信号处理主机和光纤（缆）的接续部件等组成，光纤主机负责光纤信号处理、报警和参数设置等，感温光纤光栅负责现场的温度采集。光纤主机还可以通过 RS485/232、CAN、以太网接口与火灾报警控制器相连，构成完整的火灾报警系统。根据动作方式分为定温型、差温型和差定温型。根据探测方式分为分布式和准分布式。根据可恢复性分为可恢复式和不可恢复式。根据功能构成分为探测型和探测报警型。由于光纤本身不导电的特性，该产品更适合应用于易燃、易爆等危险区域，以及有强电磁干扰、腐蚀、高温和防爆要求的工业消防项目的火灾探测。图 3.3-7 所示为 TGW 光纤光栅感温火灾探测系统。

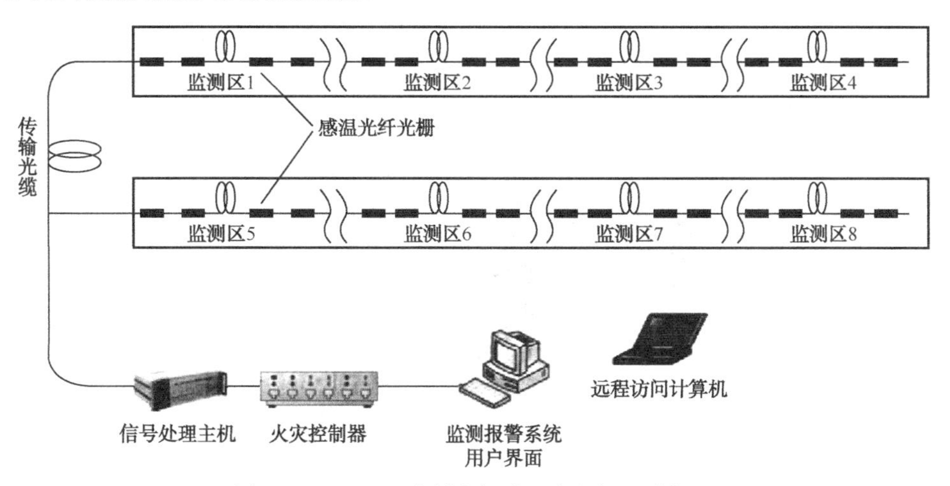

图 3.3-7　TGW 光纤光栅感温火灾探测系统

3.4 火焰式火灾探测器

火灾发生除了产生烟雾和室内温度上升外，同时也出现火焰。火焰是物质燃烧产生的灼热发光的气体部分。物质燃烧到发光阶段，一般是物质全面燃烧阶段，物质燃烧反应的放热提高了燃烧产物的温度，并引起产物分子内部电子能级跃迁，因而放出各种波长的光。火焰作为燃烧一种特征，是火灾的重要参数之一。

燃烧的火焰产生的光辐射以电磁波形式传播。通过探测可燃物燃烧所产生的火焰光辐射的大小，从而判定是否有火灾的发生，这类火灾的探测方法称为火焰（光）探测法。火焰探测器就是指对火焰光辐射响应的探测器。

在电磁波谱中有可见光和不可见光两部分，不仅仅是火焰中具有可见光，阳光、灯光中都有可见光。如果对火焰产生的可见光进行探测，就很难区别室内是出现火灾还是正常的阳光和灯光。为了有效探测火灾的发生而又不会受到其他光源的影响，只能探测红外辐射和紫外辐射，一般根据被动式光辐射原理，采用光敏元件和电子线路完成探测。利用被动式光辐射原理制造的对紫外探测的火焰探测器称为紫外火焰探测器，对红外探测的火焰探测器称为红外火焰探测器。

火焰探测器通常使用在火灾时有强烈的火焰辐射场所、液体燃烧火灾等无阴燃阶段的火灾场所，以及对于需要对火焰做出快速反应的场所。而对于可能发生无焰火灾及在火焰出现前有浓烟扩散的场所则不宜采用这种探测方法。

图 3.4-1 是常见的火焰探测器的设计图形符号，在平面图和系统图中均相同。

（a）点型火焰探测器

（b）点型红外火焰探测器

（c）点型紫外火焰探测器

图 3.4-1　常见的火焰探测器的设计图形符号

1. 紫外火焰探测器

紫外火焰探测器是对火焰中波长小于 300 nm 的紫外光辐射响应的火焰探测器。紫外火焰探测器执行国际标准 GB 12791—2006《点型紫外火焰探测器》的要求。图 3.4-2 所示为 JTGB-ZW-BK52Ex/UV 隔爆型紫外火焰探测器。

图 3.4-2　JTGB-ZW-BK52Ex/UV 隔爆型紫外火焰探测器

当有机物燃烧时候，其羟基在氧化反应中会辐射出强烈的紫外光，波长为 250 nm。太阳光虽然有大量的紫外线，但是经过臭氧层过滤后到达地面上的紫外光能很低，波长为 290 nm 以下的紫外线几乎全部被吸收，而其他电光源如汞弧灯、卤钨灯等通过玻璃吸收了 200 nm～300 nm 范围内的紫外光。为了区分非火灾因素，紫外火焰探测器探测火焰发射的是波长在 190 nm～290 nm 范围内的紫外辐射。

紫外火焰探测器使用紫外光敏管，玻璃外壳内装有两个高纯度的钨或银丝，并做成电极。当电极接收到紫外辐射时，电极立即发出电子，并在电场作用下加速。由于管内充有氢气和氦气，所以当这些被加速而具有较大动能的电子同气体分子碰撞时，将使气体分子电离，产生电离的正、负离子又被加速，它们又会撞击新的气体分子产生更多的正、负离子，于是在极短时间内造成“雪崩放电”，从而使紫外光敏管由截止状态变为导通状态。

紫外火焰探测器具有对火焰反应速度快、可靠性较高等优点。但是由于紫外线波长短，火灾产生的烟雾极易影响火焰产生的紫外线辐射，使得紫外火焰探测器只适用在火灾初期产生少量烟雾的场所，如油气采集和生产设施、炼油厂和裂化厂、汽油运输的装卸站、轮船发动机房和储存室、煤气生产和采集装置、丙烷和丁烷的装载运输和存储、氯生产设施、弹药和火箭燃料的生产和储存、镁及其他可燃性金属的生产设施、大型和主要货物仓库、码头等。而对于正常情况下有阳光、明火作业，以及易受 X 射线、弧光和闪电等影响的场所不宜选择紫外火焰探测器。

2．红外火焰探测器

红外火焰探测器是对火焰中波长大于 850 nm 的红外光辐射响应的火焰探测器。红外火焰探测器执行国际标准 GB 15631—2008《特种火灾探测器》的要求。图 3.4-3 所示为 JTGB-HW/ZW-BK51Ex/IR3 高速隔爆型三波长红外火焰探测器。

图 3.4-3　JTGB-HW/ZW-BK51Ex/IR3 高速隔爆型三波长红外火焰探测器

太阳光大量的紫外线虽然被臭氧层过滤，但是红外线由于波长长（波长大于 700 mm 红外辐射），能够穿越大气层而到达地面。但是由于空气中二氧化碳的作用，阳光辐射中的 4.4 μm 的光谱几乎被完全吸收，而火焰的波长在 0.2～10 μm，在红外光谱范围内烃类物质燃烧的辐射强度最大位于光谱波长 4.4 μm 附近范围内，这是炽热的二氧化碳气体所发出的。红外火焰探测器利用红外光敏元件，如硫化铅、硒化铅、硅光敏元件的光电导或光伏特效应来敏感探测低温产生的红外辐射，红外波长一般选择在 4.4 μm 左右，以减少阳光

的干扰。同时为了区分非火灾产生的红外线，一般还要考虑物质燃烧时 3～30 Hz 的火焰间歇闪烁频率。

为了克服单波段红外火焰探测器易受阳光、高温黑体、白炽灯等光源的影响，采用双波段红外火焰探测器。双波段红外火焰探测器在第一通道探测 4.4 μm 红外辐射及 3～30 Hz 的火焰间歇闪烁频率，第二通道探测火焰峰值 4.4 μm 左侧或右侧一窄带波段作为背景辐射信号，如探测 3.8～4.1 μm 或 5～6 μm 波段。这两个通道的探测值进行比较，如果第一通道的辐射强度高于第二通道，则认为是火灾发生，反之第二通道辐射强度高于第一通道，则是外界光源的干扰，而不是火灾的发生。双波段红外火焰探测器虽然克服外界的干扰，但是由于其主通道探测的火灾峰值辐射往往也会被空气中的二氧化碳大量吸收，使得探测强度减弱。这样就限制了探测距离不能太大。为了增加探测的可靠性及探测距离的增大，尤其是在户外使用时，往往采用三波段红外火焰探测器，它设有三个探测通道，对火焰峰值辐射和左右两端的窄带波段的辐射强度进行分别探测，经过信号分析以区别背景红外辐射，判断火灾的发生，减小误报率。它有穿透烟雾的特点，可以距离被保护物很远的距离并实现大面积探测。

3.5 可燃气体探测器

爆炸是由于物质急剧氧化或分解反应产生温度、压力增加或两者同时增加的现象。爆炸分为物理爆炸、化学爆炸和核爆炸三种形式。

在发生爆炸时，势能（化学能或机械能）突然转变为动能，有高压气体生成或者释放出高压气体，这些高压气体随之做机械功，如移动、改变、抛射周围的物体。在消防工作中经常遇到的是可燃性气体、蒸气、粉尘、液滴与空气或其他氧化介质形成爆炸性混合物而发生的化学爆炸。可燃气体、可燃蒸气和可燃粉尘一类的物质接触火源时，会立即起火燃烧，如果此类物质与空气混合在一起时，只要浓度达到了一定的比例范围，就形成了爆炸性混合物，此时一遇到火源就会立即出现爆炸。

爆炸极限（确切地说应该称为爆炸浓度极限）是可燃的气体、蒸气或粉尘与空气混合后，遇火会产生爆炸的最高或最低的浓度。可燃蒸气和可燃气体的爆炸极限用可燃气体、蒸气占爆炸混合物的单位体积百分比（%）来表示。可燃粉尘的爆炸极限是按照可燃粉尘占爆炸混合物单位体积的重量比（g/m^3）表示。

爆炸下限是易燃气体蒸气或薄雾在空气中形成爆炸性气体混合物体的最低浓度，用 LEL 表示。

爆炸上限是易燃气体蒸气或薄雾在空气中形成爆炸性气体混合物体的最低浓度，用 UEL 表示。

爆炸极限是衡量可燃性气体发生爆炸的火灾危险性的主要依据，爆炸的上、下极限之间范围越大，形成爆炸混合物的概率越多，发生爆炸事故的危险性也越大。爆炸下限越低，形成爆炸混合物浓度越低，形成爆炸条件越容易，为此可燃气体的火灾危险性用爆炸下限 LEL 来表示。对于可燃气体来说，绝大多数的爆炸下限<10%，一旦设备泄漏，在空气中很容易达到爆炸下限浓度，造成危险。所以在《建筑设计防火规范》中将爆炸下限<10%

的气体划分为甲类，少数爆炸下限≥10%的气体划分为乙类。

可燃气体探测器是对单一或多种可燃气体浓度响应的探测器，它执行国家标准 GB 15322《可燃气体探测器》的要求，与可燃气体探测器配套使用的可燃气体报警控制器分为多线制（目前多是三线制）和总线制两种，执行 GB 16808—2008《可燃气体报警控制器》的要求。

可燃气体探测器按防爆炸要求可分为防爆型和非防爆型。按使用环境条件分为室内使用型和室外使用型。按照显示功能分为具有可燃气体浓度显示功能的探测器和不具有可燃气体浓度显示功能的探测器。

可燃气体探测器是对可燃气体的浓度探测，以防止可燃气体浓度达到爆炸极限范围内，是预防爆炸的发生，而不是探测可燃气体发生火灾。可燃气体探测器测量范围为 0～100% LEL。可燃气体探测器在被监测区域内的可燃气体浓度达到报警设定值时，应能发出报警信号。

报警设定值是指预置的可燃气体报警浓度值。可燃气体探测器具有低限、高限两个报警设定值时，其低限报警设定值应在 1%～25% LEL 范围，可燃气体探测器低限报警时，应启动消防警报装置报警，开启通风机换气。高限报警设定值应为 50% LEL，可燃气体探测器高限报警时要自动关闭可燃气体的输送管道阀门，切断可燃气体供给。有的可燃气体探测器是仅有一个报警设定值的探测器，其报警设定值应在 1%～25% LEL 范围。具有可燃气体浓度显示功能的探测器，显示值达到真实值的 90%时的响应时间（t90）不应超过 30 s。不具有可燃气体浓度显示功能的探测器，其报警响应时间不应超过 30 s。图 3.5-1 所示为可燃气体探测器及可燃气体报警控制器，其中可燃气体探测器为防爆型，主要用于可能发生爆炸的工业场所。

图 3.5-1　可燃气体探测器及可燃气体报警控制器

目前，在居民住宅厨房普遍应用的是非防爆型可燃气体探测器，我们称为家用可燃气体探测器，有壁挂式、吸顶式两种结构形式，吸顶式探测器一般与点型感烟/感温火灾探测器外形相似，如图 3.5-2 所示。吸顶式探测器因安装在房顶，因此只能探测比空气比重小的天然气或人工煤气，不能探测比空气比重大的液化石油气。壁挂式探测器可根据安装位置探测各种比重的可燃气体。

可燃气体探测器通常是利用热催化式元件、气敏半导体元件或三端电化学元件的特性变化来探测可燃气体浓度和成分，预防火灾和爆炸危险。

热催化原理是利用可燃气体在有足够氧气和高温条件下，发生在铂丝催化元件表面的

无焰燃烧，放出热量并引起铂丝元件电阻变化，从而达到可燃气体浓度探测的目的。

图 3.5-2 家用可燃气体探测器

热导原理是利用被测气体与纯净空气导热性的差异及在金属氧化物表面燃烧特性，将被测气体浓度转换成热丝温度或电阻的变化，达到测定气体浓度的目的。

气敏原理是利用灵敏度较高的气敏半导体元件吸附可燃气体后电阻变化的特性，来达到测量和探测的目的。

三端电化学原理是利用恒电位电解法，在电解池内安置三各电极并施加一定极化电压，以透气薄膜将电解池与外部隔开，被测气体通过该薄膜达到工作电极，发生氧化—还原反应，从而使传感器产生与气体浓度成正比的输出电流，达到探测目的。

热催化原理、热导原理不具有气体选择性，而具有可燃气体的探测光谱，通常以体积百分比浓度表示。催化燃烧式气体传感器优点是对可燃气体探测线性好，受温度湿度影响小，响应快；缺点是对低浓度可燃气体灵敏度低，敏感元件受到催化剂侵害后特性锐减，金属丝易断。热导式传感器不存在催化剂，既可以测量可燃气体，也可以测量无机气体的浓度。

气敏原理和三端电化学原理具有气体选择性，适用于气体成分检测和低浓度测量，通常用 ppm 表示气体浓度。气敏半导体传感器价格低廉、灵敏度高，但可靠性、气体选择性、稳定性差；电化学传感器灵敏度高，可靠性、气体选择性、稳定性较好，响应速度良好，测定范围宽，但价格比较高。

实际工程中可燃气体探测器多为点型结构，传感器输出信号多采用阀值比较法。在工程中一般多采用微功耗热催化元件实现可燃气体浓度检测，采用气敏半导体或三端电化学元件实现可燃气体成分和有害气体成分检测。对于线型可燃气体探测器在安装时，应使发射器和接收器的窗口避免日光直射，且在发射器与接收器之间不应有遮挡物，两组探测器之间的距离不应大于 14 m。

可燃气体探测器安装位置应根据探测气体密度确定。若探测密度比空气轻的可燃气体，如氢气、甲烷、天然气、城市煤气等，探测器应位于可能出现泄露点的上方或者距离顶棚 0.3 m 左右距离；测量比重比空气重的可燃气体，如液化石油气，探测器应位于距离地面 0.3 m 左右高度。

3.6　复合探测器

复合探测器是将多种探测原理应用在同一个探测器中，并将探测结果进行复合，给出一个输出信号的探测器。

复合火灾探测法是建立在单一参数火灾探测基础上，利用火灾发展模型、专用集成电路设计技术和火灾信息处理技术形成的探测方法。在同一时间段内对火灾过程中的烟雾、温度等多个参数进行探测和综合数据处理，以兼顾火灾探测可靠性和及时性为目的，分析判断火灾现象，确认火灾。

复合探测器多是点型结构，它同时具有两个或两个以上火灾参数的探测能力，或者是具有一个火灾参数的两种灵敏度的探测能力，目前使用较多的是烟温复合探测器、双灵敏度感烟输出式探测器及红外紫外复合火焰探测器。图 3.6-1 所示为烟温复合探测器

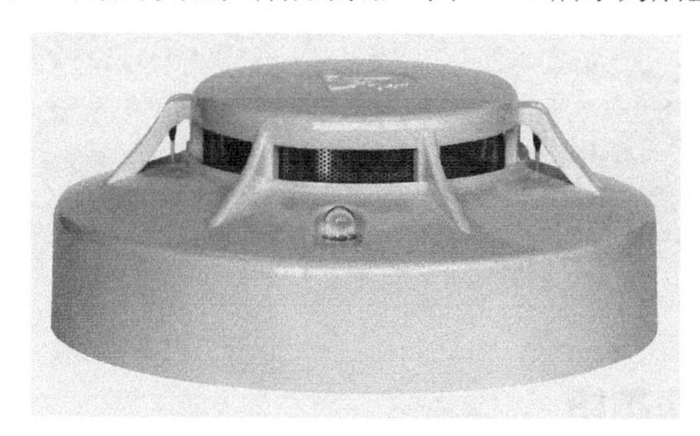

图 3.6-1　烟温复合探测器

4.1 手动火灾报警按钮

手动火灾报警按钮是通过手动启动器件发出火灾报警信号的装置。手动报警按钮产品执行国家标准 GB 19880—2005《手动火灾报警按钮》的要求。

手动火灾报警按钮和火灾探测器的作用一样，都是向火灾报警控制器发出火灾报警信号，只不过火灾探测器是自动报警，而手动报警按钮是现场人员发现火灾后，通过手动按下报警按钮进行人工报警。为了方便人员利用火灾报警按钮人工报警，在建筑物内的每个防火分区应至少设置一个手动火灾报警按钮，设置的位置通常在建筑物的安全出口、公共活动场所的出入口、大厅的出入口附近明显且便于操作的部位，并且保证从一个防火分区内的任何位置到最邻近的一个手动火灾报警按钮的距离不应大于 30 m。

图 4.1-1 是手动火灾报警按钮的设计图形符号，在平面图和系统图中均相同。

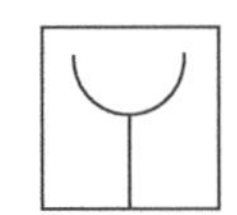

（a）手动火灾报警按钮

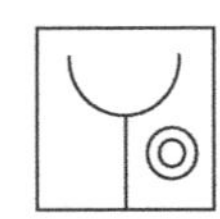

（b）带电话插孔的手动火灾报警按钮

图 4.1-1　手动火灾报警按钮的设计图形符号

根据 GB 19880—2005《手动火灾报警按钮》的规定，报警按钮的操作面板宜为正方形或长方形，操作面板应与前面板在同一水平面或嵌入前面板里，但不能凸出前面板外，除操作

面板和文字表示外，其他表面颜色应为红色，操作面板的颜色宜为白色，报警按钮前面板的上部居中标注如图 4.1-2（a）所示的图形符号，操作面板上应标注图 4.1-2（b）所示的图形符号。

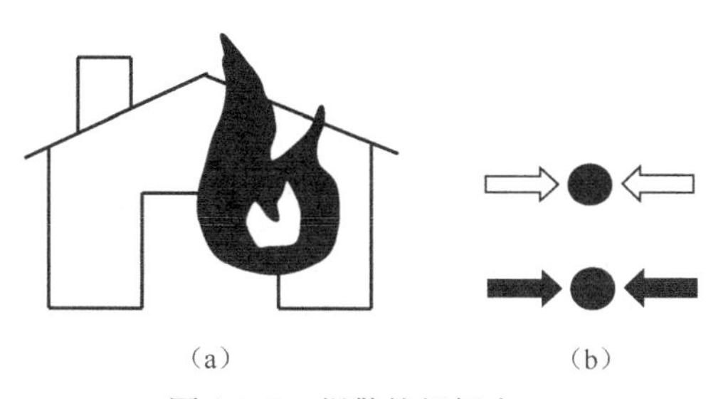

（a）　　　　（b）

图 4.1-2　报警按钮标志

手动火灾报警按钮在火灾自动报警系统中仅仅起着火灾报警作用，当手动报警按钮启动后，面板上的红色报警确认灯应点亮，并向火灾报警控制器传输火警信号并保持至报警状态被复位。手动火灾报警按钮的启动方式有击碎启动零件和使启动零件移位两种类型。目前，大多数采用启动零件移位（可复位型）手动报警按钮，这类按钮被按下后，需要通过复位钥匙将被按下的启动零件恢复到原来位置。图 4.1-3 为 J-SAP-EI6020 手动报警按钮及安装底座，右下角设有消防电话插孔和复位钥匙插孔。

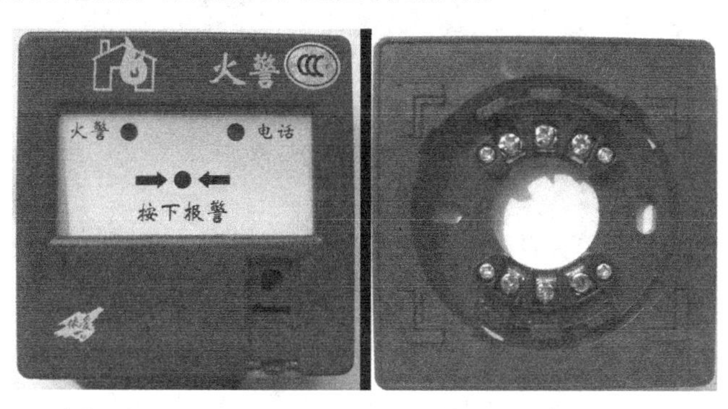

图 4.1-3　J-SAP-EI6020 手动报警按钮及安装底座

4.2　消火栓按钮

消火栓按钮是用于手动启动消火栓的按钮。

消火栓按钮是设置在消火栓箱内或其附近，用以向消火栓水泵控制装置或消防联动控制器发送启动消防水泵的控制信号，启动消防水泵的手动按钮。其产品执行国家标准 GB 16806—2006《消防联动控制系统》的要求。消火栓按钮目前有两类，一类是具有火灾报警功能的消火栓按钮（地址码消火栓按钮），这类消火栓按钮是目前最常见的，消火栓按钮自身有地址码，直接连接到火灾自动报警系统的总线回路中，类似于手动报警按钮；还有一类是不具有火灾报警功能的消火栓按钮，它没有地址码，相当于一个按钮开关，不能直接挂接到二总线上。这类按钮通常应用在未设置火灾自动报警系统的建筑内，通过线路直接连接到消火栓水泵的控制装置上，起到远距离异地控制作用。如果在设有火灾自动报警系

统的建筑物内使用这类消火栓按钮，则要通过输入模块将其连接到二总线系统中，此时输入模块的地址码就等同于消火栓按钮的地址码。

图 4.2-1 是消火栓按钮的设计图形符号，在平面图和系统图中均相同。

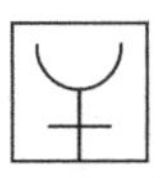

图 4.2-1　消火栓按钮的设计图形符号

消火栓按钮的外形结构、颜色等要求与手动火灾报警按钮类似，操作面板设“启动”、“回答”指示灯，具有图 4.1-2（b）操作标志。

图 4.2-2 所示为 J-SAP-EI6022 消火栓按钮及安装底座。J-SAP-EI6022 消火栓按钮属于具有地址码的消火栓按钮，可通过总线向火灾报警控制器发送火警和启泵控制信号，点亮“启动”灯，并可根据消防泵反馈信号点亮“回答”指示灯，“回答”灯既可通过火灾报警控制器点亮，也可根据消防泵运行状态由外部 24 V 直接点亮。内置按钮开关，可通过机械操作机构使其动作并自锁，通过专用钥匙使按钮复位；具有一组常开触点，供启动消防泵使用，当压下启动零件时，触点闭合。安装底座与手动报警按钮底座相同。

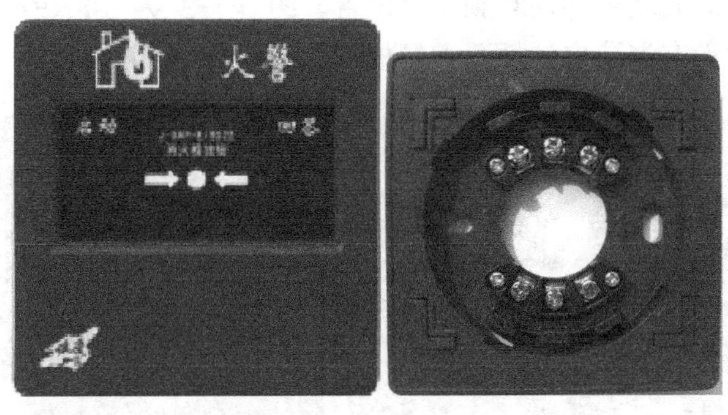

图 4.2-2　J-SAP-EI6022 消火栓按钮及安装底座

在消防给水系统中，按照系统压力分为常高压消防给水系统、临时高压消防给水系统和低压消防给水系统。常高压消防给水系统能经常保持室内给水系统的压力和流量，这类系统不设置消防水泵的也不设置消火栓按钮。在多层建筑中，当采用稳压泵稳压时，室内消防管网压力降低时能及时启动消防水泵的，也可不设消火栓按钮。而对于临时高压给水系统的高层民用建筑、高层厂房（仓库）及其他多层建筑，当消防水箱不能满足最不利点消火栓的水压时，应在每个消火栓处设置消火栓按钮。

4.3　模块

模块是用于控制器和其所连接的受控设备和受控部件之间信号传输的设备。

火灾自动报警系统中的总线是火灾报警控制器与现场火灾触发器件之间信息传递的通道，每个生产厂商都有自己的通信协议，这类通信协议保证连接在总线上的编码部件被火灾自动报警系统所识别和操控。例如，挂接在总线上的探测器、手动报警按钮等，它们均有自己的地址码，并且按照设定的通信协议与火灾报警控制器之间进行信息的传输。而在

一个建筑物内不仅仅只有这类可以直接挂接在总线上的编码部件，还有其他的（如消防水泵、防火卷帘、防排烟设施等）消防设施，在建筑物发生火灾后，这些消防设施也要接受消防控制室内的火灾报警控制器的控制，同时也要将其动作完成后的信息传递给消防控制室内火灾报警控制器显示。这些消防设施无法直接挂接在总线回路上，只能间接通过挂接在总线回路上的模块来完成对其控制和信息反馈。还有一类消防设施，由于不是和火灾报警控制器相同厂商所制造，它们的通信协议也不一致，如果直接挂接在总线回路上，不仅火灾报警控制器不识别它们，无法工作，甚至会对总线回路产生干扰，导致火灾自动报警系统的故障甚至瘫痪。为了能够将这类设备与火灾自动报警控制器之间进行通信，也要挂接在总线回路上的模块来完成，此时的模块实际上就是起到“翻译”的功能，将通信协议不一致的设备的信号翻译成火灾报警控制器能识别的信息，完成双方的信息交换。

模块由于在火灾自动报警系统中起到的作用不同，分为输入模块、输出模块、中继模块总线隔离器、切换模块、广播模块、电话模块和终端盒等。模块产品执行国家标准 GB 16806—2006《消防联动控制系统》的要求。

图 4.3-1 是部分模块的设计图形符号，在平面图和系统图中均相同。

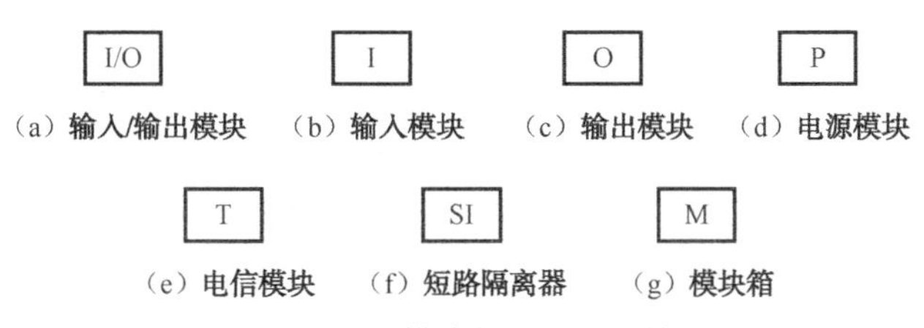

图 4.3-1　部分模块的设计图形符号

1. 输入模块

输入模块是把各类信号输入控制器的模块。

建筑物内设置的非编码的火灾触发器件及各种消防设施，它们均是非编码设备，不能直接挂接在总线回路上，将其动作状态的信息传输给消防控制室内的火灾报警控制器。为了能将这类非编码设备通过总线回路将其动作状态信息传递给火灾报警控制器，则需要挂接在总线回路中的输入模块来完成。输入模块本身具有地址码，火灾报警控制器接收的虽然是该输入模块的信息，但是显示的可以是所连接的消防设施。图 4.3-2 所示为 J-EI6030 型输入模块。J-EI6030 型输入模块接线端子设有“S+、S−”一组接线端子，用来连接到二总线回路上，还有“信号、反馈”一组端子，这两个端子在正常监视状态，一个端子的电压略高于另一个端子，压差在 2.4V 左右，当被监测设备动作后，其常开触点闭合，导致两个端子电压相等时，输入模块被激活处在动作状态，并通过总线回路将其动作信息传输给火灾报警控制器并被显示。输入模块面板上设有动作指示灯，正常监视状态下，当输入模块接收被其监测的设备动作的输入信号后，在 3 s 内动作，并点亮动作指示灯，动作指示灯由巡检闪亮变成报警常亮。为了保证控制器能检测出输入模块输入信号线路断路或短路（ 短路时发出输入信号除外）故障，要在被监测的设备端连接一个 1/4 W、47 kΩ的负载电阻，在工作状态下有一个微小的检测信号通过该电阻，输入模块通过该检测信号的变化来判断输入模块与设备之间的线路故障。

由于输入模块的工作原理是通过信号和反馈两个端子之间的电压差使其动作，为此被监测设备提供给输入模块的动作信号必须是干接点无源开关信号。

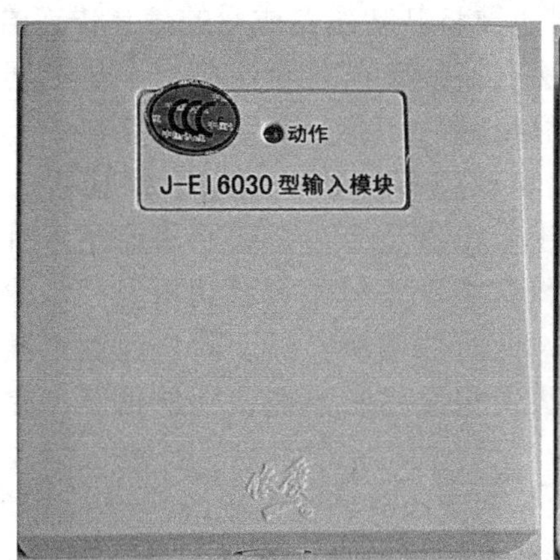

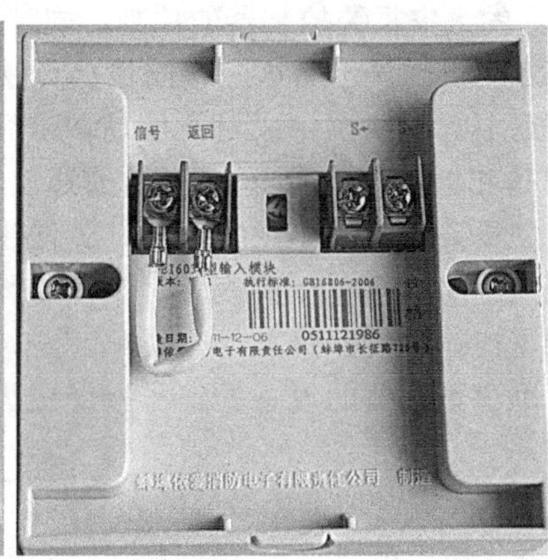

图 4.3-2　J-EI6030 型输入模块

对于输入模块我们可以这样建立它的物理模型，将其作为一只“手动报警按钮”对待，只不过这只“手动报警按钮”的启动不是人工按下使其内部的开关常开触点闭合，而是外部消防设施动作后，给出的一个关闭开关信号而已。另外，这只“手动报警按钮”动作时向控制器发送的不是火警信号，而是设备状态信号或动作反馈信号。

图 4.3-3 所示为 J-EI6030 型输入模块接线图，现场设备是自动喷水灭火系统中的压力开关，压力开关动作后输出一个接点开关信号，而火灾报警控制器不能直接接收这个开关信号，为此压力开关必须连接一个输入模块，压力开关动作后，其常开的触点闭合，闭合的干接点开关导致 J-EI6030 型输入模块的“信号、反馈”一组端子被短接，输入模块动作，并将动作信号通过二总线回路传输给火灾报警控制器，火灾报警控制器在设定输入模块时，将该地址码的输入模块编写成“压力开关动作”，一旦该输入模块动作的信号传递给火灾报警控制器，火灾报警控制器接收到这个地址信号后，在其液晶显示器上显示汉字“压力开关动作”。

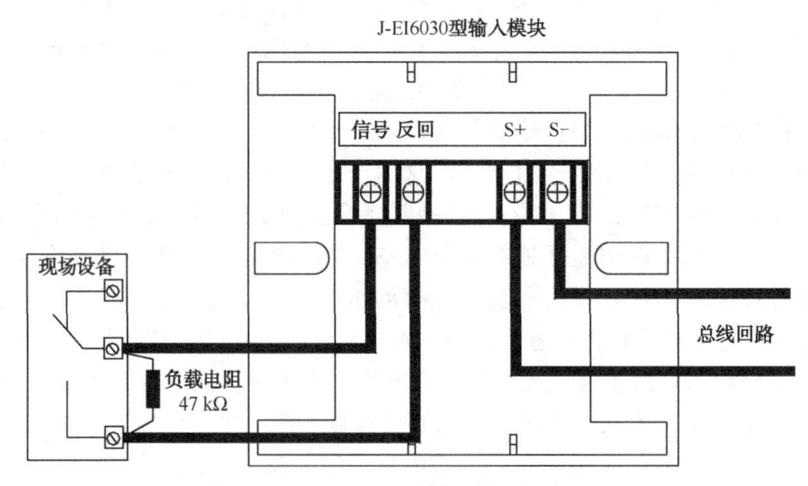

图 4.3-3　J-EI6030 型输入模块接线图

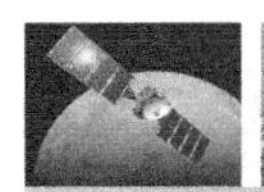

2．输出模块

输出模块是将控制器的控制信号传输给连接的受控设备或受控部件的模块。

建筑物内设置的消防设施，在火灾确认后要按照预定的程序启动。由于这些消防设施不能直接挂接在总线回路上接收火灾报警控制器发出的启动指令信号，就要挂接在总线回路上的有地址码的输出模块来接收火灾报警控制器的动作指令信号，输出模块接收动作指令信号后，输出开关信号，联动启动被控制的消防设施。图 4.3-4 所示为 J-EI6047 型输出模块。

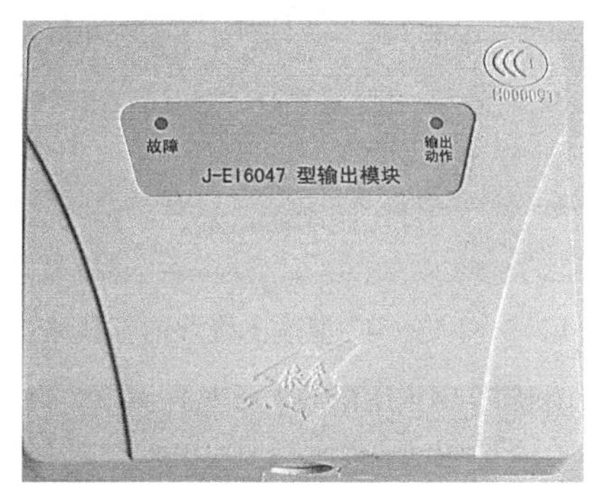

（a）正面

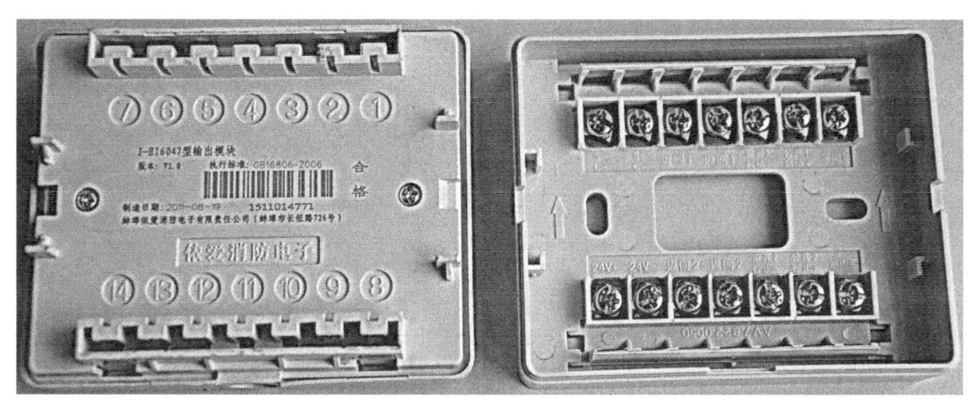

（b）背面　　　　（c）安装底座

图 4.3-4　J-EI6047 型输出模块

输出模块的工作原理是接到火灾报警控制器发出的动作指令信号，输出模块动作，向被控设备输出一个开关信号，启动被控设备。对于输出模块我们可以建立这样的物理模型，把输出模块认为是一个有地址码的可以挂接在总线回路上的，受火灾报警控制器控制的一个小型的“继电器”，这个“继电器”有常开/常闭输出触点，并接收火灾报警控制器的动作指令，当火灾报警控制器向其发送动作指令信号后，“继电器”线圈被接通 DC 24 V 电源，“继电器”动作，常开触点闭合，常闭触点打开。实际上，一个输出模块中也放置了一个 DC 24 V 的继电器，火灾报警控制器发出动作指令信号，该信号通过模块的电子线路给这个继电器线圈接通 24 V 电源，继电器动作，其常开触点闭合，常闭触点打开。图 4.3-5 所示为 J-EI6047 型输出模块内部线路，其中我们可以看到这个继电器，目前大多数厂家生产的输出类模块，都要给输出模块提供 DC 24 V 的工作电源。

图 4.3-5　J-EI6047 型输出模块内部线路

图 4.3-6 为 J-EI6047 型输出模块控制声光报警器接线图。J-EI6047 型输出模块与火灾报警控制器的二总线和 DC 24 V 电源线相连接，它的常开触点可接通声光报警器的工作电源。当火灾报警控制器向输出模块发出动作指令信号后，J-EI6047 型输出模块的常开触点闭合，声光报警器的工作电源被接通，发出火灾声响报警信号。

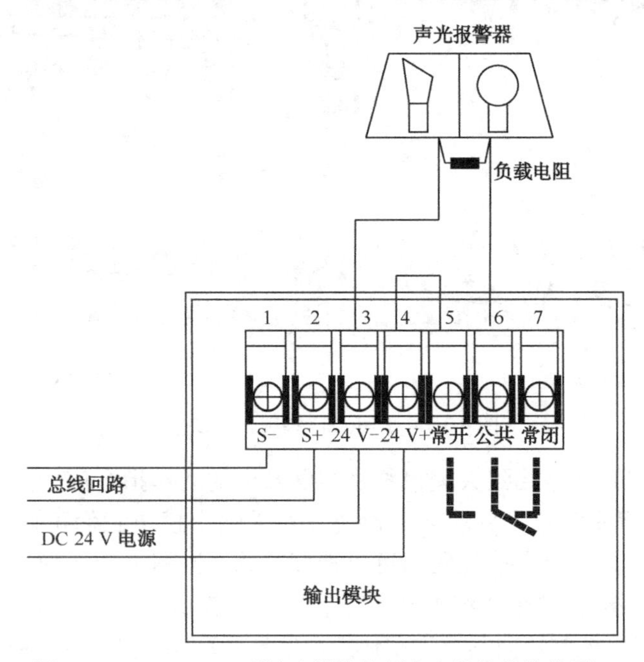

图 4.3-6　J-EI6047 型输出模块控制声光报警器接线图

由于输出模块是用来控制被控设备的，在选择输出模块时，要确定输出模块的触点电压和容量是否与被控设备匹配，例如，J-EI6047 型输出模块设有两组常开常闭触点，分别是 DC 30 V/1 A、AC 120 V/1 A。对于输出模块的输出信号也要有所考虑，目前国内大部分企业生产的输出模块都可以通过设置，使其输出方式为持续型输出或是脉冲型输出。

3. 输入/输出模块

输出模块接收火灾报警控制器的动作指令信号，启动相关消防设备，被启动的消防设备在启动后，都要将动作状态完成的信息传递给火灾报警控制器，这样现场往往要安装输出模块来完成对消防设备的启动任务，同时也要安装输入模块用以接收消防设备动作后的回答信号，为此人们研制了一种输出/输入模块和双输入/双输出模块。这样的一个模块既能完成输出模块的功能，又可完成了输入模块的功能，并节约有限的总线地址容量。图 4.3-7 是所示为 J-EI6041 型输入/输出模块及安装底座。

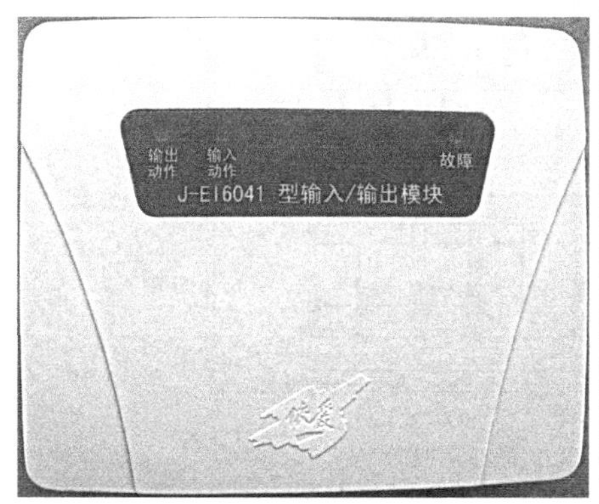

图 4.3-7　J-EI6041 型输入/输出模块及安装底座

对于输入/输出模块我们可以建立这样的物理模型，把输入/输出模块认为是一个输入模块和一个输出模块的组合体，在总线回路中，只占有一个地址码。图 4.3-8 为 J-EI6041 型输入/输出模块控制电动防火阀接线图。J-EI6041 型输入/输出模块与火灾报警控制器的二总线和 DC 24 V 电源线相连接，它的常开触点可以接通电动防火阀电磁线圈的工作电源。当火灾报警控制器向输入/输出模块发出动作指令信号后，常开触点闭合，电动防火阀电磁线圈的工作电源被接通，电动防火阀动作关闭。电动防火阀动作关闭时，其内部机构触动电动防火阀内的微动开关，使其常开触点动作闭合，输入/输出模块的“信号、反馈”一组端子被短接，导致模块动作，向火灾报警控制器反馈电动防火阀动作的回答信号。火灾报警控制器收到电动防火阀动作的回答信号，并显示“防火阀关闭”。

对于双输入/双输出模块我们可以建立这样的物理模型，把双输入/双输出模块认为是两个输入/输出模块的组合体，在总线回路中只占有一个地址码，并且对其编程时，双输入、双输出端口可单独编程，分别使用，也可组合使用。图 4.3-9 所示为 J-EI6042 型双输入/双输出模块。

图 4.3-10 为 J-EI6042 型双输入/双输出模块控制设置防火卷帘接线图。疏散通道上防火卷帘采用两步降落方式，当防火卷帘附近的感烟火灾探测器报警后，防火卷帘降落至地面以上 1.8 m 位置，以保证人员疏散，并向消防控制室内的火灾报警控制器反馈一步降落信号；当设置在防火卷帘附近的感温探测器报警后，防火卷帘下降到地面，并向消防控制室内的火灾报警控制器反馈二步降落信号。

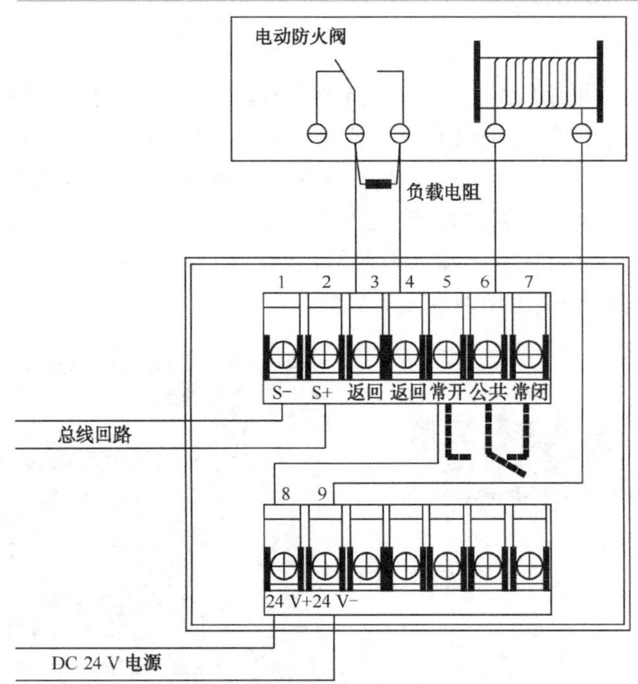

图 4.3-8 J-EI6041 型输入/输出模块控制电动防火阀接线图

图 4.3-9 J-EI6042 型双输入/双输出模块

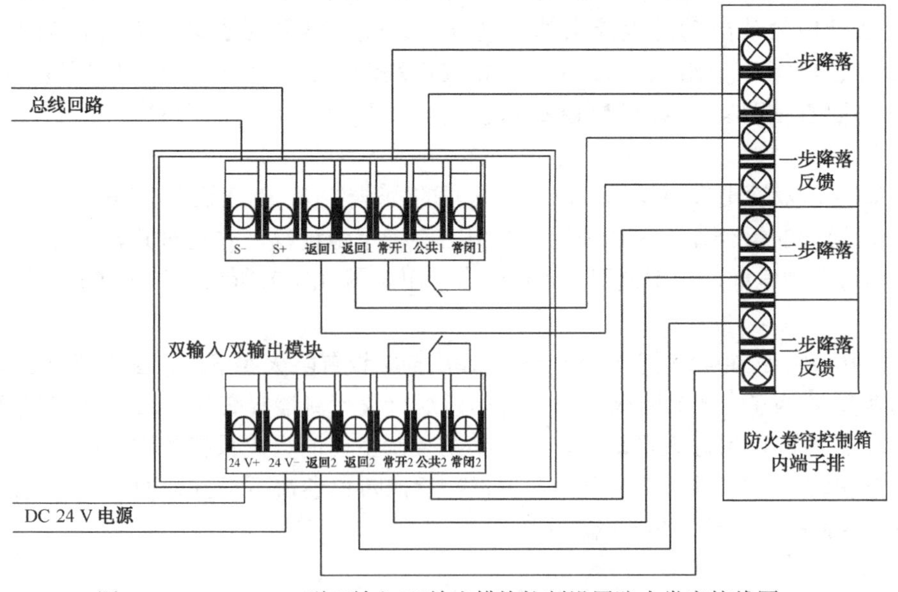

图 4.3-10 J-EI6042 型双输入/双输出模块控制设置防火卷帘接线图

4．中继模块

中继模块也称为编码接口，是非编码的探测器、部件、设备等可与编址的控制器之间的适配电路。

中继模块直接挂接在总线回路上，本身有地址码，用以接收非编码火灾探测器（线型光束感烟火灾探测器、线型感温火灾探测器、点型红外/紫外火焰探测器等）、非编码消火栓按钮的信号，其本身的地址码代表了被连接的非地址码器件在系统中的部位编码。图 4.3-11 为 J-EI6032 型中继模块，面板上设有“火警”灯可直观指示巡检与报警状态。

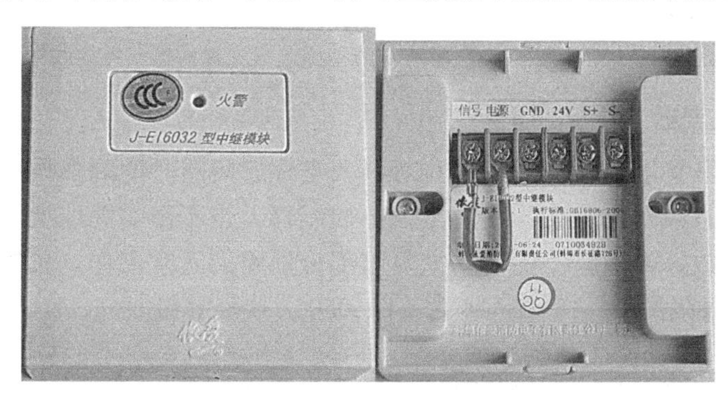

图 4.3-11　J-EI6032 型中继模块

图 4.3-12 为 J-EI6032 型中继模块与非编码的消火栓连接接线图。中继模块在总线回路中的地址码代表了该消火栓按钮，中继模块与消火栓按钮之间有连接导线，在消火栓端子处并联一个负载电阻，用来监测连线的断路、短路故障。当消火栓按钮按下后，其常开触点闭合，将中继模块的“信号”和“电源”两个端子短接，中继模块动作，向火灾报警控制器返回消火栓按钮启动信号。

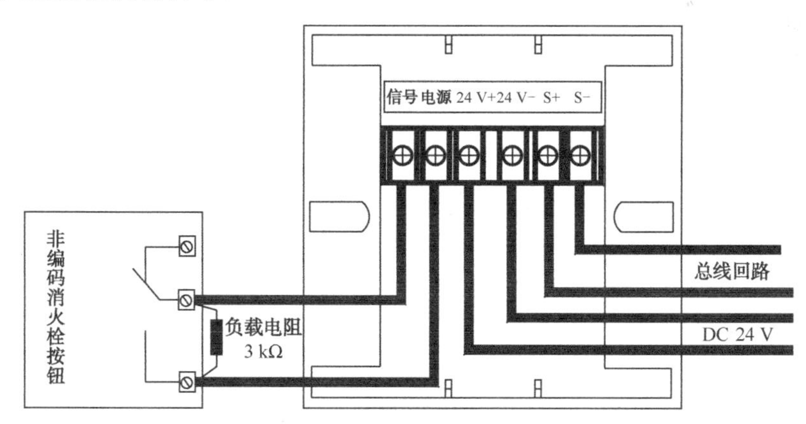

图 4.3-12　J-EI6032 型中继模块与非编码的消火栓连接接线图

图 4.3-13 为 J-EI6032 型中继模块与线型感温火灾探测器连接接线图。中继模块在总线回路中的地址码代表了该缆式线型感温火灾探测器，为了监测缆式线型感温火灾探测器的断路、短路故障，在缆式线型感温火灾探测器末端连接一个非地址码的无极性的终端盒。终端盒的作用等同于末端负载电阻，只是终端盒设有“运行”指示灯，正常工作时“运行”指示灯点亮，可指示终端盒运行情况。

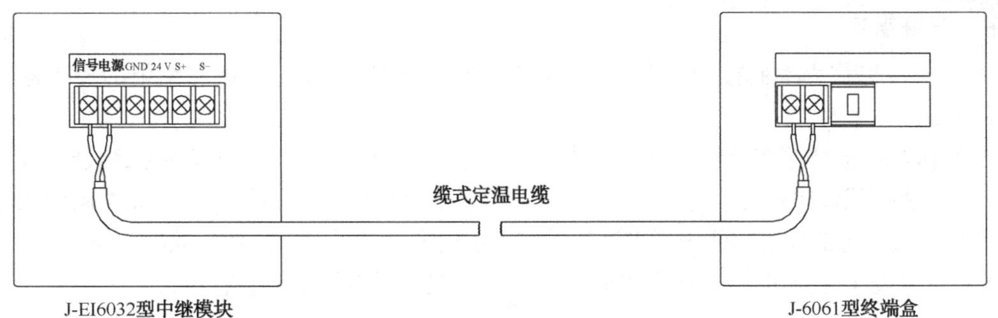

图 4.3-13 J-EI6032 型中继模块与线型感温火灾探测器连接接线图

5．总线短路隔离器

总线短路隔离器是用在传输总线上，对各分支线起短路时的隔离作用。它能自动使短路部分两端呈高阻态或开路状态，使之不损坏控制器，也不影响总线上其他部件的正常工作，当这部分短路故障消除时，能自动恢复这部分回路的正常工作。总线短路隔离器也称为短路隔离器、总线隔离器。图 4.3-14 为 J-EI6060 总线隔离器。

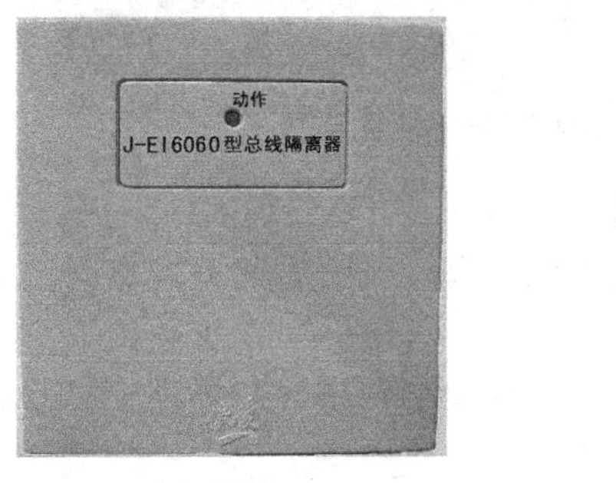

（a）正面

（b）背面

图 4.3-14 J-EI6060 总线隔离器

总线短路隔离器可以设置在火灾报警控制器总线回路出口端，也可以设置在总线回路干线与各个分支线路的分支端，由于大部分火灾报警控制器的总线接口都具有短路保护功能（相当于内置了一个总线短路隔离器），为此目前常采用后者，这种设置位置可参见图 2.1-1。J-EI6060 总线隔离器设有输入和输出两对总线端子，连接时输入端子连接二总线干线端，输出端子连接二总线分支起始端，如图 4.3-15 所示。

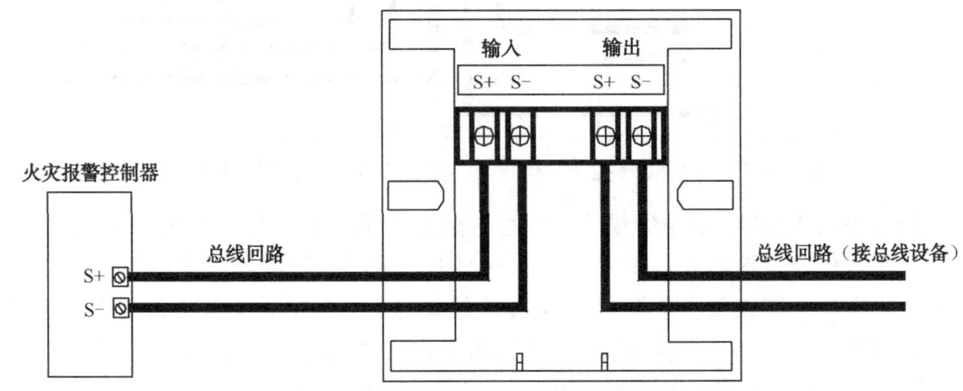

图 4.3-15 J-EI6060 总线隔离器接线图

第5章 火灾报警控制器

火灾报警控制器作为火灾自动报警系统的控制中心，能够接收并发出火灾报警信号和故障信号，同时完成相应的显示和控制功能。

消防联动控制器是接收火灾报警控制器或其他火灾触发器件发出的火灾报警信号后，根据设定的控制逻辑发出控制信号，控制各类消防设备实现相应功能的控制设备。

火灾自动报警系统一般包含着火灾报警系统和消防联动控制系统两个部分。

火灾报警控制器是火灾报警系统的重要组成部分，设置在消防控制室内，它通过报警信号传输总线与现场的火灾探测器、手动报警按钮等火灾触发器件相连接，对线路和现场的火灾触发器件时刻进行监测，接收火灾探测器、手动报警按钮等发出的火灾报警信号，并进行转换和处理，指示报警的具体部位和时间，发出声光警报。火灾报警控制器也对所监测的火灾探测器、手动报警按钮故障及其总线回路导线短路断路故障进行监测和报警。

消防联动控制器是消防联动控制系统的重要组成部分，和火灾报警控制器一样也设置在消防控制室内，它通过传输总线与现场的模块相连接，也对重要的消防设施通过设置手动直接控制装置直接控制（也称为多线直接控制）。当建筑物内火灾被确认后，消防联动控制器按照事先编制的程序，通过模块启动相关的消防设施，并且接收其启动的回答信号，实现消防联动控制，也可以通过直接手动控制单元以多线制方式手动启动相关的重要消防设施。

对于小型、简单的建筑场所，仅有报警没有联动控制功能的火灾自动报警就可满足消防保护的要求。这类火灾自动报警系统一般是区域火灾报警系统，不需要消防联动控制器，只需要火灾报警控制器和现场设置的火灾探测器、手动报警按钮、声光警报器构成。而对于大

型复杂的建筑场所，由于设置了大量的消防设施，如设置了自动喷水灭火系统、防排烟系统等，单纯的火灾报警控制器对这些系统无法按照相应的逻辑关系进行有效的控制，而设置消防联动控制器就可以利用现场设置的模块按照事先编制好的联动关系进行控制。这类的火灾自动报警系统多是集中火灾报警系统或控制中心火灾报警系统，系统不仅设置火灾报警控制器、火灾探测器、手动火灾报警等用来监视火灾，还要设置消防联动控制器和模块，来完成火灾确认后对相应消防设施的启动。

最初在消防控制室内的火灾报警控制器和消防联动控制器是分别独立设置的两种设施，火灾报警控制器通过自己单独的总线回路与火灾探测器、手动报警按钮相连接。消防联动控制设备也是通过自己的传输总线与现场的模块相连接。火灾报警控制器与消防联动控制器之间通过设置的通信线路进行信号传输，实现对整个建筑物的火灾探测和消防设施的控制。随着技术的发展和进步，出现了集火灾报警与消防联动控制于一体的火灾报警控制器，它不仅可以连接火灾探测器、手动报警按钮监测现场的火警，同时也可以连接模块，实现对现场设置的消防设施进行控制。这类的火灾报警控制器不仅要满足 GB 4717—2005《火灾报警控制器》有关要求，同时也要满足 GB 16806—2006《消防联动控制系统》有关要求。对这类火灾报警控制器我们称为火灾报警控制器（联动型），也称为火灾报警联动一体机。在以后的内容中，如没有特殊说明，都是按照这类设备进行表述的。

5.1 火灾报警控制器分类

1. 按结构分类

火灾报警控制器按结构可分为壁挂式、琴台式和柜式。

1）壁挂式火灾报警控制器

采用壁挂式机箱结构，适合安装在墙壁上，占用空间较小。一般区域型或集中区域兼容型火灾报警控制器常采用这种结构。这类火灾报警控制器容量小，通常是一个总线回路，也有两个总线回路。壁挂式火灾报警控制器如图 5.1-1 所示。

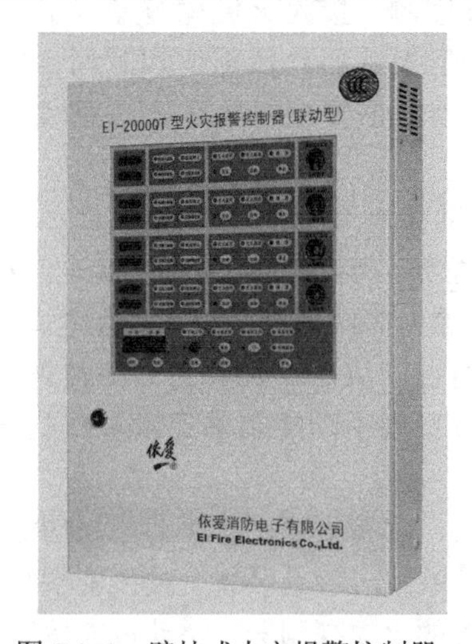

图 5.1-1　壁挂式火灾报警控制器

2）琴台式火灾报警控制器

采用琴台式结构，回路较多，内部电路结构大多设计成插板组合式，带载容量较大，操作使用方便，一般常见于集中火灾报警控制器。琴台式火灾报警控制器如图 5.1-2 所示。

图 5.1-2　琴台式火灾报警控制器

3）柜式火灾报警控制器

采用立柜式结构，回路较多，内部电路结构大多设计成插板组合式，带载容量较大，操作使用方便，但较琴台结构占用面积小，一般常见于集中型或集中区域兼容型火灾报警控制器。柜式火灾报警控制器如图 5.1-3 所示。

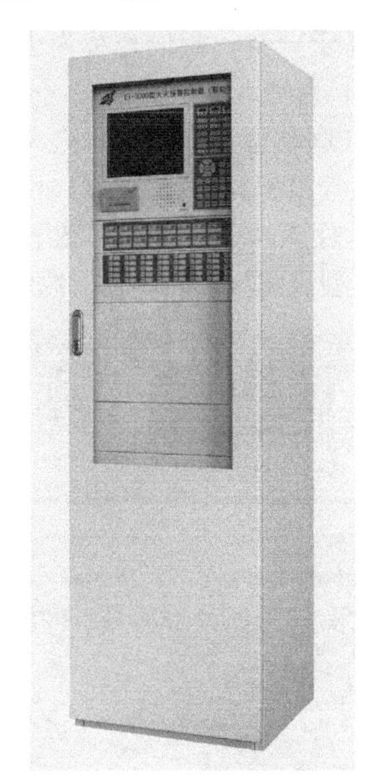

图 5.1-3　柜式火灾报警控制器

2. 控制器按应用方式分类

控制器按应用方式可分为独立型、区域型、集中型和集中区域兼容型。

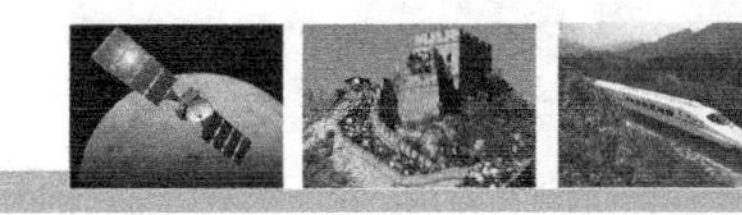

（1）独立型火灾报警控制器是不具有向其他火灾报警控制器传递信息功能的火灾报警控制器。

（2）区域型火灾报警控制器能直接接收火灾触发器件或模块发出的信息，并能向集中型火灾报警控制器传递信息功能的火灾报警控制器。区域控制器应能向集中控制器发送火灾报警、联动控制、故障报警、自检，以及可能具有的监管报警、屏蔽、延时等各种完整信息，并应能接收、处理集中控制器的相关指令。

（3）集中型火灾报警控制器能接收区域型火灾报警控制器（含相当于区域型火灾报警控制器的其他装置）、火灾触发器件或模块发出的信息，并能发出某些控制信号使区域型火灾报警控制器工作。集中控制器应能接收和显示来自各区域控制器的火灾报警、联动控制、故障报警、自检，以及可能具有的监管报警、屏蔽、延时等各种完整信息，进入相应状态，并应能向区域控制器发出控制指令。集中控制器在与其连接的区域控制器间连接线发生断路、短路和影响功能的接地时，应能进入故障状态并显示区域控制器的部位。

（4）集中区域兼容型火灾报警控制器既可作为集中型火灾报警控制器又可作为区域型火灾报警控制器用的火灾报警控制器。目前，这类火灾报警控制器是常用的，一般只通过设置或修改某些参数实现区域型和集中型的转换。

5.2 火灾报警控制器（联动型）基本结构

火灾报警控制器（联动型）即消防控制室内设置的火灾自动报警系统的主机，它集火灾报警控制器和消防联动控制设备于一身，我们也称为火灾报警联动一体机。本节以 EI-6000T 型火灾报警控制器（联动型）为例进行说明。

EI-6000T 型火灾报警控制器（联动型）为琴台式火灾报警控制器，集火灾报警、联动控制、监管报警（包括防盗、可燃气报警）、对讲电话、网络通信等多种功能于一体，可适用于各类宾馆、写字楼、办公楼、住宅楼、体育馆、图书馆、各类库房等大、中型消防报警工程。图 5.2-1 所示为 EI-6000T 型火灾报警控制器（联动型）。

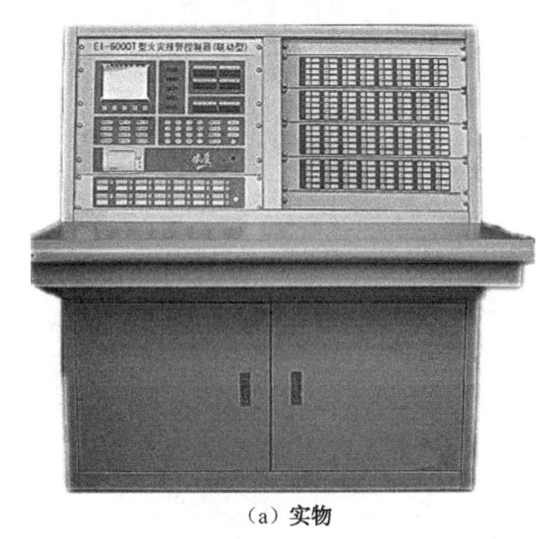

（a）实物

图 5.2-1　JB-TGL-EI6000T 型火灾报警控制器（联动型）

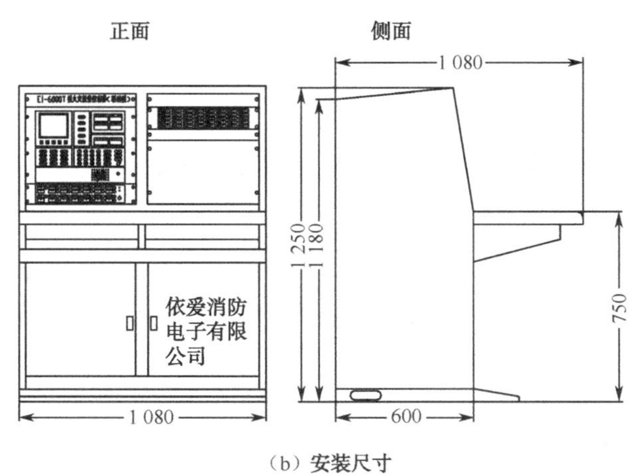

（b）安装尺寸

图 5.2-1　JB-TGL-EI6000T 型火灾报警控制器（联动型）（续）

1．基本电路结构

EI-6000T 型火灾报警控制器（联动型）主要由主控 CPU 板、双回路板、通信板、母板、键盘显示板、电源等部分构成，如图 5.2-2 所示，其中 CPU 板、双回路板、通信板通过母板并行连接，总线联动盘通过串行总线与通信板相连，多线联动盘通过串行总线与 CPU 板相连。

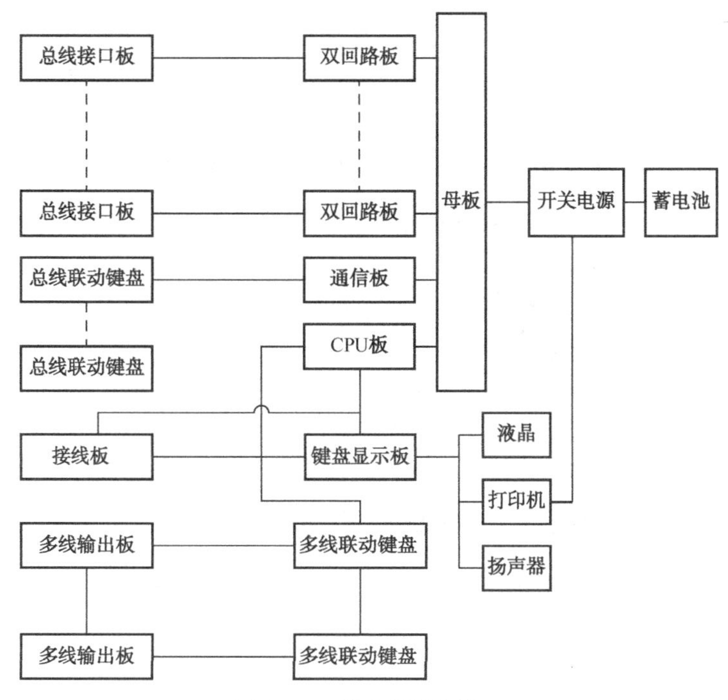

图 5.2-2　基本电路结构

CPU 板负责主控管理，接收各双回路板采集的报警信息，进行实时显示、联动处理、打印、声光指示等；接收总线联动盘的操作信息，实现控制、显示；接收多线联动盘的联动操作及设备状态信息，发送自动控制命令，控制消防设备。

双回路板通过总线接口板连接各现场部件（探测器、报警按钮、输入输出模块等），实时巡检各部件状态，进行火警判断；接收 CPU 板的联动命令，输出联动控制信号，通过输出模块控制消防设备。

网卡插于 CPU 板，实现局域联网；消防电话集成于键盘显示板，通过接线板对外连接，可实现对讲通话。

2. 火灾报警控制器面板

EI-6000T 型火灾报警控制器（联动型）面板如图 5.2-3 所示，包括显示操作区、总线联动控制盘、多线联动控制盘及打印机等。

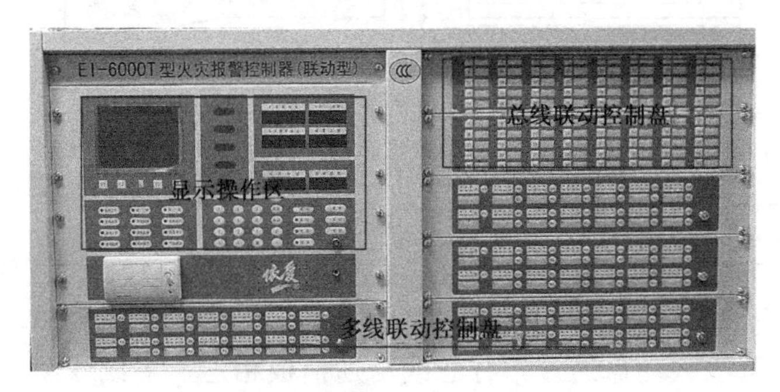

图 5.2-3　EI-6000T 型火灾报警控制器（联动型）面板

1）显示操作区

显示操作区是火灾报警控制器的人机交流界面，它分为显示部分和操作部分，如图 5.2-4 所示。

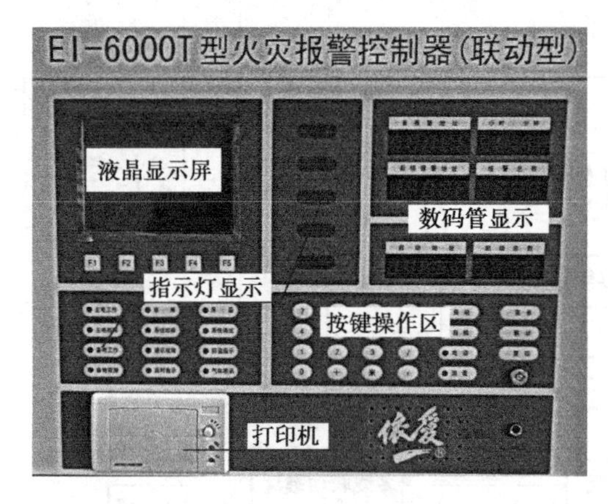

图 5.2-4　EI-6000T 型火灾报警控制器（联动型）显示操作区

（1）液晶显示屏。

液晶显示屏位于面板的左上部，通过汉字显示方式显示系统及控制器的状态信息和操作提示信息。液晶显示的信息包括火警、预警、监管、故障、联动信息、菜单及各种提示信息。液晶的最下一行显示【F1】～【F5】的功能定义。

系统在运行过程中，当在 5 min 内无按键操作，且系统正常运行，或 5 min 内无新的报警及联动信息时，液晶屏将自动关屏。当用户按任意键或有新的报警或联动信息显示时，

液晶屏重新打开。系统运行正常时的液晶显示界面如图 5.2-5 所示。

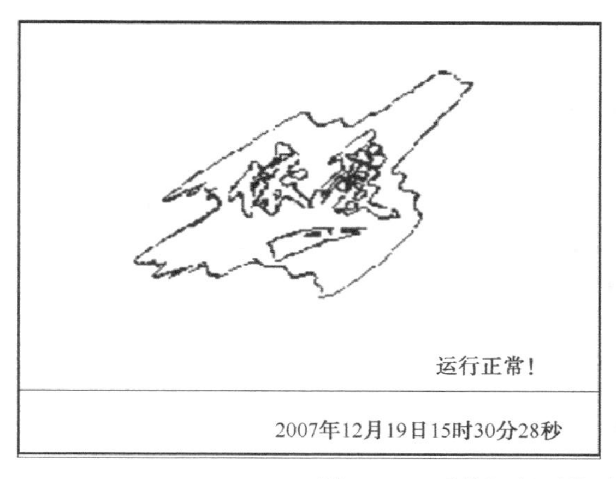

图 5.2-5　系统运行正常时的液晶显示界面

有报警或联动信息时液晶分为两个窗口，窗口间由横线分割。可通过窗口切换按键【F1】切换活动窗口，同时液晶在切换按键【F1】上显示当前活动窗口号，如图 5.2-6 所示。当前所有按键操作均对当前活动窗口有效。

图 5.2-6　报警、联动同屏显示界面

【窗口一】位于屏幕上方，显示当前最新的三条“报警故障信息”，主要显示火警、监管、预警、故障、屏蔽信息。当有报警信息时，屏幕不显示当前故障信息，但可通过菜单查询。窗口显示信息可通过翻页键进行浏览。【窗口一】的显示区为环形缓冲区，显示的最大信息数为 255 条，超过 255 条时则覆盖最早的显示信息。

【窗口二】位于屏幕下方，显示当前最新的三条“联动动作信息”，主要显示当前延时、启动、有反馈的模块信息。窗口显示信息可通过翻页键进行浏览。【窗口二】的显示区为环形缓冲区，显示的最大信息数为 255 条，超过 255 条时则覆盖最早的显示信息。

当通过【↑】、【↓】翻看时，当前报警信息会上下滚动，火警时每次滚动一条信息，非火警每次滚动三条信息，当火警状态下不操作翻页按键时，每隔 10 s 自动滚动一条信息。

每条信息包括报警部件的回路/地址编号、此部件所在的物理位置（楼号、层号、房间、汉字注释）、报警部件的类型、报警时间及报警类型等信息。

系统报警信息显示按火警、监管、预警、故障、屏蔽的优先级由高到低排列，当有高优先级的报警信息时，不显示低优先级的报警信息。

（2）数码管显示

数码管显示位于面板的右上侧，如图 5.2–7 所示。显示的内容包括以下内容。

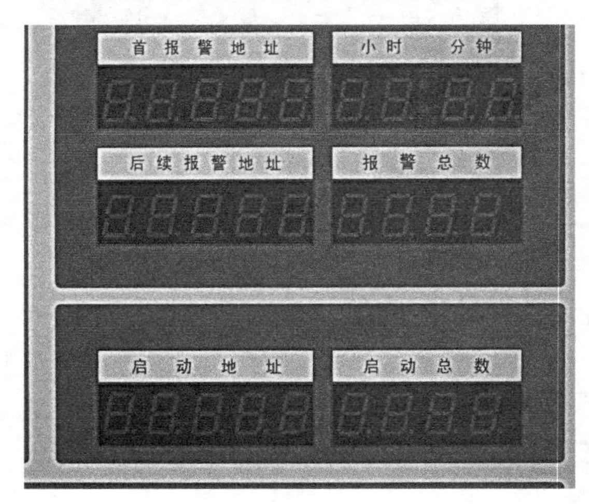

图 5.2–7　数码管显示区

首报警地址：显示首火警的回路、地址信息。

系统时间：小时、分钟是火灾报警控制器的时钟，显示系统的时、分信息。

后续报警地址：显示后续火警的回路、地址，或预警、监管、故障的回路、地址信息，信息最多为 999 条。当系统有火警、监管或预警信息时，数码管不显示当前系统的部件故障信息。

报警总数：显示当前的报警总数量。

启动地址：显示正在启动的输出模块的回路、地址信息，信息最多为 999 条。

启动总数：显示系统中所有启动的总数量。

数码管显示的时间信息每分钟刷新一次，秒指示灯每秒钟闪烁一次。数码管上显示的其他信息为每 3 s 刷新一次。

（3）指示灯显示。

指示灯显示以颜色标识，红色指示火灾报警、设备动作反馈、启动和延时等；黄色指示故障、屏蔽、回路自检等；绿色表示主电源和备用电源工作。

指示灯显示分设在三个区域，将重要的信息指示灯（红色）设置在液晶显示屏右侧便于对比观察，主机状态显示设置在相应操作按钮附近且便于操作观察，如图 5.2–8 所示。重要的信息指示灯如图 5.2–9 所示。对于常用的操作按键，将其操作指示灯与其设置在一体，方便操作时观察，如图 5.2-10 所示。

火警：控制器应有专用火警总指示灯（器）。控制器处于火灾报警状态时，火警总指示灯（器）应点亮。表示该部位探测器或手报等火警触发部件进入火警状态。

预警：表示该部位探测器进入火警状态，但还要接收其他探测器的火警信号才能发出

火警信号。当控制器发现有预警时，该指示灯亮。

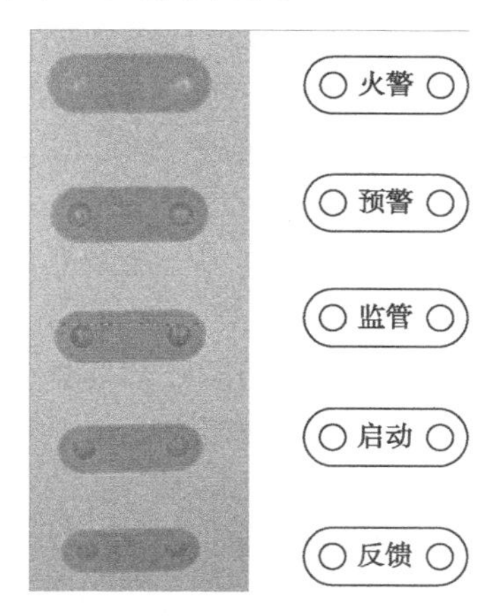

图 5.2-8　重要的信息指示灯

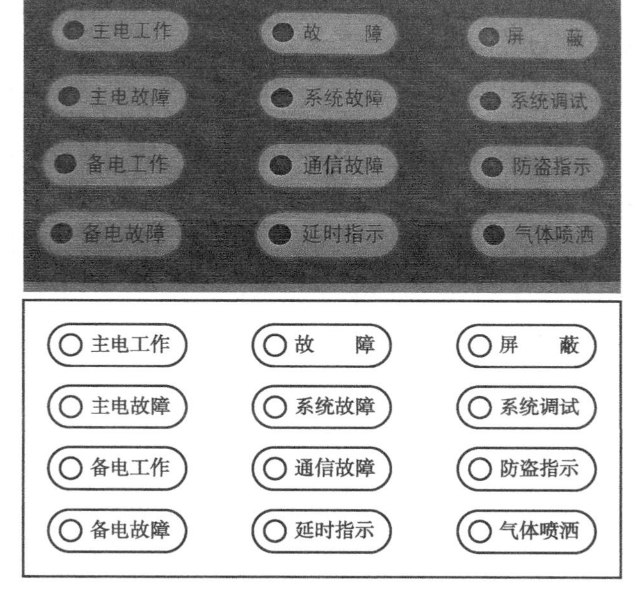

图 5.2-9　其他信息显示灯

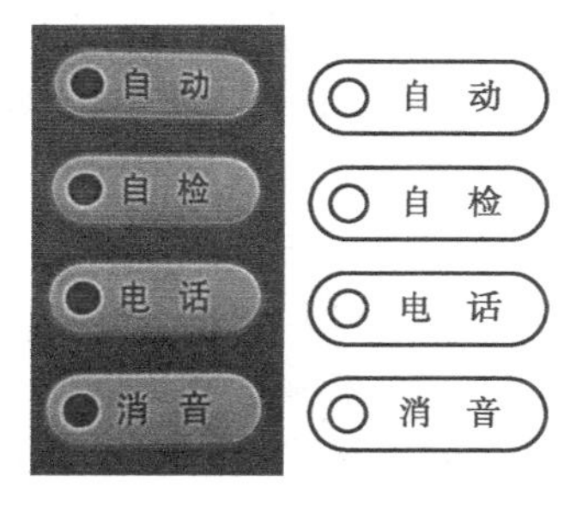

图 5.2-10　重要操作按键指示灯

监管：监管信号是指火灾报警控制器监视的除火灾报警信号和故障报警信号之外的其他输入信号。当控制器发现盗警、可燃气报警、压力开关和水流指示器的输入信号时，该指示灯亮。

启动：当控制器向输出模块发出启动命令或多线联动启动时，该指示灯亮；若启动 10 s 后设备无反馈，则该指示灯闪亮。

反馈：表示该模块接收到设备的动作信号。当控制器接收到输出模块控制设备的反馈信号时，该指示灯亮。

故障：控制器应设专用故障总指示灯，无论控制器处于何种状态，只要有故障信号存在，该故障总指示灯应点亮，表示有部件故障现象。

系统故障：当控制器不能正常运行时，该指示灯亮。

通信故障：当控制器为集中机且与其他区域机间的网络通信有故障时，该指示灯亮。

延时指示：当输出模块处于延时动作期间时，该指示灯亮。

系统调试：当控制器进行系统调试时，该指示灯亮。

屏蔽：控制器应有专用屏蔽总指示灯，无论控制器处于何种状态，只要有屏蔽存在，该屏蔽总指示灯应点亮，表示控制器总线上的部件被屏蔽或声光输出被屏蔽。

防盗指示：当控制器通过开关设置，使所挂接的防盗探测器起作用时，该指示灯亮。

气体喷洒：当控制器通过输出模块接收到喷洒反馈信号时，该指示灯亮。

主电工作：指示主电工作状态，当主电（交流电）正常工作时，该指示灯亮。

主电故障：当主电断路或欠压以至不能正常工作时，该指示灯亮。

备电工作：指示备电工作状态，当备电（蓄电池）工作时，该指示灯亮。

备电故障：当备电断路时，该指示灯亮。

自动：当指示灯亮时，表示控制器处于自动控制状态；指示灯灭时，表示处于手动控制状态。

自检：当控制器正在自检或回路部件处于自检状态时，该指示灯亮；自检结束后，指示灯灭。

电话：当电话总线上有分机接上时，该指示灯亮；当分机摘下时，该指示灯灭。

消音：当通过消音键使扬声器停止发声时，该指示灯亮。

（4）操作按键。

操作按键可用来进行控制、查询和编程操作，以完成人机对话，如图 5.2-11 所示。

【自动】：用于切换联动控制状态，控制器为手动状态时按下【自动】键，则控制器转换为自动控制状态，同时指示灯亮；再按一下时，控制器切换回到手动控制状态，同时指示灯灭。控制状态不受复位操作的影响。

【自检】：按下此键，对控制器面板上所有指示灯、数码管，以及液晶、扬声器等进行自检。有火警、监管报警时，【自检】键被屏蔽。

【电话】：有分机插入后，按下此键，可清除控制器的电话振铃声。

【消音】：当控制器有报警时，扬声器发出声响，按下【消音】键，则清除声响。

【联动】：在任意状态下按下【联动】键，都可直接进入联动控制子菜单。

【复位】：对控制器进行复位。注意，火警、监管信号必须通过复位才能消除。

【菜单】、【返回】、【确认】：用于编程、设置、菜单等操作。

【+】、【*】、【，】、【/】、【-】：对输出模块、多线联动键盘编程时，用于输入逻辑表达式。

【0】～【9】：数字键，用于编程、设置、菜单操作和输入口令等。

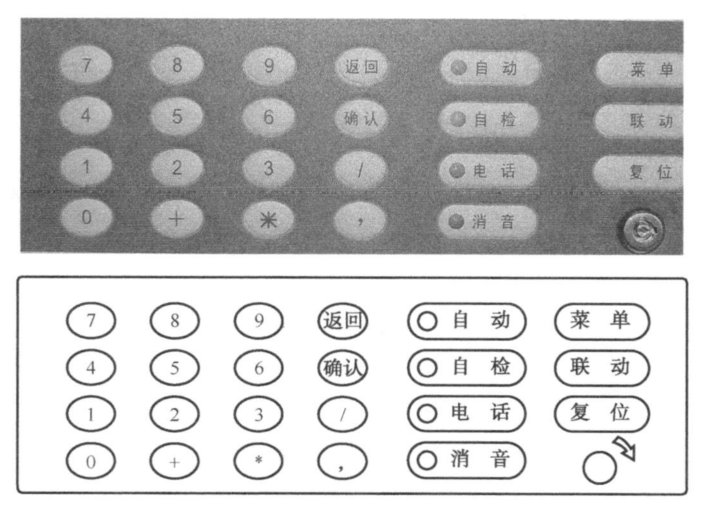

图 5.2-11　按键操作区

2）总线联动控制盘

在火灾自动报警系统中，总线回路上挂接着输出模块等总线设备，用以联动控制各类消防设施。这些输出模块的启动可以采用预先编制好的程序，由火灾触发器件联动启动，也可以通过总线联动控制盘启动控制。总线联动控制盘上设置许多按钮，每个按钮均可通过编程定义与系统所连接的任意一个总线设备关联，完成对该总线制联动设备的控制，并可以通过指示灯观察总线设备当前的启动及反馈状态。

J-EI6102 型总线联动控制盘可装入 EI-2000G/6000T 型火灾报警控制器（联动型），主要用于手动控制消防设备，并显示设备的工作状态。J-EI6102 型总线联动控制盘面板布局如图 5.2-12 所示。

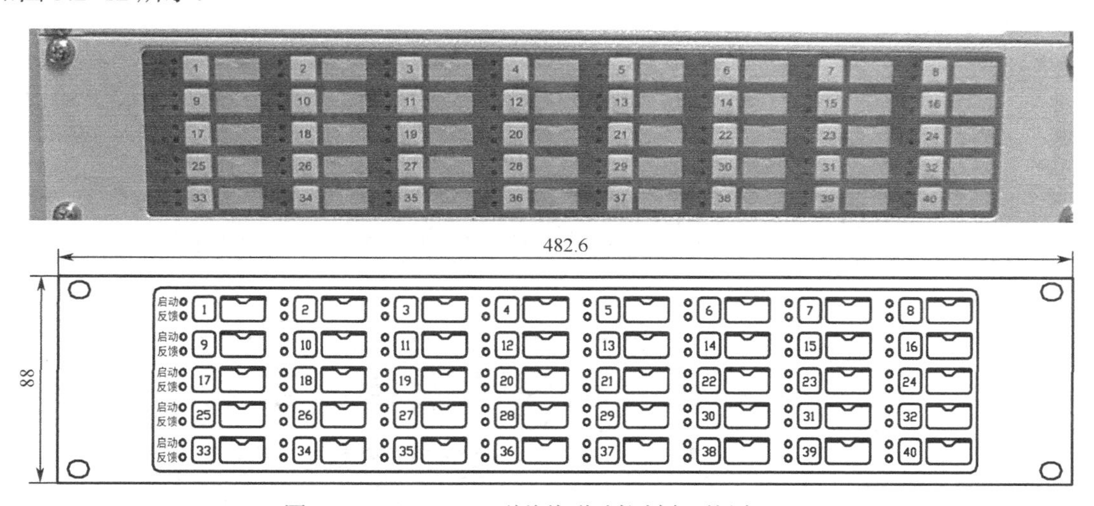

图 5.2-12　J-EI6102 型总线联动控制盘面板布局

J-EI6102 总线联动控制盘的面板设有 40 个操作按键，每个按键分别对应一个启动灯和一个反馈灯，分别用于提示按键状态、显示设备运行状态，每个按键都标有键号。每个按键均可编程实现“按类”、“按分区”、“按地址”控制，用于控制某一类或某一分区设备时，需两个按键，其中一个按键用于启动，另一个按键用于停止。每个按键具有 1 个标签袋，可自制设备标签插入袋内。当主操作面板上的键盘锁关闭时，按键操作无效。单台 6000T 型火灾报警控制器最多可选配 30 块 J-EI6102 型总线联动控制盘。J-EI6102 型总线联动控制盘也可装于广播电话柜、扩展柜体或其他控制器柜体内，通过串行总线与主机相连。

3）多线联动控制盘

火灾自动报警系统对消防设施的控制，当采用模块联动方式时，无论是通过联动控制，还是通过总线联动控制盘的手动控制，其本质上都是火灾报警控制器通过总线回路给输出模块发出动作指令，这个指令信号是通过同一总线回路和模块传输执行的。如果发生火灾时，总线回路或者模块出现故障，无论是联动控制方式还是手动控制方式均不能实现对消防设施的控制。为此《火灾自动报警系统设计规范》中提出“消防水泵、防烟和排烟风机的控制设备当采用总线编码模块控制时，还应在消防控制室设置手动直接控制装置。”这个要求就是火灾报警控制器应该设置与总线控制回路独立的专用控制线路，当总线控制失效时，通过火灾报警控制器上设置的直接手动控制单元直接控制重要消防设施。直接手动控制单元是完成消防联动控制器对每个受控设备进行手动控制的功能。每台火灾报警控制器应至少有 6 组独立的手动控制开关，每个控制开关对应一个直接控制输出。控制输出的启动指示应在相应的控制开关表面（或附近）单独指示。直接手动控制单元是采用自己独立线路对重要消防设施进行控制的，线路形式采用多线制方式，我们往往把直接手动控制单元称为多线联动控制盘。图 5.2-13 为 J-EI6103 型多线联动控制盘面板布局。

多线联动控制盘通过串行接口与控制器主控板通信，可通过 J-EI6046 模块及 J-EI6062 切换模块手动/自动控制消防泵、喷淋泵、排烟风机等重要消防设备，可显示线路故障及设备动作反馈状态。

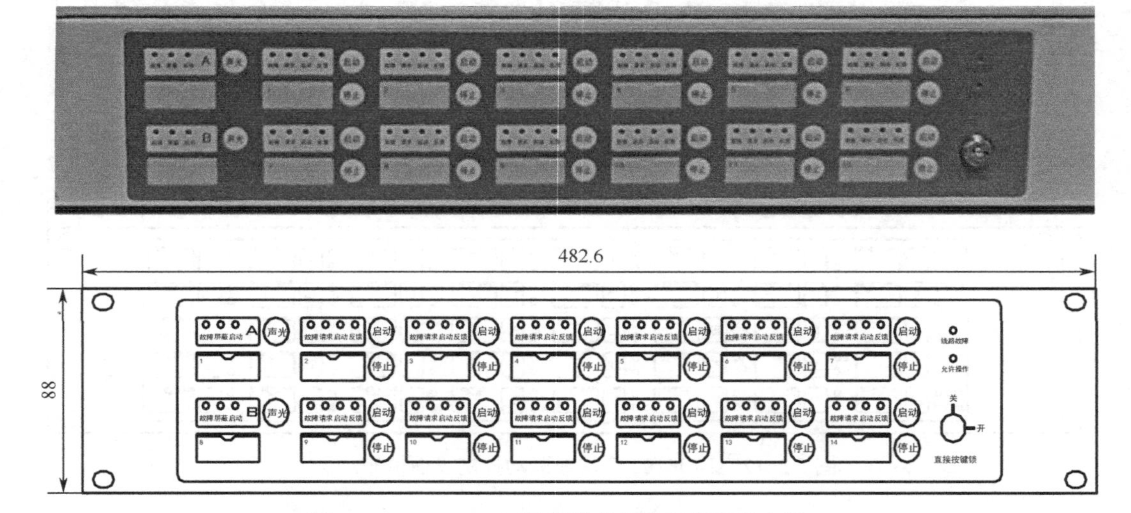

图 5.2-13　J-EI6103 型多线联动控制盘面板布局

J-EI6103 型多线联动控制盘面板设有 14 组按键，其中 A、B 键用于声光控制，另 12 组按键用于直接启动、直接停止消防设备，每组具有【启动】、【停止】键。每组按键设有故障、请求、启动、反馈指示灯，可分别指示输出线路故障、主控板请求启动、发出启动命令、动作反馈等状态。每组按键均可单独编程，可设置输出动作方式（持续/脉冲）、延时时间、联动逻辑关系等，可设置屏蔽。

面板设有故障灯，任一按键输出线短路、断路时，该故障灯亮。面板还设有键盘锁，当键盘锁打开时（箭头指向右），对应“操作允许”灯亮，按键操作有效。一般情况下应将键盘锁关掉，以防无关人员误操作。无论在手动、自动状态，只要将该面板上的键盘锁打开，即可通过按键直接启动、停止对应的设备。

单台 EI-6000T 火灾报警控制器最多可选配 15 块 J-EI6103 型多线联动控制盘。J-EI6103 型多线联动控制盘每组按键分别通过两根线与 J-EI6046 型输入/输出模块直接相连，每组线路相对独立，可控制排烟风机、消防泵、喷淋泵等重要消防设备，自动识别模块地址，可检测按键及模块输出线短路、断路故障。

“启动输入”、“停止输入”均有极性，应与 J-EI6046 型输入/输出模块的“启动输出”、“停止输出”一一对应，如极性接反，将无法动作。“运行无源反馈”输入端不能接入交流反馈信号，否则将损坏模块及与相连的 EI6046 模块，如图 5.2-14 所示。

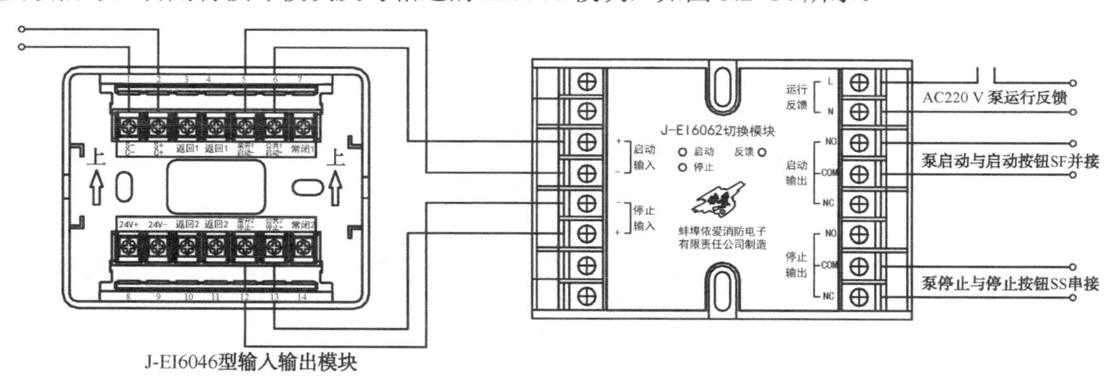

图 5.2-14　J-EI6103 型多线联动控制盘直启接线图

4）电源

火灾报警控制器应设置主电源和备用电源。

控制器主电源应为双回路消防电源，在消防控制室内设置双电源切换装置。电源应为 AC 220 V、50 Hz 交流电源，电源线输入端应设接线端子。当交流供电电压变动幅度在额定电压（AC 220 V）的 110%和 85%范围内，频率为（50±1）Hz 时，控制器应能正常工作。

火灾报警控制器的备用电源一般采用全密封免维护蓄电池作为备用电源，两只 DC 12 V 蓄电池串联，固定在控制器底部。控制器电源采用浮充方式为蓄电池充电，为了延长蓄电池的使用寿命，每过一个月应使备用电源工作一段时间，使蓄电池适当放电。

火灾报警控制器设有主电源和备用电源转换装置。当主电源断电时，能自动转换到备用电源；主电源恢复时，能自动转换到主电源；应有主、备电源工作状态指示，主电源应有过电流保护措施。主、备电源的转换不应使控制器产生误动作。

EI-6000T 火灾报警控制器主机电源主要为控制器内部供电，具有 DC 24 V/2 A 输出，可

用于外部消防设备，但当外部设备较多、负载电流较大时，要另配24 V外设电源。

J-EI6200 系列 24 V 外设电源主要用于外部消防设备，为火灾声光警报器、警铃、电磁阀及其他使用 DC 24 V 电源的消防设备供电，满足国家标准 GB4717—2005《火灾报警控制器》、GB16806—2006《消防联动控制系统》的有关要求，主要由功率转换电路、状态监控电路、蓄电池充放电管理电路等部分组成，内置全密封免维护蓄电池，24 V 输出接线电源共有 3 组 24 V 输出端子供选择。

J-EI6200 系列 24 V 外设电源具有主、备电源自动切换功能，过载保护功能和状态指示功能。状态指示功能包括对主电工作、主电故障、备电故障、备电欠压、充电等状态进行指示，同时显示输出电压。J-EI6200 系列 24 V 外设电源的面板及外形结构如图 5.2-15 所示。

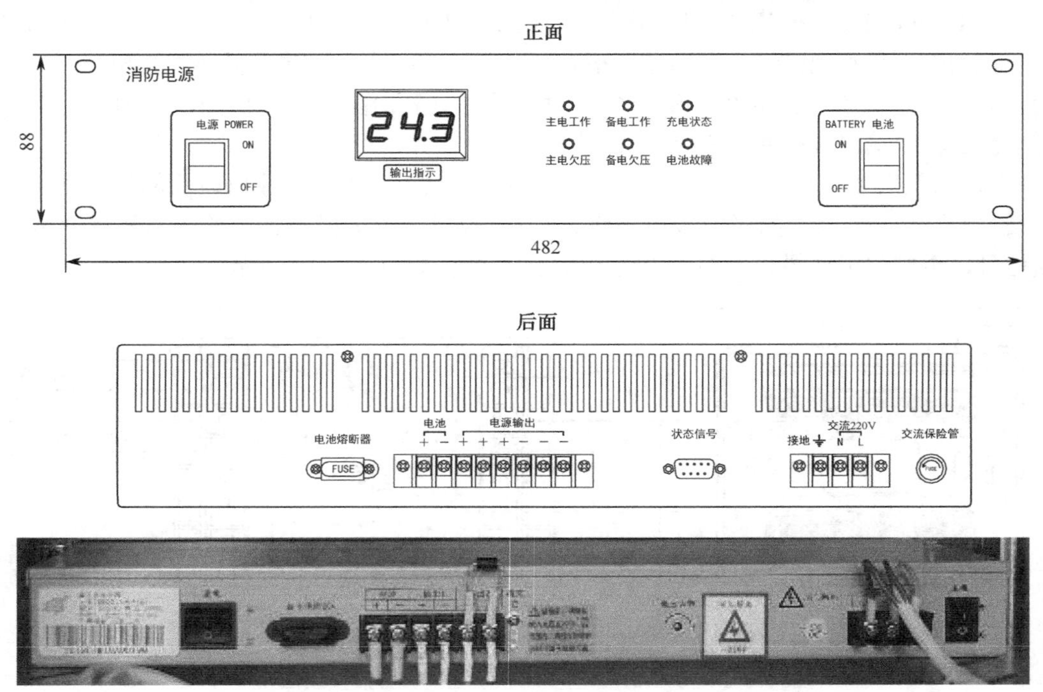

图 5.2-15　J-EI6200 系列 24 V 外设电源的面板及外形结构

5.3　火灾报警控制器（联动型）基本功能

1. 火灾报警功能

（1）控制器能直接或间接地接收来自火灾探测器及其他火灾触发器件的火灾报警信号，发出火灾报警声、光信号，指示火灾发生部位，记录火灾报警时间，并予以保持，直至手动复位。

控制器设有专用红色火警总指示灯（器）。当控制器处于火灾报警状态时，火警总指示灯（器）应点亮。

（2）除复位操作外，对控制器的任何操作均不影响控制器接收和发出火灾报警信号。火灾报警声信号能手动消除，当再有火灾报警信号输入时，能再次启动。

2. 火灾报警控制功能

（1）控制器按设定的逻辑在接收到火灾报警信号后，在 3 s 内发出启动信号直接或间接控制其连接的各类受控消防设备，此时只要有受控设备启动信号发出，启动总指示灯将点亮。

控制器发出启动信号后，有光指示，指示启动设备名称和部位，记录启动时间和启动设备总数。

（2）控制器能显示所有受控设备的工作状态。并在受控设备动作后 10 s 内收到反馈信号，指示设备名称和部位，显示相应设备状态。当发出启动信号后 10 s 内未收到要求的反馈信号，启动灯变成闪亮。

（3）控制器能接收连接的消火栓按钮、水流指示器、报警阀、气体灭火系统启动按钮等火灾触发器件发出的报警（动作）信号，显示其所在的部位，发出报警（动作）声、光信号，声信号应能手动消除，光信号应保持至控制器复位。

（4）控制器能手动消除和启动火灾声、光警报器的声警报信号。消声后，有新的火灾报警信号时，声警报信号应能重新启动。

（5）控制器能以手动和自动两种方式完成控制功能，并指示状态，控制状态不受复位操作的影响。控制器具有对每个受控设备进行手动控制的功能。

（6）控制器的直接手动控制单元（多线联动控制盘）至少有 6 组独立的手动控制开关，每个控制开关对应一个直接控制输出。控制输出的启动光指示应在相应的控制开关表面（或附近）单独指示。

（7）控制器在自动方式下，手动插入操作优先。

（8）控制器对特定的控制输出功能设置延时，延时期间应延时指示灯点亮。延时时间不应超过 10 min，每次增加延时时间应不超过 1 min。在延时期间，应能手动插入而立即启动控制输出。

（9）控制器对管网气体灭火系统的控制和显示。

① 接收并显示气体灭火控制器的手动和自动工作状态。

② 接收并显示设置在保护区域的手动/自动转换装置的手动和自动工作状态。

③ 接收并显示保护区域内的启动控制信号、延时和喷洒各阶段的状态信息。

④ 能向气体灭火控制器发出联动控制信号。

3. 故障报警功能

控制器应设专用故障总指示灯（器），无论控制器处于何种状态，只要有故障信号存在，该故障总指示灯（器）应点亮。当控制器内部、控制器与其连接的部件间发生故障，消防联动控制器与火灾报警控制器之间的连接线发生断路、短路和影响功能的接地，消防联动控制器与独立使用的直接手动控制单元之间的连接线发生断路、短路和影响功能的接地时，控制器应在 100 s 内发出与火灾报警信号有明显区别的故障声、光信号，故障声信号应能手动消除，再有故障信号输入时，应能再启动；故障光信号应保持至故障排除。

4. 屏蔽功能

控制器有专用屏蔽总指示灯（器），屏蔽状态不受控制器复位等操作的影响，无论控制

器处于何种状态，只要有屏蔽存在，该屏蔽总指示灯（器）应点亮。

5．监管功能

控制器设专用监管报警状态总指示灯（器），无论控制器处于何种状态，只要有监管信号输入，该监管报警状态总指示灯（器）应点亮。当有监管信号输入时，控制器应在 100 s 内发出与火灾报警信号有明显区别的监管报警声、光信号。

6．自检功能

控制器能检查本机的火灾报警功能（以下简称自检），控制器在执行自检功能期间，受其控制的外接设备和输出接点均不应动作。控制器自检时间超过 1 min 或其不能自动停止自检功能时，控制器的自检功能应不影响非自检部位探测区和控制器本身的火灾报警功能。

7．信息显示与查询功能

控制器信息显示按火灾报警、监管报警及其他状态顺序由高至低排列信息显示等级，高等级的状态信息应优先显示，低等级状态信息显示不应影响高等级状态信息显示，显示的信息应与对应的状态一致且易于辨识。当控制器处于某一高等级状态显示时，应能通过手动操作查询其他低等级状态信息，各状态信息不应交替显示。

8．系统兼容功能（仅适用于集中区域和集中区域兼容型控制器）

（1）区域控制器能向集中控制器发送火灾报警、火灾报警控制、故障报警、自检，以及可能具有的监管报警、屏蔽、延时等各种完整信息，并应能接收、处理集中控制器的相关指令。

（2）集中控制器能接收和显示来自各区域控制器的火灾报警、火灾报警控制、故障报警、自检，以及可能具有的监管报警、屏蔽、延时等各种完整信息，进入相应状态，并应能向区域控制器发出控制指令。

（3）集中控制器在与其连接的区域控制器间连接线发生断路、短路和影响功能的接地时，应能进入故障状态并显示区域控制器的部位。

9．电源功能

控制器的电源部分应具有主电源和备用电源转换装置。当主电源断电时，能自动转换到备用电源；主电源恢复时，能自动转换到主电源；应有主、备电源工作状态指示，主电源应有过电流保护措施。主、备电源的转换不应使控制器产生误动作。

第6章 火警显示盘、消防图形显示装置及气体灭火控制器

6.1 火灾显示盘

火灾显示盘是火灾报警指示设备的一部分。它是接收火灾报警控制器发出的信号，显示发出火警部位或区域，并能发出声光火灾信号的装置。

J-EI6050型火灾显示盘如图6.1-1所示。J-EI6050型火灾显示盘与EI系列火灾报警控制器配套使用，用于显示楼层或分区内的火警、监管、故障、动作等信息，采用液晶汉字显示，具有声光报警指示。

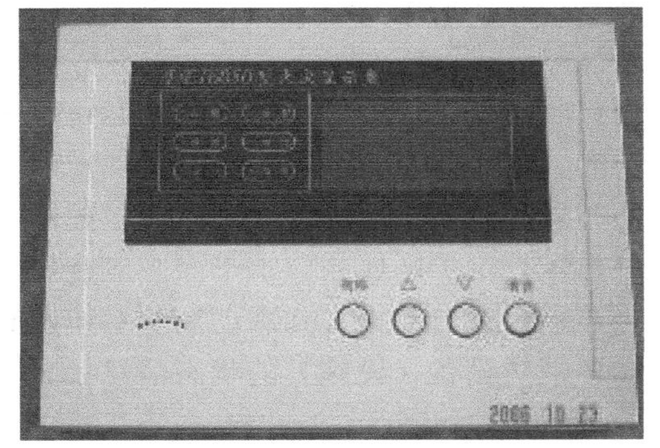

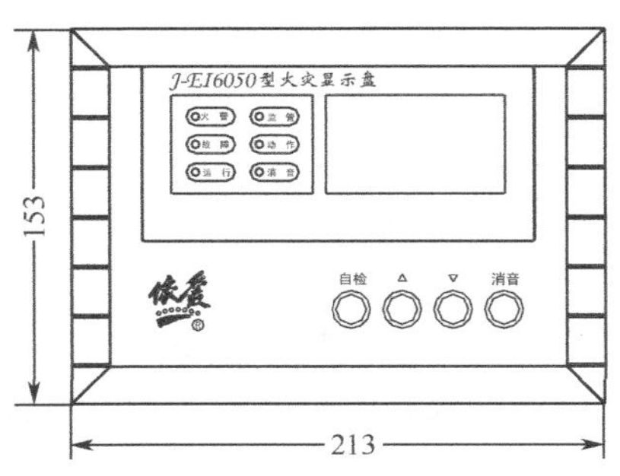

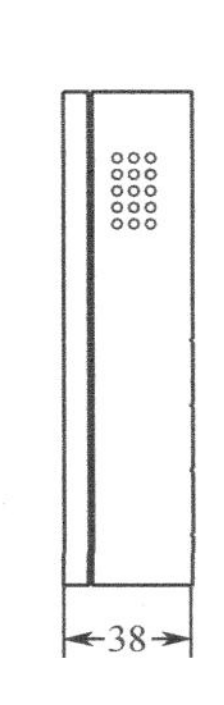

图6.1-1　J-EI6050型火灾显示盘

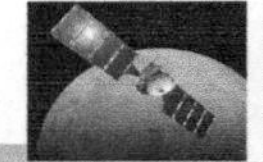

火灾显示盘可设置为楼层火警显示盘或重复显示器。作为楼层火灾显示盘时，可显示相关楼层的火警、监管、故障、动作等信息，并发出声、光报警信号，液晶显示报警部件的地址、报警总数、部件类型和安装位置。作为重复显示器时，可显示控制器的全部火警、监管、故障、动作等信息，便于在消防控制中心之外对系统进行监视。

火灾显示盘多通过两根专用的 RS485 通信总线与火灾报警控制器相应接口相连，要单独铺设通信线路，所需的 DC 24 V 工作电源可就近接入，1 台火灾报警控制器一般最多可挂接 32 或 64 台火灾显示盘。也有少数厂家的火灾显示盘可直接挂接在火灾报警控制器的回路总线，现场施工布线较方便，如 J-EI6050 型火灾显示盘本身具有电子编码，可像输出模块一样直接接入回路总线。

J-EI6050 型火灾显示盘安装接线端子位于底座上，穿线孔旁边有 4 个接线端子，其中 S−、S+为总线输入，接入 EI 系列火灾报警控制器的回路总线，“24 V”、“地”为 DC 24 V 电源端子，接主机电源或外设电源，如图 6.1−2 所示。显示盘报警时，DC 24 V 电流较大，DC 24 V 电源线应采用 RVB 双色阻燃软导线，线芯截面积≥1.5 mm^2。

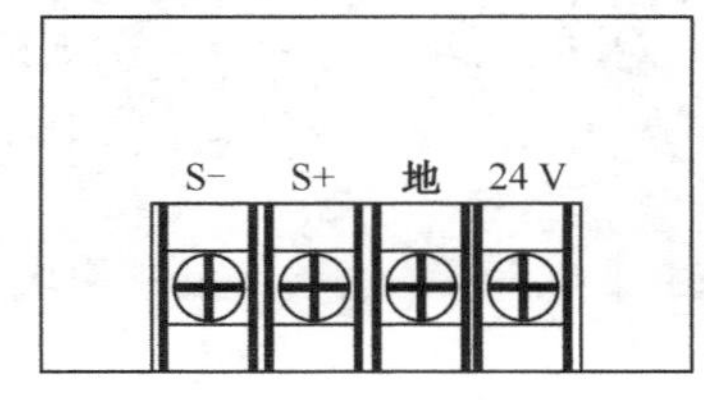

图 6.1−2 J-EI6050 型火灾显示盘接线端子

6.2 消防控制中心图形显示装置

消防控制中心图形显示装置是消防控制中心安装的用来模拟现场火灾探测器等部件的建筑平面布局，能如实反映现场火灾、故障等状况的显示装置。

消防控制室图形显示装置执行国家标准 GB 16806—2006《消防联动控制系统》的要求。

消防控制室图形显示装置应采用中文标注和中文界面；接通电源后应直接进入操作界面，期间任何中断均不能影响操作界面的弹出和运行；界面关闭时电源应自动关闭，期间任何中断均不能影响界面和电源的关闭。

消防控制室外图形显示装置应用红色指示报警、联动状态，黄色指示故障状态，绿色指示正常状态。

消防控制室图形显示装置应能显示建筑总平面布局图、每个保护对象的建筑平面图、系统图。建筑的总平面布局图应能用一个界面完整显示。保护区域的建筑平面图应能显示每个保护对象及主要部位的名称和疏散路线；并能显示火灾自动报警和联动控制系统及其控制的各类消防设备（设施）的名称、物理位置和各消防设备（设施）的状态信息。显示应至少采用中文标注和中文界面，界面不小于 17 in。

当有火灾报警信号、监管报警信号、反馈信号、屏蔽信号、故障信号输入时，消防控制室图形显示装置应有相应状态的专用总指示，显示相应部位对应总平面布局图中的建筑位置、建筑平面图，在建筑平面图上指示相应部位的物理位置、记录时间和部位等信息。

消防控制室图形显示装置应能监视并显示与控制器通信的工作状态。

消防控制室图形显示装置与控制器的信息应同步，且在通信中断并恢复通信后，应能重新接收并正确显示。

消防控制室图形显示装置应能接收火灾报警控制器和消防联动控制器（以下简称控制器）发出的火灾报警信号、联动控制信号，并能在 3 s 内进入火灾报警、联动状态，显示相应信息。

消防控制室图形显示装置应能查询并显示监视区域中监控对象系统内各个消防设备（设施）的物理位置及其对应的实时状态信息，并能在发出查询信号 15 s 内显示相应信息。

消防控制室图形显示装置应具有远程传送信息和接受远程查询的功能，传送和接受远程查询过程中应有状态指示。

消防控制室图形显示装置不能对控制器进行复位、系统设定，以及联动设备的启动和停止等控制操作。

消防控制室图形显示装置应具有火灾报警和消防联动控制的历史记录功能，记录应包括报警时间、报警部位、复位操作、消防联动设备的启动和动作反馈等信息，存储记录容量不应少于 10 000 条，记录备份后方可被覆盖。

消防控制室图形显示装置应能接收监控中心的查询指令，并能按规定的通信协议格式将以下规定内容的相应信息传送到监控中心。

图 6.2-1 为 EI-6400 型消防控制室显示装置。

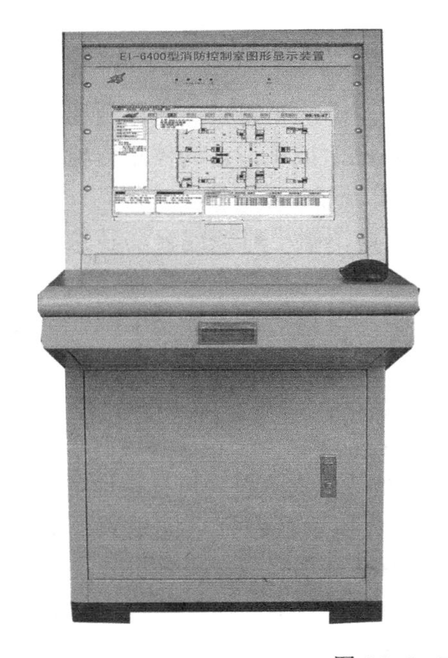

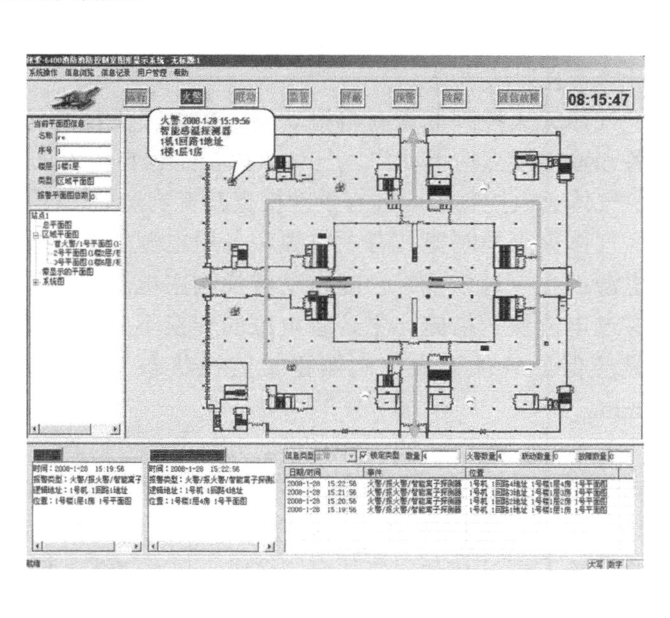

图 6.2-1　EI-6400 型消防控制室显示装置

EI-6400 型消防控制室显示装置通过 EINet®网络接口与 EI 系列火灾报警控制器通信，可显示保护区域内的建筑总平面布局图、每个保护对象的建筑平面图、系统图。在保护对象的建筑平面图上可显示保护对象及主要部位的名称和疏散路线，并采用图标显示火灾报警控制系统及其控制的各类消防设备（设施）。当接收到火灾报警控制器的火警、监管、故

障、屏蔽、联动等信息时，可在相应的平面图上指示该信息对应的物理位置及状态，在火警时可显示出疏散路线。火警具有单独指示，火警平面图有专用标注。各报警、联动状态具有专用总指示，并有声指示。它具有值班管理功能，可满足值班登记、交接班、查询等管理需要，可自动登记交接班时系统状态和报警信息；具有编程下载功能，可将图形显示系统所编数据通过 EINet®网络下载到各火灾报警控制器，避免重复编程；具有信息记录功能，可记录火警、联动、监管、故障、复位操作、屏蔽等历史记录，值班及操作人员、消防设备（设施）的动态信息、系统的进入和退出时间，产品维护保养记录、消防设备（设施）的制造商、产品有效期等；具有打印功能，可打印各类报警、故障、统计、值班记录等信息；具有三级管理权限，限定操作级别，可防止无关人员误操作。

6.3 气体灭火控制器

气体灭火控制器是用于控制气体灭火设备的控制器。气体灭火控制器类似于火灾报警控制器（联动型），满足国家标准 GB 16806—2006《消防联动控制设备》的要求。

气体灭火控制器能直接或间接控制其连接的气体灭火设备和相关设备。当接收启动控制信号后，能按预置逻辑完对气体灭火系统的控制。

气体灭火控制器设有手动和自动控制功能，并有控制状态指示。气体灭火控制器在自动状态下，手动插入操作优先；手动停止后，如再有启动控制信号，应按预置逻辑工作。

气体灭火控制器设故障报警功能，气体灭火控制器应设故障指示灯，该故障指示灯在有故障存在时应点亮。

气体灭火控制器设有自检功能。气体灭火控制器在执行自检功能期间，受控制的外接设备和输出接点均不动作。气体灭火控制器自检时间超过 1 min 或不能自动停止自检功能时，气体灭火控制器应具有手动检查其音响器件、面板所有指示灯和显示器的功能。

气体灭火控制器具有主电源和备用电源转换装置。当主电源断电时，能自动转换到备用电源；主电源恢复时，能自动转换到主电源；主、备电源的工作状态应有指示，主电源应有过电流保护措施。主、备电源的转换不应使气体灭火控制器误动作。备用电源的电池容量应保证气体灭火控制器正常监视状态下连续工作 8 h 后，在启动状态下连续工作 30 min。

图 6.3-1 所示为 EI-6001QT 型火灾报警控制器/气体灭火控制器，主要用于各种有管网或无管网式二氧化碳、七氟丙烷、三氟甲烷、IG-541、SDE 等气体灭火系统，可挂接地址编码感烟、感温火灾探测器，也可通过中继模块挂接非编码火灾探测器进行火灾报警；通过 EI6132 输入/输出模块（气体区控模块）和内部继电器控制气体灭火设备及有关警报装置。

EI-6001QT 型火灾报警控制器/气体灭火控制器不仅具有气体灭火控制功能，同时还具有火灾报警功能，分别满足国家标准 GB 4717—2005、GB 16806—2006 的要求，能以二总线制方式挂接 EI 系列地址编码感烟、感温火灾探测器，也可通过中继模块挂接非编码感烟、感温火灾探测器，接收探测器的火警信号。具有 4 个独立的灭火控制区，每个分区的 EI6132 气体区控模块具有选择阀输出、声光输出、放气灯输出，区控板具有放气阀输出，能根据各分区的火警信息和喷洒状态，自动启动声光报警器、选择阀、放气阀、放气灯等设备；每个区具有 1 个紧急启动按钮，可直接启动放气阀。每个灭火区具有“启动”和“停止”按键，当允许操作时，按下“启动”键，声光警报装置立即启动，放气阀延时启动；对于正在延时启动的设备，这时若按下“停止”键，可使设备停止工作，从而避免因误报警而造成的损失。还可通过 EINet®连接集中报警控制器，实现局域联网通信。

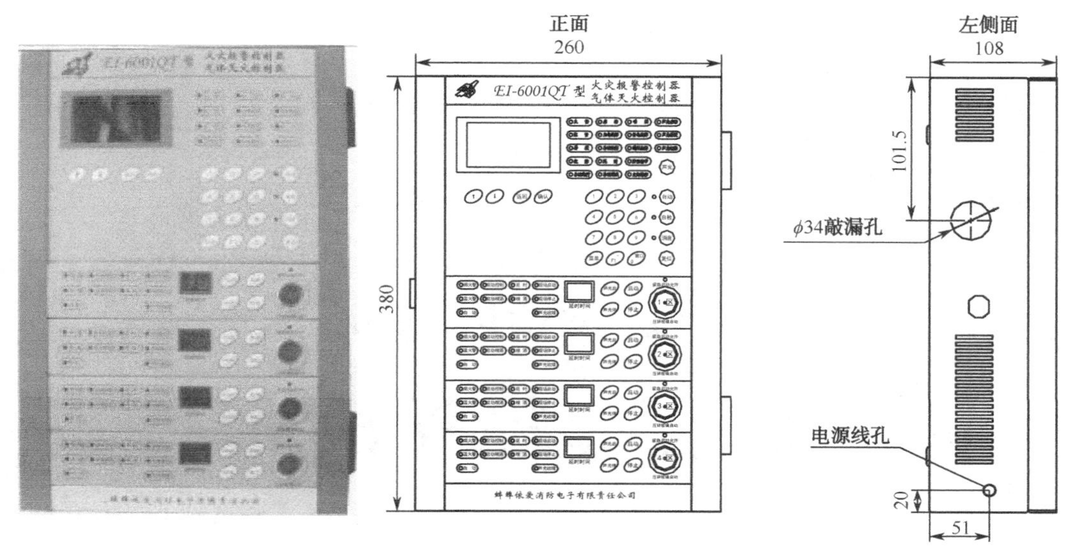

图 6.3-1　EI-6001QT 型火灾报警控制器/气体灭火控制器

第7章 火灾警报装置及火灾应急广播

7.1 火灾警报装置

火灾警报装置是与火灾报警控制器分开设置，在火灾情况下能够发出声、光火灾警报信号的装置。火灾警报装置又称为声、光警报器，其产品执行国家标准 GB 26851—2011《火灾声和/或光警报器》的要求。

图 7.1-1 是常用的火灾警报装置的设计图形符号，在平面图和系统图中均一致。

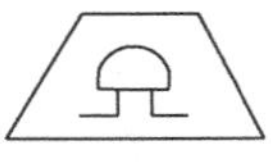

（a）火警电铃

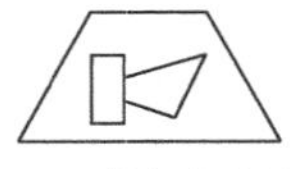

（b）警报发声器

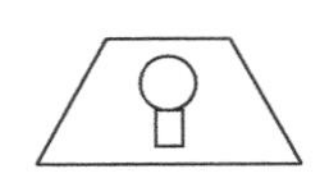

（c）火灾光警报器

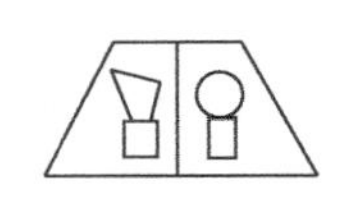

（d）火灾声光警报器

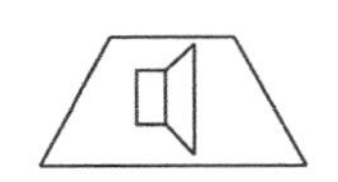

（e）火灾警报扬声器

图 7.1-1　常用的火灾警报装置的设计图形符号

当现场发生火灾并被确认后，安装在现场的火灾警报装置被启动，发出强烈的声光信号，以达到提醒人员注意、指导人员安全迅速疏散的目的。

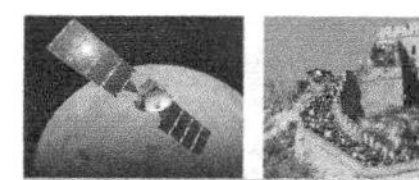

火灾警报装置一般分为编码型和非编码型两种。编码型火灾警报装置可直接接入火灾报警控制器的信号二总线（需要电源系统提供两根 DC 24 V 电源线），非编码型火灾警报装置可直接由有源 DC 24 V 常开触点进行控制，如用手动报警按钮的输出触点控制、输入/输出模块控制等。火灾警报装置按照用途分为火灾声警报器、火灾光警报器、火灾声光警报器和气体释放警报器。火灾警报装置按照使用场所分为室内火灾警报装置和室外火灾警报装置。常用火灾警报装置包括警铃、警灯和声光组合警报器等，在区域报警系统及未设置应急广播的火灾自动报警系统中应设置火灾警报装置。一般按照每个防火分区至少应设一个火灾警报装置，其位置宜设在各楼层走道靠近楼梯出口处。警报装置宜采用手动或自动控制方式，在环境噪声大于 60 dB 的场所设置火灾警报装置时，其声警报器的声压级应高于背景噪声 15 dB。图 7.1-2 为 J-EI6085 型火灾声光警报器及安装底座。

图 7.1-2　J-EI6085 型火灾声光警报器及安装底座

7.2　火灾应急广播

火灾应急广播是在建筑物发生火灾时，消防控制室内人员要通知和引导室内人员安全疏散，告知火灾的发生，引导人员进入疏散路线。火灾应急广播在灭火救援过程中也起到通知和指挥消防队员的作用。

1. 火灾应急广播系统基本构成和分类

根据《火灾报警系统设计规范》的规定，控制中心报警系统应设置火灾应急广播，集中报警系统宜设置火灾应急广播。火灾应急广播系统由消防应急广播设备、线路和现场扬声器组成。消防应急广播设备包括功率放大器、广播录放盘和消防广播分区控制盘（也称为消防广播分路盘）等。火灾应急广播扬声器设置在建筑物室内，分为吸顶式（包括嵌入式）和壁挂式两种。在民用建筑内扬声器应设置在走道和大厅等公共场所，每个扬声器的额定功率不应小于 3 W，其数量应能保证从一个防火分区的任何部位到最近一个扬声器的距离不大于 25 m。走道内最后一个扬声器至走道末端的距离不应大于 12.5 m。当在环境噪声大于 60 dB 的场所设置扬声器时，在其播放范围内最远点的播放声压级应高于背景噪声 15 dB。如果客房设置专用扬声器，其功率不宜小于 1.0 W。

火灾应急广播系统按照服务方式的不同分为独立火灾应急广播系统和合用火灾应急广播系统。独立火灾应急广播系统设置专为火灾应急广播时使用，平时不作为背景音乐和日

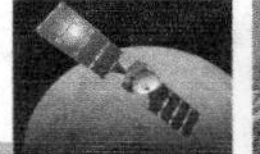

常广播使用。合用火灾应急广播系统被火灾应急广播与公共广播合用。火灾时应能在消防控制室将火灾疏散层的扬声器和公共广播功率放大器强制转入火灾应急广播状态。由于系统是合用，平时广播功率放大器也被使用，极易发生故障，导致火灾时不能应急，为此对于合用火灾应急广播系统，应设置火灾应急广播备用功率放大器，其容量不应小于火灾时要同时广播的范围内火灾应急广播扬声器最大容量总和的 1.5 倍。

2. 消防广播系统线制

消防广播系统按照系统线路的线制又分为总线制和多线制两种实现方式。

1）总线制广播系统

火灾应急广播系统广播范围一般按照防火分区和楼层确定，也就是说消防控制室广播通知的最小单元是防火分区和楼层。总线制火灾应急广播系统是消防控制室的消防应急广播设备输出的 1 路广播音频线路，室内的消防广播扬声器通过广播模块连接在这条音频线路上，每个防火分区和楼层设置至少一只广播模块，该模块与火灾自动报警系统的火灾触发器件编程，当某个防火分区和楼层发生火灾，该防火分区和楼层内的火灾探测器和手动报警按钮向火灾报警控制器发回火灾报警信号后，火灾报警控制器按照事先编制好的逻辑关系程序，给相关的广播模块发出动作指令信号，相关的广播模块动作，接通相关部位的消防广播扬声器。总线制广播系统原理图如图 7.2-1 所示。

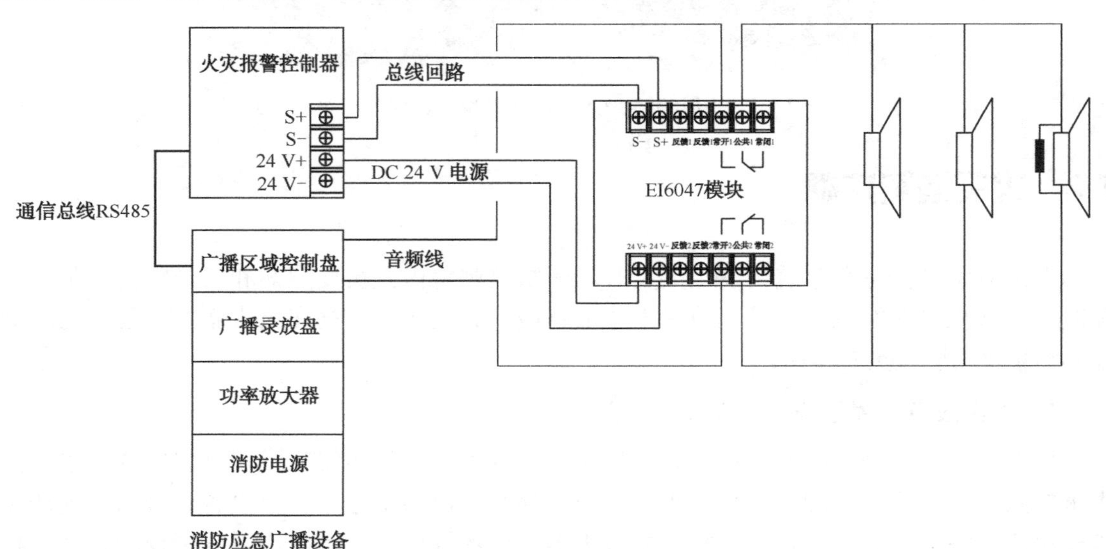

图 7.2-1　总线制广播系统原理图

2）多线制广播系统

多线制广播系统与总线制相似，只是广播区域控制盘不是只输出 1 路音频信号，而是按照防火分区和楼层，不用广播模块来控制。一块广播区域控制盘可以输出 20 个音频回路，连接 20 个防火分区或楼层。当发生火灾后，消防控制室内人员通过广播区域控制盘上的与音频输出回路相对应的按钮，启动广播分区进行广播。多线制广播系统如图 7.2-2 所示。

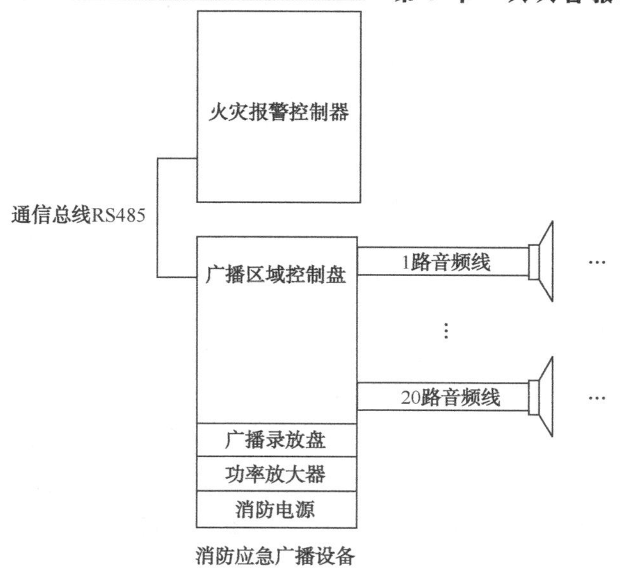

图 7.2-2　多线制广播系统

多线制广播系统相比总线制火灾应急广播来说线路较多，但是其可靠性和操作方便性要相对好一些。目前实际工程中两类系统方式均有使用。

7.3　消防应急广播设备

消防应急广播设备由功率放大器、广播录放盘和消防广播分区控制盘（也称为消防广播分路盘）组成，如图 7.3-1 所示。

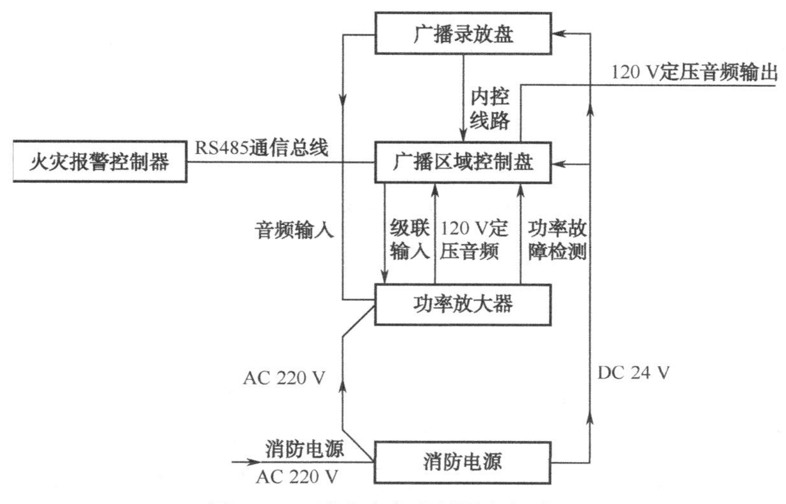

图 7.3-1　消防应急广播设备组成

消防应急广播设备产品执行国家标准 GB 16806—2006《消防联动控制系统》的要求，其主要功能如下。

（1）消防应急广播设备可接收应急广播话筒、预先录制的应急语音信息和正常广播。

（2）消防应急广播设备具有应急广播控制输入，消防应急广播设备应设红色应急广播状态指示灯，当设备进行应急广播时，该指示灯应点亮。当有启动信号输入时，消防应急广播设备应立即停止非应急广播功能，进入应急广播状态，并显示处于应急广播状态的广播分区。

（3）消防应急广播设备应能同时向一个或多个指定区域广播信息。消防应急广播设备应能分别通过手动和自动控制实现启动或停止应急广播和选择广播分区，且手动操作优先。消防应急广播设备能够按分区控制显示正在应急广播的区域，并通过手动或自动控制广播。可按照预定的逻辑同时向一个或多个指定广播区域广播信息。

（4）对广播语音可监听录制。消防应急广播设备应能预设广播信息，预设广播信息应储存在内置的固态存储器或硬盘中。能够进行录音，录音时间不少于 30 min。消防应急广播设备应能通过传声器进行应急广播，并应自动对广播内容进行录音，录音时间不应少于 30 min。当使用传声器进行应急广播时，应自动中断其他信息广播、故障声信号和广播监听；停止使用传声器进行应急广播后，消防应急广播设备应在 3 s 内自动恢复到传声器广播前的状态。

（5）功率放大功能。将语音信号进行功率放大，以满足覆盖指定区域的广播扬声器的功率。

（6）故障报警功能。能对应急广播系统进行故障检测。消防应急广播设备应设黄色故障状态指示灯，当设备存在故障时，该指示灯应点亮。能检测与扬声器之间连接线短路和断路。

（7）自检功能。消防应急广播设备应能手动检查本机所有指示灯、显示器和音响器件的功能。

（8）消防应急广播设备设有主、备电源。消防应急广播设备主电源应采用 AC 220 V、50 Hz 交流电源，电源输入端应设接线端子。

消防应急广播设备的备用电源在放电至终止电压条件下，充电 24 h，其容量应能提供消防应急广播设备在监视状态下工作 8 h，在制造商规定的最大容量满负载条件下工作 30 min。

消防应急广播设备的电源部分应具有主电源和备用电源转换装置，当主电源断电时，能自动转换到备用电源；主电源恢复时，能自动转换到主电源；主、备电源的工作状态应有指示，主电源应有过电流保护措施。主、备电源的转换不应影响消防应急广播设备的正常工作。

1．广播区域控制盘

图 7.3-2 为 HY5727B 广播区域控制盘，是应急广播系统的配套产品，满足国家标准 GB 16806—2006 的要求。它与音源设备（CD 播放盘、MP3 播放盘）、广播功率放大器、音箱及消防广播模块等设备共同组成应急广播系统。同时通过 RS485 总线与火灾报警控制器相连，完成应急广播联动控制。另外根据现场的需要，可外接两个扩展键盘，增大控制区域数量，可同时接入二路功放，以满足工程需求。在满足应急广播的同时可兼顾正常广播的播音，可自由切换，应急广播优先。当有火警或紧急情况发生时，广播区域控制盘可与消防联动控制设备联动控制，实现消防自动广播。同时具有自动控制启动分区广播和手

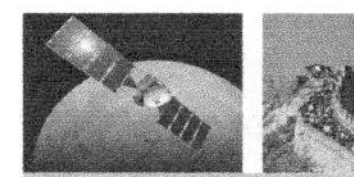

动启动分区广播两种启动方式。能够对干线短路（广播干线（GX）是指从广播区域控制盘的功放输出到各个广播控制模块之间的音频广播输出线）、断路检测及告警，并能独立区分是哪条干线发生短路故障。能够对支线（广播支线（ZX）是指从广播控制模块到分区内连接的扬声器之间的音频线）提供故障报警及指示，独立区分故障区域指示。

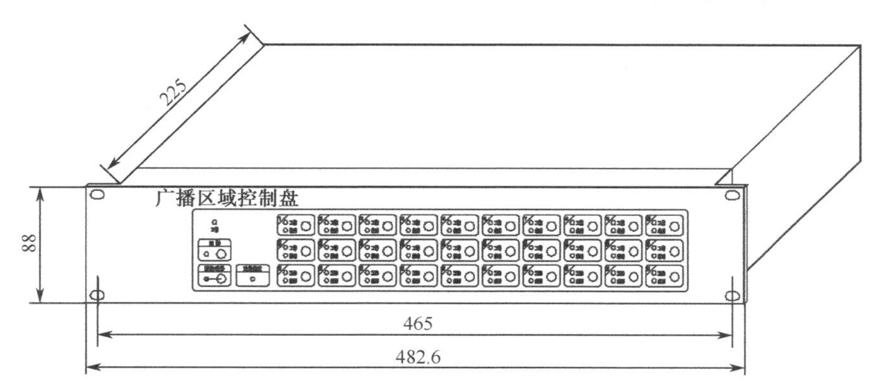

图 7.3-2　HY5727B 广播区域控制盘

2．广播录放盘

图 7.3-3 为 HY2722C 型 CD 播放盘（广播录放盘），当有火警或紧急情况发生时，可与消防联动控制设备联动控制，实现消防自动广播。广播录放盘具有自动控制和紧急手动控制两种启动方式；具有应急广播、话筒、CD、外线四种播音方式；四种音源可独立开关；可对话筒播音信号自动录音，最大录音时长 30 min，最大记录段 99 段。

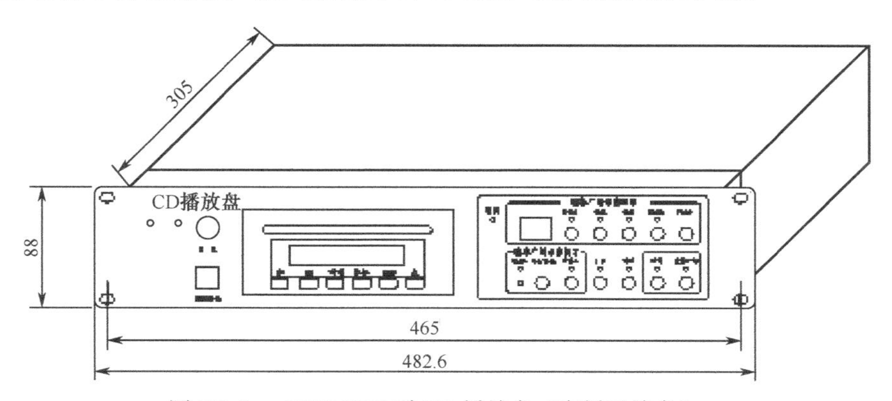

图 7.3-3　HY2722C 型 CD 播放盘（广播录放盘）

3．广播功率放大器

图 7.3-4 为 HY273X 型广播功率放大器。当有火警或紧急情况时，可与消防联动控制设备联动控制，实现消防自动广播。广播功率放大器具有自动控制和手动控制两种启动方式；具有受控自检功能（要与 HY2722C 型 CD 播放盘配套）；在使用话筒播音时，监听能够自动静音，以彻底消除音频回授；当接收应急广播控制信号时，能自动调整音频输出至预定位置，不受音量电位器的控制，消除人为操作对音频输出的影响；具有主、备电源自动切换功能，主电源优先。

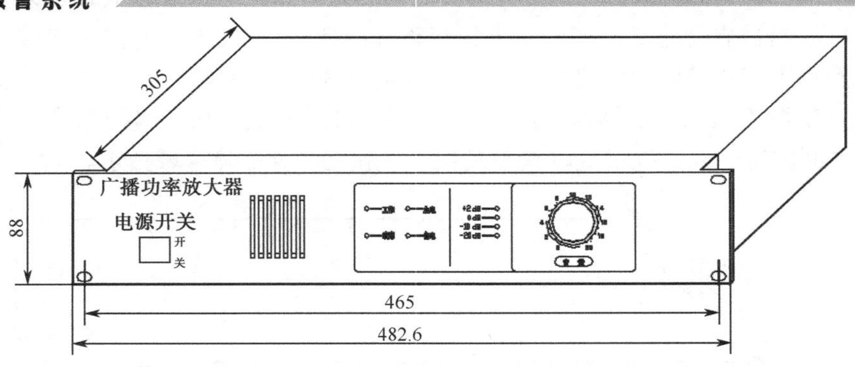

图 7.3-4　HY273X 型广播功率放大器

第8章 消防电话

消防电话是用于消防控制中心（室）与建筑中各部位之间通话的电话系统，由消防电话总机、消防电话分机和传输介质构成。

在建筑物内设置的消防电话有两种作用，一是消防控制室内的火灾报警控制器显示探测器或手动报警按钮发出火警信号后，相关人员要立即到达报警部位进行电话确认，确认的结果第一时间通过消防电话传递给消防控制室内值班人员，这一功能的实现多是现场确认人员携带电话手柄到达现场，并通过附近的消防电话插孔与消防控制室联络；二是火灾发生后，消防控制室内的人员通过消防电话指挥灭火工作，这一功能的实现多是在建筑物内重要的消防设置附近或设备房间内设置了消防电话分机，消防控制室与消防电话分机之间实现双向呼叫和双向通话的功能。

8.1 消防电话系统分类及基本构成

消防电话系统按照电话线布线方式分为总线制和多线制两类系统。消防专用电话线路的可靠性关系到火灾时消防通信指挥系统是否灵活畅通，为此消防专用电话网络应为独立的消防通信系统，不能利用一般电话线路或综合布线网络（PDS 系统）代替消防专用电话线路，应独立布线。

1. 总线制消防电话系统

总线制消防电话系统由总线消防电话总机、总线消防电话分机、总线消防电话插孔等组成。总线消防电话总机输出 1 路电话总线回路，该总线电话回路一方面为系统中的总线消防电话分机和总线消防电话插孔提供通信路径，同时也能检测和识别这些设备的地址和状态。目前工程中使用的大多数为二总线消防电话总机，二总线消防电话分机和二总线消防电话插

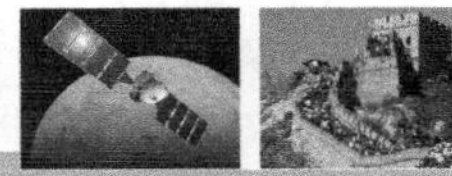

孔由于其自身设有地址码，连接在总线上后，二总线消防电话总机可以区分识别。另外，二总线消防电话插孔也可以通过它连接非地址的多线制消防电话插孔或分机，这些非地址的插孔或分机，通过二总线消防电话插孔的地址码在二总线消防电话总机中被登录识别。二总线消防电话系统如图 8.1-1 所示。

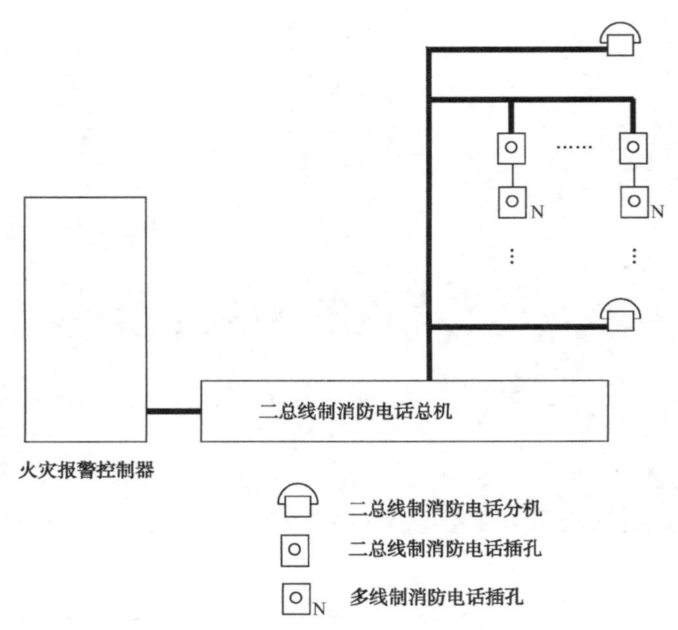

图 8.1-1　二总线消防电话系统

目前，也有很大一部分企业生产的总线消防电话系统不是通过二总线消防电话分机和二总线消防电话插孔连接到总线上，而是通过专用的消防电话模块连接在总线上，消防电话模块再连接非地址的消防电话分机或插孔，如图 8.1-2 所示。

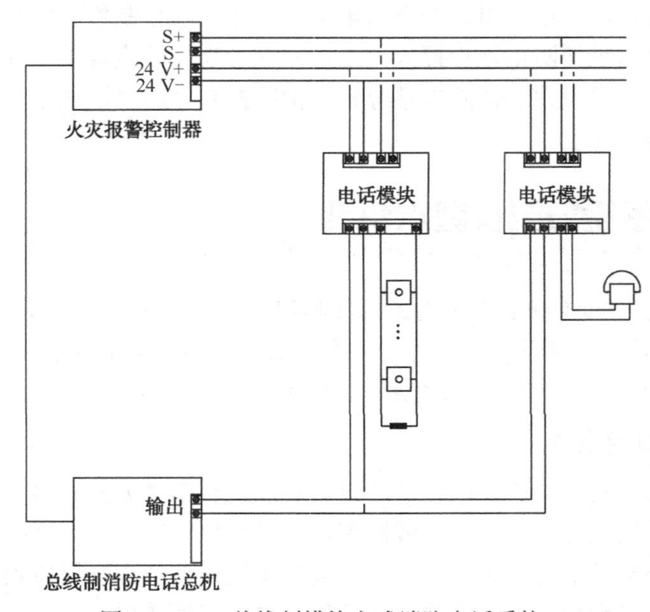

图 8.1-2　二总线制模块方式消防电话系统

2. 多线制消防电话系统

多线制消防电话系统由多线制电话主机、多线制消防电话分机及多线制消防电话插孔组成。多线制消防电话总机根据系统要求，选定其输出电话回路数，每个回路可以接一台多线制消防电话分机，也可以接多只多线制消防电话插孔。多线制消防电话总机每个回路在面板上对应一个按键和显示指示灯，为此多线制消防电话总机是以回路为地址显示该回路所连接的电话设备，每个回路不可以将消防电话分机和消防电话插孔同时接到一个回路中。多线制消防电话系统如图 8.1-3 所示。

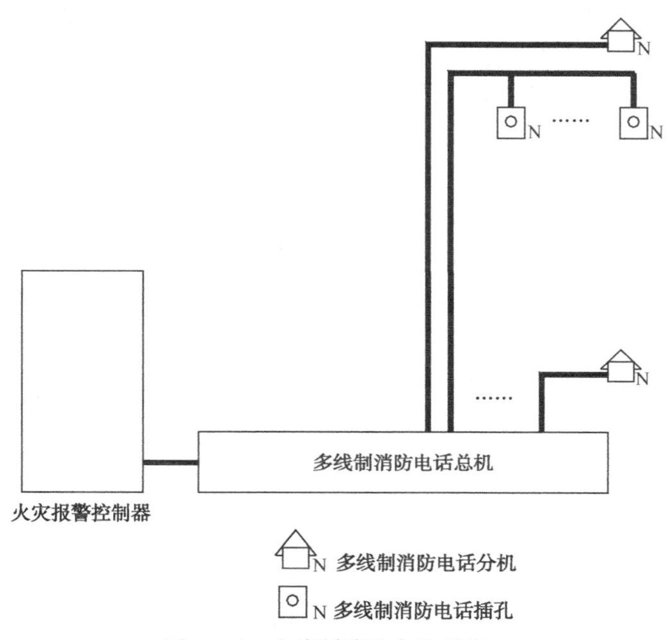

图 8.1-3　多线制消防电话系统

8.2 消防电话设备

消防电话设备包括消防电话总机、消防电话分机及消防电话插孔。

1. 消防电话总机

消防电话总机是消防电话系统的组成部分，设置于消防控制中心（室），能够与消防电话分机进行全双工语音通信，具有综合控制功能、状态显示和故障监视功能。

1）消防电话总机的主要性能

（1）消防电话总机的呼叫通信功能。

① 消防电话总机应能为消防电话分机和消防电话插孔供电。消防电话总机应能与消防电话分机进行全双工通话，通话清晰，无振鸣现象。

② 当两部及以上消防电话分机同时呼叫消防电话总机时，消防电话总机应能选择与任意一部或多部消防电话分机通话。消防电话总机能呼叫任意一部消防电话分机，并能同时呼叫至少两部消防电话分机。

③ 处于通话状态的消防电话总机，应能呼叫其他消防电话分机，被呼叫的消防电话分机摘机后，应能自动加入通话。消防电话总机应能终止与任意消防电话分机的通话，且不影响与其他消防电话分机的通话。

（2）消防电话总机的显示查询功能。

消防电话总机应具有记录并显示呼叫、应答时间的功能；并应能向前查询、显示不少于 100 条的消防电话总机与消防电话分机呼叫、应答时间的记录。

（3）消防电话总机自检功能。

消防电话总机应有包括对其显示器件和音响器件进行功能检查的自检功能。自检期间，如非自检消防电话分机呼叫消防电话总机，消防电话总机应能发出呼叫声、光信号。

（4）消防电话总机故障报警功能。

在发生下列故障时，消防电话总机应能发出与其他信号有明显区别的故障声、光信号。

① 消防电话总机的主电源欠压。

② 给备用电源充电的充电器与备用电源之间连接线断线、短路。

③ 备用电源向消防电话总机供电的连接线断线、短路。

④ 消防电话总机与消防电话分机或消防电话插孔间连接线断线、短路（短路时显示通话状态除外）。

⑤ 消防电话总机与消防电话分机间连接线接地，影响消防电话总机与消防电话分机正常通话。

（5）消防电话总机的通话录音功能。

消防电话总机应有通话录音功能。系统进行通话时，录音自动开始，并有光信号指示；通话结束，录音自动停止。消防电话总机可存储的录音时间应不少于 20 min。当剩余存储空间不足额定容量的 10%时，消防电话总机应发出存储容量不足的声、光信号，声信号应能手动消除，光信号应保持至消防电话总机删除录音记录或更换存储介质。消防电话总机应能分次或分时查询和播放消防电话总机与消防电话分机的通话录音记录。

2）消防电话总机的类别

消防控制室应设置消防专用电话总机，消防电话总机与现场的通信设备之间应采用直通方式通信。消防电话总机分为多线制消防电话总机和总线制消防电话总机。

（1）多线制消防电话总机。

多线制消防电话总机通过多线制方式与现场的消防电话分机和消防电话插孔相连接，每个消防电话分机独立占有一个回路，消防电话插孔可以多个共用一个电话回路。多线制消防电话总机面板上设有与每个回路相对应的按键，用来控制、显示相对应的现场通信设备。

图 8.2-1 是 DH9251 系列多线制消防电话主机，该主机供电电源采用 DC 24 V，工作电流≤1 A，话音频响范围为 300～3 400 Hz（±3 dB），传输衰耗≤5 dB，录音时间>20 min。按照型号不同，其输出容量分为 8 门、16 门、20 门、40 门可选。

多线制消防电话总机配套使用的电话插孔，配备多线制电话手柄（带指示灯、音频插头）。每门电话线路可并接不大于 8 个 DH9273 电话插孔，并接数量太多时，指示灯工作不正常，同时影响通话。

多线制消防电话总机配套使用的专用电话分机为多线制电话分机（带指示灯、U 形卡子），占用 1 门，每只要单独布设 1 路电话线，使用时直接将 DH9271 电话分机摘机呼叫主机。

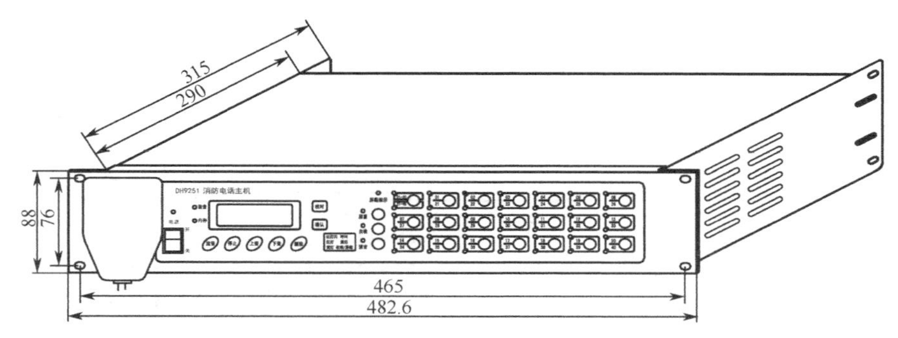

图 8.2-1　DH9251 系列多线制消防电话主机

DH9251 系列多线制消防电话主机面板上设有电源开关，打开电源开关，面板上的“工作”指示灯（绿）点亮，表示本机进入正常运行状态。

主机呼叫分机时，摘下送话器，按下某分机键，对应的指示灯（红）闪亮，并向分机送振铃信号。分机摘机，指示灯变为常亮，此时主、分机即可通话。当分机呼叫主机时，现场设置的消防电话分机摘机时，主机发出报警声，对应指示灯闪亮，摘下送话器，按下相应的分机键，即可通话，同时分机指示灯变为常亮，报警声消失。分机摘机时可听到回铃音。消防电话总机进行多方通话时，主机摘下送话器，按多个分机键，即可实现主机呼叫多部分机。

消防电话主机面板上设有自检键，按下“自检”可对消防电话主机的显示器件和音响器件进行功能检查。轻按“消音”键，可对报警声、故障声消音。在待机状态下按“屏蔽”键，指示灯（绿色）点亮，进入屏蔽设置状态，指示灯为黄色常亮的回路则已被屏蔽。通过操作分机按键可以改变回路的屏蔽状态。

消防电话主机每进行一次通话，数字录音机对通话内容自动录音（前面板上“录音”指示灯点亮）。通话结束，自动停止录音。按“放音”键播放当前段所录内容，播完自动停止。按“上查”键向前查询，按“下查”键向后查询。查询到第几段就可以播放第几段的内容。

（2）总线制消防电话总机。

总线制消防电话总机通过总线制方式与现场的消防电话分机和消防电话插孔相连接，总线制消防电话总机只输出 1 路电话回路。每个消防电话分机和消防电话插孔通过电话模块与消防电话总机输出电话回路相连接，也可以通过设有地址码的总线制消防电话分机和消防电话插孔连接。

图 8.2-2 是 DH9261 系列二总线制消防电话主机，该机采用二总线技术，实现供电与通信兼容在两根线上，不分极性，极大地方便了施工调试。同时该机具有完善的检测措施，可针对总线及每一路的短路、断路进行检测，并声、光报警。故障排除后，可自动复位，具有自检功能，能对显示、发声器件进行检测。

DH9261 系列二总线制消防电话主机的供电电源采用 DC 24 V，工作电流≤1 A，话音频

响为 300～3 400 Hz（±3 dB），传输衰耗≤5 dB，总线长度≤1 000 m，录音时间>20 min，按照型号不同，其总线容量分为 20 门、99 门可选。

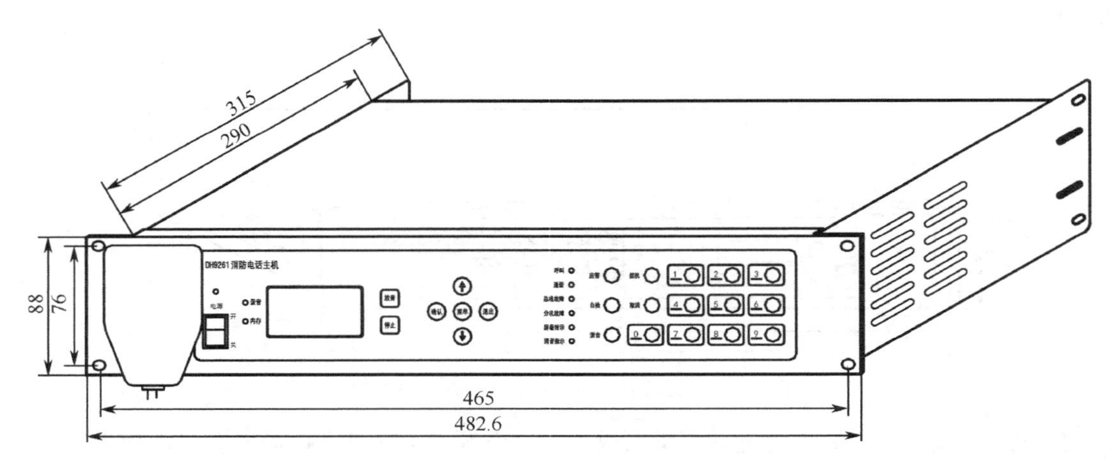

图 8.2-2　DH9261 系列二总线制消防电话主机

DH9261 系列二总线制消防电话主机面板上设有电源开关，当打开电源开关，面板上的“工作”指示灯（绿）点亮，表示本机进入正常运行状态。

当 DH9261 系列二总线制消防电话主机呼叫分机时，摘下送话器，按下两位代表分机号的数字键，分机振铃，主机响回铃声，“呼叫”指示灯点亮。分机摘机双方即可通话，同时“通话”指示灯点亮（红色）。当分机呼叫主机时，分机举机即可呼叫主机并可听到回铃音，主机发出报警声，“呼叫”指示灯点亮，按下“应答”键报警声停止，双方即可通话，“通话”指示灯点亮，“呼叫”指示灯熄灭。

DH9261 系列二总线制消防电话主机每进行一次通话，数字录音机对通话内容自动录音（前面板上“录音”指示灯点亮）。通话结束，自动停止录音。按“放音”键播放当前段所录内容。

2. 消防电话分机

消防电话分机是消防电话系统的组成部分，设置于建筑物中各关键部位，能够与消防电话总机进行全双工语音通信。

消防电话分机通常设置在消防水泵房、备用发电机房、配变电室、主要通风和空调机房、排烟机房、消防电梯机房、灭火控制系统操作装置处或控制室、企业消防站、消防值班室、总调度室等。

消防电话分机按照设置的消防电话主机的不同，也分为多线制消防电话分机和总线制消防电话分机两类。

图 8.2-3、图 8.2-4 为 DH9271/9272 消防电话分机，DH9271 消防电话分机为多线制消防电话分机，不带地址编码，配合 DH9251 多线制消防电话主机使用；DH9272 消防电话分机为总线制消防电话分机，带地址编码，配合 DH9261 总线制消防电话主机使用。DH9272 分机内有一个 8 位微动开关，2～8 位为分机设号。DH9272 分机之间不能重号，最大地址为 99。

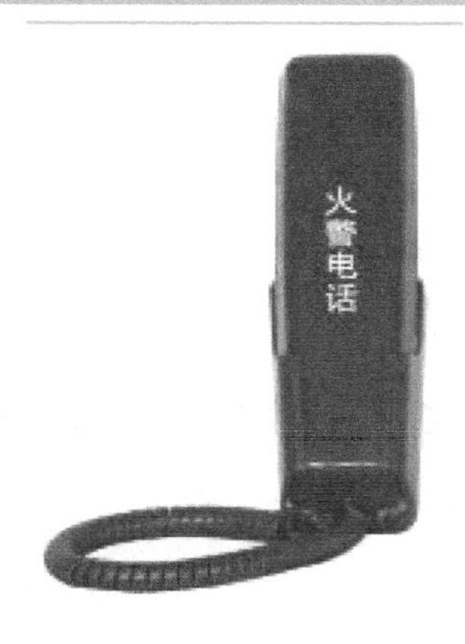

图 8.2-3　DH9271 消防电话分机

图 8.2-4　DH9272 消防电话分机

3. 消防电话插孔

消防电话插孔是安装于建筑物各处，插上电话手柄即可以和消防电话总机通信的插孔。

消防电话插孔设置在建筑物楼层内，通常在设有手动火灾报警按钮、消火栓按钮等处设置消防电话插孔。消防电话插孔在墙上安装时，其底边距地面高度宜为 1.3～1.5 m。对于特级保护对象的各避难层应每隔 20 m 设置一个消防专用电话分机或消防电话插孔。

消防电话插孔按照设置的消防电话主机的不同，也分为多线制消防电话插孔和总线制消防电话插孔两类。目前实际工程中，由于设计要求消防电话插孔设置在手动报警按钮附近，为此大部分都采用带有手动报警按钮的消防电话插孔，而很少使用单独的消防电话插孔。

图 8.2-5 为 DH9273/DH9275 消防电话插孔。DH9273 消防电话插孔为多线制消防电话插孔，无地址编码。DH9275 为二总线制消防电话插孔，带地址编码，配合 DH9261 总线制消防电话主机和 DH9271 消防电话分机使用。可并联 DH9273 非编址电话插孔或 EI6020 手动报警按钮上的电话插孔，共用一个地址。

图 8.2-5　DH9273/DH9275 消防电话插孔

第9章 火灾自动报警系统设备安装

由于目前火灾自动报警系统设备品牌多样，不能一一介绍，本章主要以EI系列火灾自动报警系统设备为例加以说明。

9.1 火灾自动报警系统设备安装的准备工作

火灾自动报警系统的设备安装应由具有相应资质等级的施工单位承担。火灾自动报警系统的设备按照消防产品的市场准入制度要求属于强制性产品认证制度范畴，认证标志的名称为“中国强制认证”（英文缩写“CCC”即3C认证），如图9.1-1所示。使用的火灾自动报警系统设备必须具有3C证书及国家消防电子产品监督检验中心出具的检验报告，如图9.1-2所示。设备进入现场时，采购单位、施工单位应与现场监理工程师一同对火灾自动报警系统设备进行现场的进场验收，验收合格的设备方可进行安装。

设备安装时建筑物内的装饰工程应结束，系统线路已经施工完毕。火灾自动报警系统安装前，首先对总线上挂接的总线编码器件进行编码，并将其地址码清晰标注在施工图纸上。总线编码器件在安装之前要根据施工图纸上标注的地址编码对其设置地址码。编码器件上的地址码有两类，一类是十进制码，另一类是二进制码。设置地址码的方式有很多种。

1. 通过编码器件本身上设置的拨码开关设置地址码

拨码开关有开关编码方式和跳线编码方式。拨码开关有二进制和十进制，跳线只是二进制方式，如图9.1-3～图9.1-5所示。

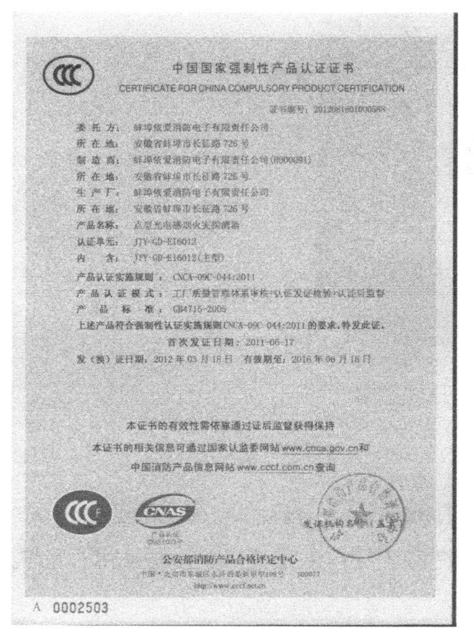

中国国家强制性产品认证证书

CERTIFICATE FOR CHINA COMPULSORY PRODUCT CERTIFICATION

证书编号：2012081801000588

委 托 方：蚌埠依爱消防电子有限责任公司
所 在 地：安徽省蚌埠市长征路726号
制 造 商：蚌埠依爱消防电子有限责任公司(H000091)
所 在 地：安徽省蚌埠市长征路726号
生 产 厂：蚌埠依爱消防电子有限责任公司
所 在 地：安徽省蚌埠市长征路726号
产品名称：点型光电感烟火灾探测器
认证单元：JTY-GD-EI6012
内　　含：JTY-GD-EI6012(主型)
产品认证实施规则：CNCA-09C-044:2011
产品认证模式：工厂质量管理体系审核+认证发证检验+认证后监督
产品标准：GB4715-2005
上述产品符合强制性认证实施规则CNCA-09C-044:2011的要求，特发此证。
首次发证日期：2011-06-17
发（换）证日期：2012年03月18日　有效期至：2016年06月16日

本证书的有效性需依靠通过证后监督获得保持
本证书的相关信息可通过国家认监委网站www.cnca.gov.cn和
中国消防产品信息网站www.cccf.com.cn查询

公安部消防产品合格评定中心

A 0002503

图 9.1-1　3C 证书

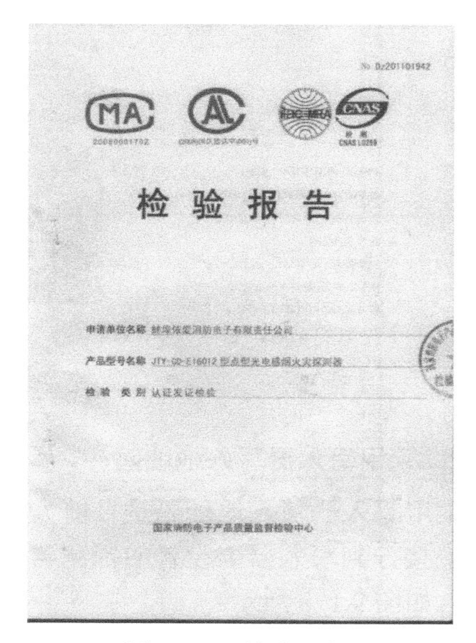

No Dz201101942

检 验 报 告

申请单位名称 蚌埠依爱消防电子有限责任公司
产品型号名称 JTY-GD-EI6012 型点型光电感烟火灾探测器
检验 类别 认证发证检验

国家消防电子产品质量监督检验中心

图 9.1-2　检验报告

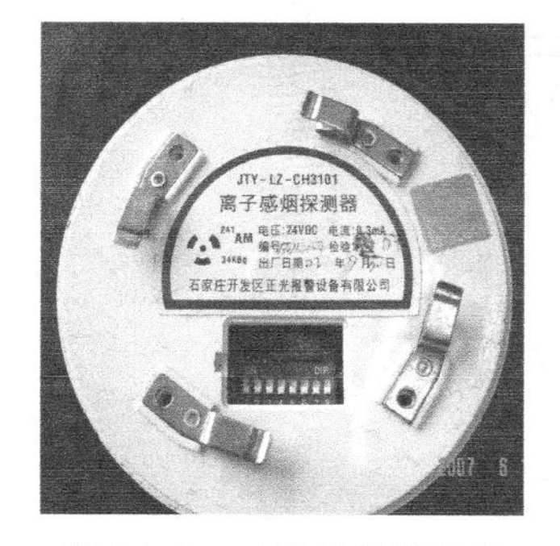

图 9.1-3　二进制拨码开关

图 9.1-4　二进制跳线

图 9.1-5　十进制拨码开关

十进制拨码开关分为十位和个位两个开关，可以按照编码器件在施工图纸上标注的地址编码直接设置，如图 9.1-6 所示，手动报警按钮的地址是 44#。

图 9.1-6　十进制拨码开关设置 44#地址

二进制设置时，首先要将施工图纸上标注的十进制编码转换成二进制编码，例如，21 号探测器，变成二进制是 10101，通过编码器件上设置的二进制地址拨码开关进行设定，二进制地址拨码开关位置如图 9.1-7 所示，使用时，应按照厂家样本进行设置。例如，有的厂家设定开关在 ON 时为 1，不在 ON 时为 0，而有的厂家则相反；有的厂家从第一位开始，有的从最后一位开始；跳线方式亦然。

图 9.1-7　二进制拨码开关位置

2．采用写入器写入地址码

采用写入器写入地址码是目前大多数产品采用的方式，生产厂家配备写入器，探测器可以直接拧到写入器上设置的探测器底座上，其他器件可以通过写入器上的二总线连接后写入，如图 9.1-8 所示。

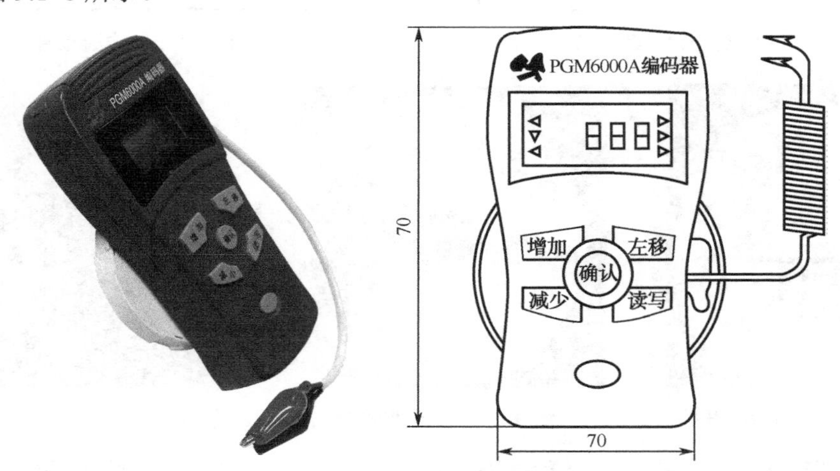

图 9.1-8　PGM6000A 型编码器

PGM6000A 型编码器用于 EI6000 系列智能部件读/写地址。电源开关位于编码器侧面。打开开关后处于写地址状态，并有短暂蜂鸣声。

【读/写】：控制读地址和写地址之间的转换，即液晶右侧显示 3 个三角形为写地址状态，液晶左侧显示 3 个三角形为读地址状态。

【左移】：指示待编辑的地址位，该位闪烁显示。

【增加】：用于待编辑地址位的数字增加。

【减少】：用于待编辑地址位的数字减少。

【确认】：用于完成读写操作。此时液晶显示“：”，若读正确，则显示读出的地址；若写正确，则显示写入的地址+1，并伴有短暂蜂鸣声。若有错误，则显示“Err”。按下【确认】键后，会检测总线是否短路，若总线短路，则持续蜂鸣，并显示“S”直到自动关机，排除短路故障后进行一次正确的读写操作或关机，也能消除蜂鸣声。

约 20 s 内若未进行任何操作，则自动关机。自动关机后按【读/写】键或【确认】键可

将关机前的状态恢复，并处于工作中。

注意事项如下。

（1）开机后，若液晶显示“L”，表示电池电压低，要打开背面的电池盖，更换电池（请使用 9 V 碱性电池）。

（2）自动关机状态下，编码器也会消耗微弱电流。若长期不使用，请将电源开关拨至“关”。

（3）一次只能接一个智能部件。设置的最大地址为 242。

（4）设置探测器地址时，可将探测器直接安装在背面的底座上。

设置 J-SAP-EI6020 手动火灾报警按钮和 J-SAP-EI6022 消火栓按钮地址时，可将鳄鱼夹分别接到两总线 S+和 S−簧片上。

设置 J-EI6083 声光报警器地址时，可将鳄鱼夹分别接到两总线输入 T+和 T−端子。

设置模块地址时，可将模块装于随机附带的模块底座上，并将鳄鱼夹分别接到与模块底座上的 S+和 S−端子相连的导线上。

设置其他智能部件地址时，可将鳄鱼夹分别接到智能部件的 S+和 S−端子上。

除上述的方式外，写入器也有采用无线方式写入的，只是很少厂家采用。

3．通过火灾报警控制器写入地址码

通过火灾报警控制器写入地址码也是一种方式，目前很多厂家都具备这种方式，但是实际工程中多用这种方式对系统中已经设定的编码器件的地址码进行修改。下面是 EI-6000T 型火灾报警控制器（联动型）设置地址方法。

在智能部件登录界面，选中需设地址的部件，按【1】键选择“编地址”，进入“编地址”界面，如图 9.1−9 所示，输入所需地址，按【确认】键。

菜单−>系统测试−>智能部件登录−>编地址
1回路共登录222个智能部件
序列号为：1100010001
请输入此部件的地址
001地址

图 9.1−9　智能部件编地址界面

依次进入下列菜单：系统测试→智能部件调试→根据序列号编址，输入要设地址部件的序列号，再输入其所接的回路号和要设定的地址，如图 9.1−9 所示。

4．火灾报警控制器自动写入地址码

自动写入方式是目前很少采用的，系统不允许有分支线路，主机开机登录器件时，自动按照先后顺序将地址编码写入到编码器件内。

对于已写入地址码的编码器件，要在其本体上用不易褪色的字迹标明其所在的回路和地址编码，如图 9.1−10 所示。对于有安装底座的编码器件，其安装底座也一并标注，例如，一只探测器安装在火灾报警控制器的第三个二总线回路中，在该回路中地址编码为 105 号，其标注为 03—105 或 03/105。

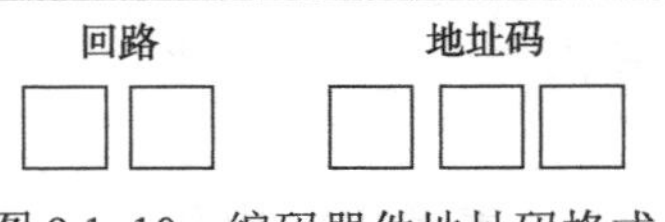

图 9.1-10　编码器件地址码格式

9.2　点型感烟、感温探测器的安装

点型感烟、感温探测器的安装分为暗配管吸顶安装、明配管吸顶安装和吊顶下吸顶安装三种方式，如图 9.2-1～图 9.2-3 所示。无论哪种安装方式，都要先将探测器底座与接线盒牢固安装上，然后将二总线可靠地与探测器底座连接，最后将探测器安装在底座上。吊顶下吸顶安装时，吊顶内的金属软管长度不应超过 2 m，金属软管如不能直接连接在探测器底座上，则按照图 9.2-1～图 9.2-3 所示方式，在吊顶内安装接线盒后，探测器底座再安装在接线盒上。

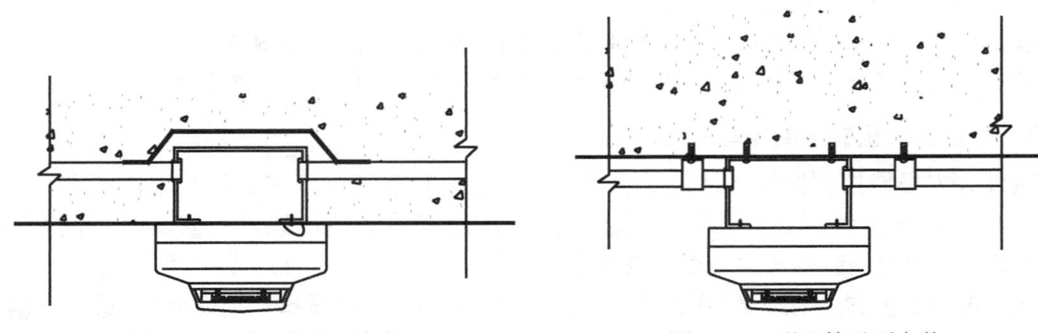

图 9.2-1　暗配管吸顶安装　　图 9.2-2　明配管吸顶安装

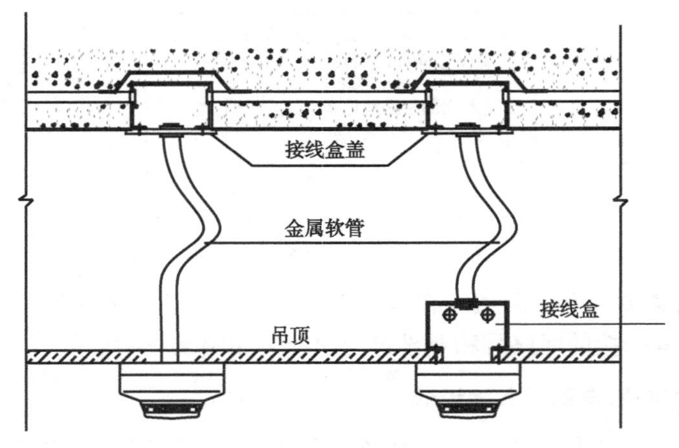

图 9.2-3　吊顶下吸顶安装

1. 火灾探测器底座的安装

J-6018/EI-N18 型火灾探测器底座如图 9.2-4 所示。

点型感烟、感温探测器安装前首先安装底座。探测器的底座应固定牢靠，J-6018/EI-N18 型火灾探测器底座安装于建筑物顶棚，底座上设有安装用螺钉孔，使用 2 只 M4 螺钉固定到预埋在安装位置的接线盒上，也可利用安装孔直接固定在顶棚安装位置。底座底面

不得低于顶棚平面，不可嵌入安装。

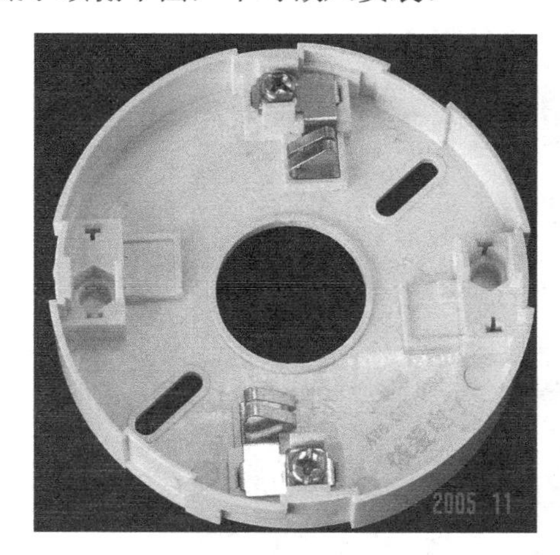

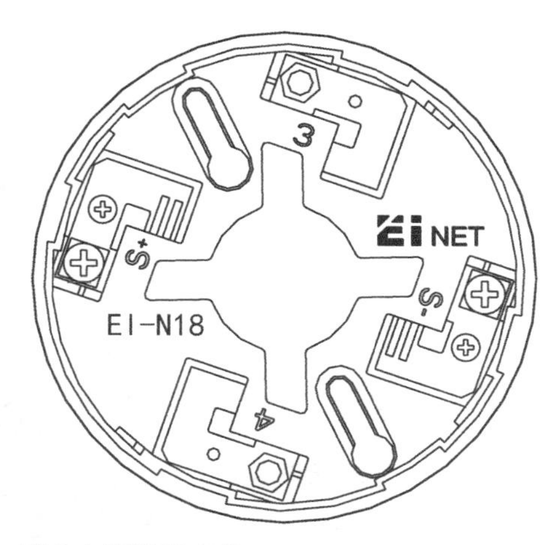

图 9.2-4　J-6018/EI-N18 型火灾探测器底座

火灾探测器的传输线路，即二总线是有极性的，工程中宜选择不同颜色的绝缘导线或电缆。正极“+”线应为红色，负极“-”线应为蓝色。同一工程中相同用途导线的颜色应一致，接线端子应有标号。J-6018/EI-N18 型火灾探测器底座上设有总线接线端子，标注 S+ 和 S-标号，用来连接二总线。由于 EI 系列火灾自动报警系统设备为无极性，故总线可以任意接到这两个端子上，当然对于有极性要求的设备，二总线接线时应按照极性要求连接底座。点型火灾探测器底座接线图如图 9.2-5 所示。

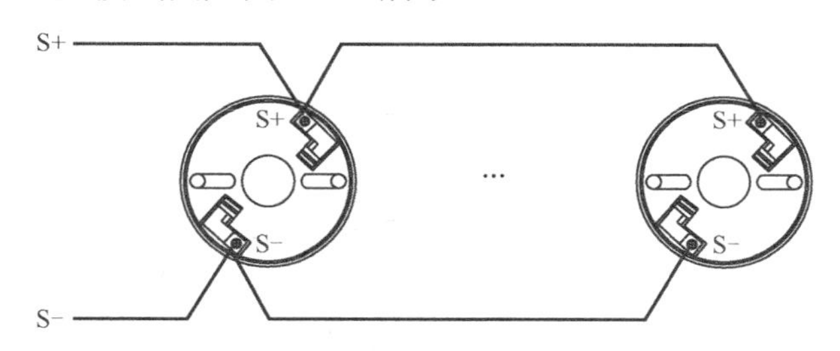

图 9.2-5　点型火灾探测器底座接线图

目前，实际工程中二总线通常采用 RVS-2×1.0 线，该线为多股线，要镀锡处理后与 J-6018/EI-N18 型火灾探测器底座上接线端子连接，每个接线端子最多可以连接两根线，并应留有不小于 150 mm 的余量。在底座固定后，对应的穿线孔应使用密封膏/胶封堵，防止穿线管中的积水流入探测器。

探测器底座安装完毕，并且连接好二总线后，再次检查线路的绝缘情况。首先，使用万用表交流挡检查每对导线之间及每根导线对地是否有强电电压，这样可以防止强电接入或者感应到总线回路中；其次，用万用表检查每对导线的两根线之间及每对导线与其他导线之间是否存在短路或接近短路现象；最后，用绝缘电阻测试仪测量二总线线间、线地之间的绝缘电阻值，阻值应大于 20 MΩ方可安装探测器。

探测器与底座间具有成 180° 的两个安装位置，将探测器套在底座上，顺时针旋转使底座嵌入探测器底部，稍向底座方向用力压探测器，顺时针旋转至听见“喀哒”声即可安装好探测器。

探测器出厂时配有防尘罩，如图 9.2-6 所示。探测器安装后，在调试期间，为了防尘、防潮、防腐蚀等，可以加盖防尘罩，但投入使用后必须将其去除。

图 9.2-6　探测器及防尘罩

2．点型探测器的安装

点型探测器的安装位置应与设计图纸位置相一致，并应符合下列要求。

（1）探测器周围 0.5 m 内不应有遮挡物；探测器至墙壁、梁边的水平距离不应小于 0.5 m，如图 9.2-7 所示。

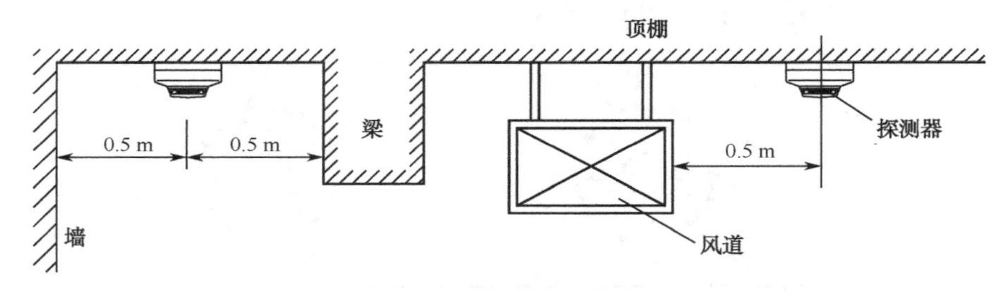

图 9.2-7　点型探测器的安装位置

（2）探测器在通风和空调房间的设置应尽量避开送风口，探测器至空调送风口边的水平距离不应小于 1.5 m；至多孔送风顶棚孔口的水平距离不应小于 0.5 m，如图 9.2-8 所示。

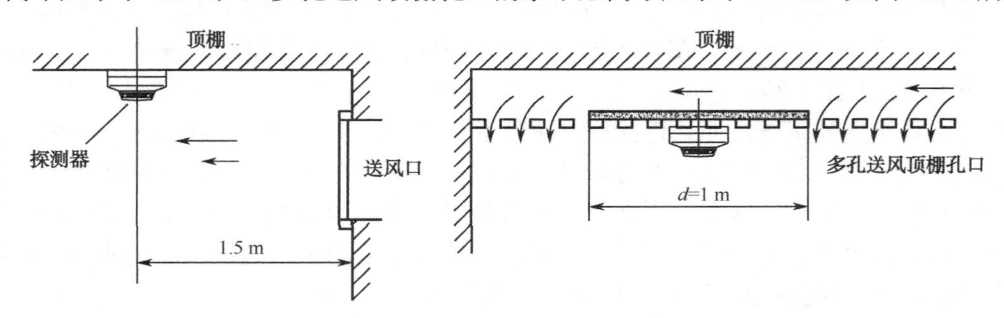

图 9.2-8　探测器至空调送风口边的水平距离

探测器易靠近回风口安装，但也不宜过近，一般建议保持至回风口边留有 40 cm 的水平距离为宜，如图 9.2-9 所示。

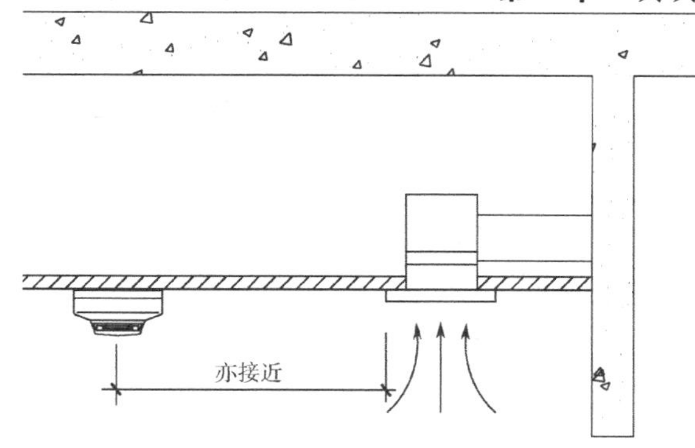

图 9.2-9　探测器距回风口边的水平距离

（3）在宽度小于 3 m 以内的走廊顶棚上设置探测器时，宜居中布置。感温探测器的安装间距不应超过 10 m；感烟火灾探测器的安装间距不应超过 15 m。探测器距端墙的距离不应大于探测器安装间距的一半。

（4）房间被书架、隔断、设备等分隔且至顶棚或梁的距离小于房间净高的 5%时，则每个被隔开的部分至少安装一只探测器。

（5）当房屋顶部有热屏障时，感烟火灾探测器下表面至顶棚的距离应符合表 9.2-1 的规定。

表 9.2-1　感烟火灾探测器下表面至顶棚（或屋顶）的距离

探测器的安装高度 H（m）	感烟火灾探测器下表面至顶棚（或屋顶）的距离 d（mm）					
	顶棚（或屋顶）坡度 θ					
	$\theta \leqslant 15°$		$15° < \theta \leqslant 30°$		$\theta > 30°$	
	最小	最大	最小	最大	最小	最大
$H \leqslant 6$	30	200	200	300	300	450
$6 < H \leqslant 8$	70	250	250	400	400	600
$8 < H \leqslant 10$	100	300	300	500	500	700
$10 < H \leqslant 12$	150	350	350	600	600	800

对锯齿形屋顶和坡度大于 15° 的人字形屋顶，应在每个屋脊处设置一排探测器，探测器下表面至屋顶最高处的距离应符合表 9.2-1 的规定。

（6）探测器宜水平安装，如必须倾斜安装时，倾斜角度不应大于 45°。当屋顶坡度 θ 大于 45° 时，应加木台或类似方法安装探测器，如图 9.2-10 所示。

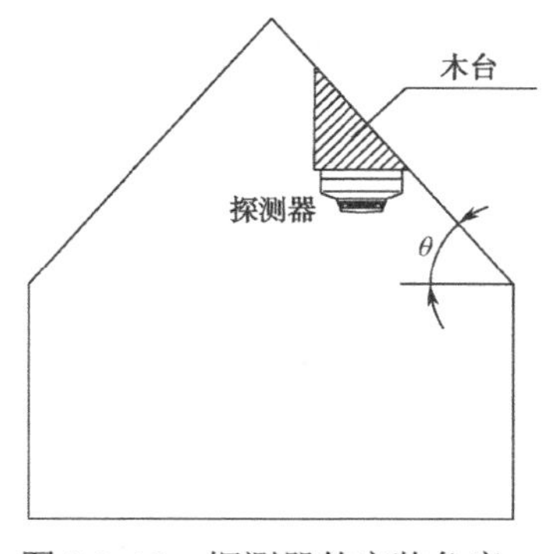

图 9.2-10　探测器的安装角度

（7）探测器在带有网格结构的通透性吊装顶棚场所设置时，因这种吊装顶棚允许烟雾进入其内部，则可把烟的进入看成开放式的，感烟火灾探测器设置在吊装顶棚内部，如图 9.2-11 所示。

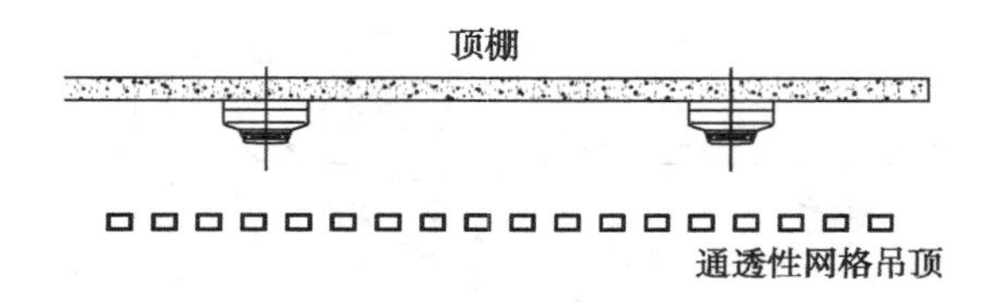

图 9.2-11　探测器在通透性吊装顶棚场所设置

（8）在电梯井、升降机井设置探测器时，其位置宜在井道上方的机房顶棚上，这样设置主要考虑有利于井道中火灾的探测，同时也便于日常检验、维修。因为通常在电梯井、升降机井的提升井绳钢索的井道盖上有一定的开口，烟会顺着开口到机房内部。为了有利于尽早探测火灾，规定探测器的设置部位以井道上方的机房顶棚附近为最佳位置，使用感烟火灾探测器进行保护。

（9）探测器确认灯应面向便于人员观察的主要入口方向。

（10）梁对探测器安装的影响。

① 当梁突出顶棚的高度小于 200 mm 时，可按照平棚考虑；当梁突出顶棚的高度为 200～600 mm 时，应根据规范计算确定。

② 当梁突出顶棚的高度大于 600 mm 时，被梁隔断的每个梁间区域应至少设置一只探测器。

③ 当梁间净距小于 1 m 时，可不计梁对探测器保护面积的影响。

9.3　线型光束感烟火灾探测器的安装

线型光束感烟火灾探测器的安装位置应符合设计文件要求，同时也要符合下列要求。

光束轴线至顶棚的垂直距离宜为 0.3～1.0 m，在大空间场所安装时，光束轴线距地高度不宜超过 20 m；发射器和接收器之间的光路距离不宜超过 100 m；相邻两组探测器的水平距离不应大于 14 m；探测器至侧墙水平距离不应大于 7 m，且不应小于 0.5 m，如图 9.3-1 所示。

线型光束感烟火灾探测器的安装位置应保证发射器和接收器之间的光路上无遮挡物或干扰源，发射器和接收器应安装牢固，防止位移。

JTY-HF-C33 型线型光束感烟火灾探测器为主动式线型感烟火灾探测器，由发射器和接收器组成，安装在保护空间的两端，须提供 DC 24 V 工作电源。接收器提供火警、故障两个继电器的输出信号，有“火警”、“故障”指示灯，并可指示光轴的对准程度。安装前首先对发射器和接收器的位置进行确定，并测量其轴线位置，保证发射器和接收器底座中心

处在轴线上，这样方便以后的调整。JTY-HF-C33 型线型光束感烟火灾探测器安装底座尺寸如图 9.3-2 所示，采用膨胀螺钉与墙面固定。

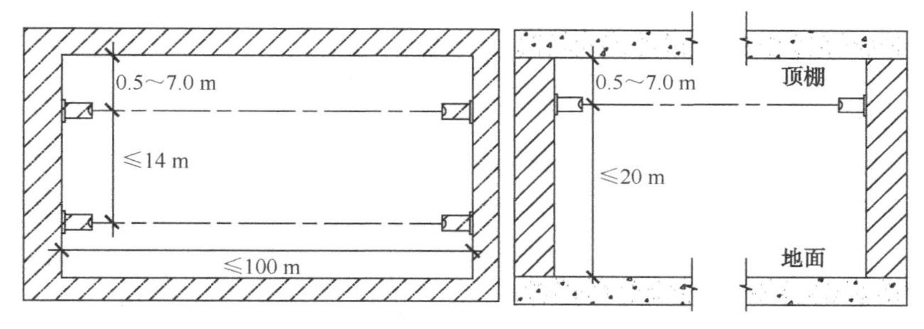

图 9.3-1　线型光束感烟火灾探测器的安装位置

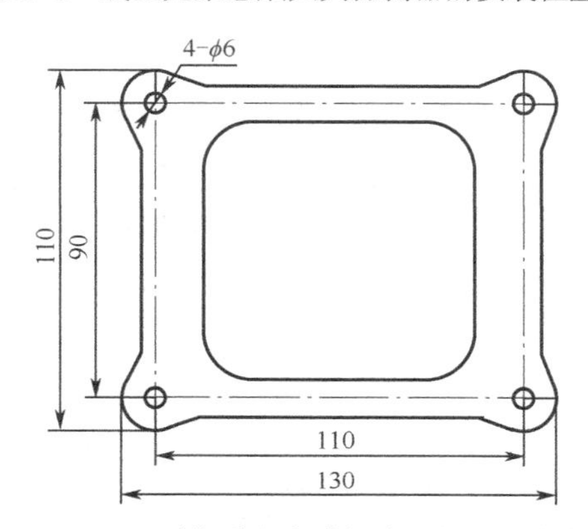

图 9.3-2　JTY-HF-C33 型线型光束感烟火灾探测器安装底座尺寸

JTY-HF-C33 型线型光束感烟火灾探测器无地址编码，不能直接挂入火灾自动报警系统的二总线，探测器的火警和故障信号要通过两只输入模块传输到火灾报警控制器。JTY-HF-C33 型线型光束感烟火灾探测器接线图如图 9.3-3 所示。

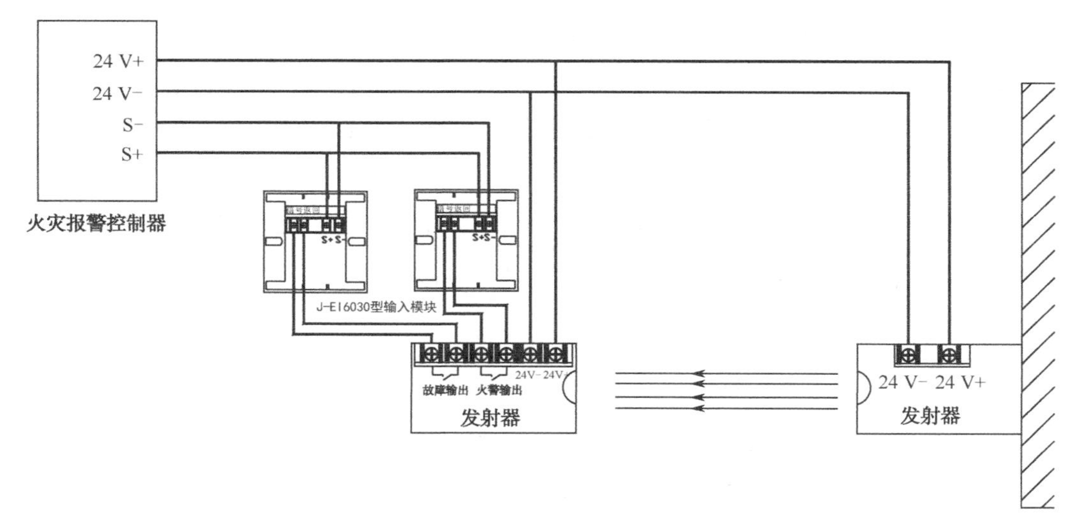

图 9.3-3　JTY-HF-C33 型线型光束感烟火灾探测器接线图

9.4 缆式线型感温火灾探测器的安装

缆式线型感温火灾探测器的安装分为直接接触安装和空间安装两类，电缆桥架、电缆隧道、电缆沟、电缆夹层及其他电缆火灾区域往往采用直接接触安装，对于室内空间及运转的设备往往采用空间安装。

缆式线型感温火灾探测器的安装位置应符合设计文件要求，敷设感温电缆必须是连续的、无抽头或分支，并应防止感温电缆安装时受到锐折及机械损伤。禁止硬性弯折、扭转，弯曲半径要大于 0.2 m，不可以在感温电缆上涂刷腐蚀性物质。在室内顶棚下安装时，至顶棚的距离宜为 0.2～0.3 m，至墙壁距离不大于 2 m，线间距离为 4 m。

感温电缆微处理器和终端盒安装位置应符合设计文件的要求，安装时一定要放正且盒盖上的螺钉必须拧紧；在绝大多数情况下，微处理器不推荐安装在保护物现场。

1．电缆桥架、电缆隧道、电缆沟、电缆夹层及其他电缆火灾区域

对于电缆区域的火灾探测，感温电缆可以采用正弦波接触式敷设或直线悬挂敷设。正弦波方式对温度的灵敏度相对高一些，但是在工程应用中，为了更换、检修、维护电缆方便，可采用将感温电缆架空的安装方式。注意，感温电缆架空安装时，宜在电缆拖架中心位置布置，当拖架宽度超过 600 mm 时，宜安装两根感温电缆。缆式线型感温火灾探测器在电缆桥架上的安装如图 9.4-1 所示。

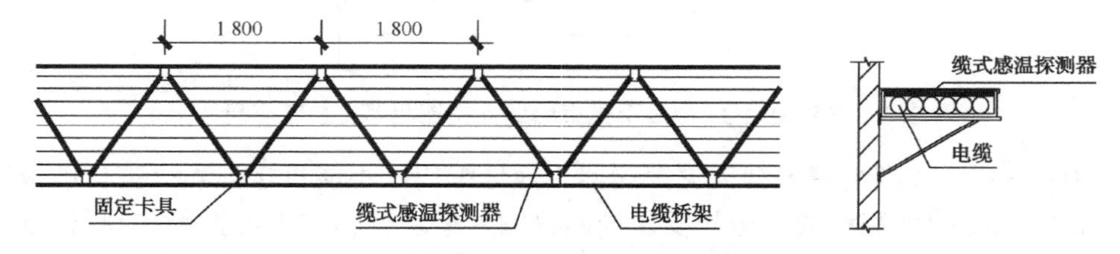

图 9.4-1　缆式线型感温火灾探测器在电缆桥架上的安装

2．大型设备和动力配电装置外表面的敷设

感温电缆可方便地用于大型设备、动力配电装置的火灾探测，敷设方式很灵活，一般可以采用扎结工具固定，皮带状敷设，但不推荐紧贴敷设在保护物表面。缆式线型定温探测器在皮带传输装置上设置示意图如图 9.4-2 所示。

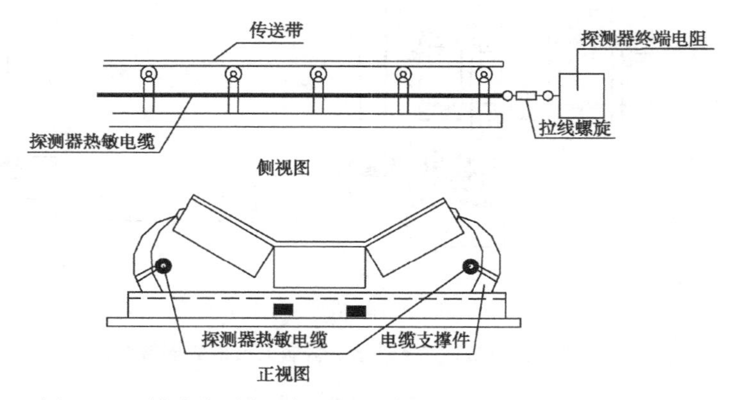

图 9.4-2　缆式线型定温探测器在皮带传输装置上设置示意图

3. 仓库、厂房等区域的敷设

感温电缆可广泛应用于工业仓库、厂房，敷设方式可以根据被保护对象的火灾发生的特点进行选择，一般可以采用顶棚装、墙壁装、沿货架水平方向方波敷设。缆式线型定温探测器在顶棚下设置示意图如图 9.4-3 所示。

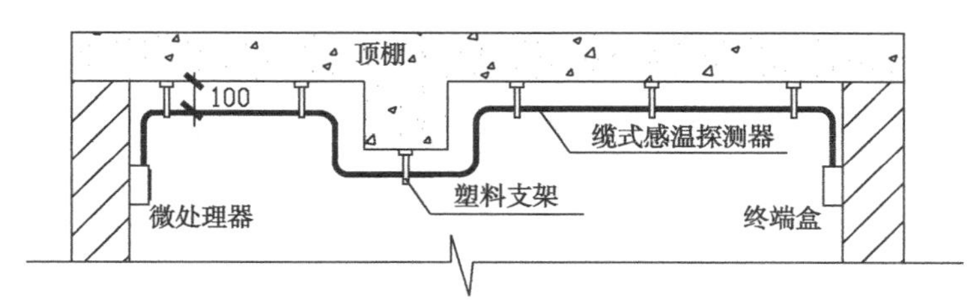

图 9.4-3 缆式线型定温探测器在顶棚下设置示意图

4. 缆式线型感温火灾探测器的安装接线

1）不可恢复式线型感温火灾探测器（感温电缆）安装接线

可根据现场需要将感温电缆截成小段（一般 10～200 m），每段配接 1 只中继模块，作为一个独立的报警点，电缆通过中继模块接入火灾报警控制器的回路总线，线路末端须加终端盒，如图 4.3-13 所示。

安装电缆时应多留出 3～5 m 的长度供试验用。70 ℃、85 ℃等级用开水在末端试验，105 ℃、138 ℃等级用火柴火焰检查。感温电缆在受热动作后，其受热部分应切除，更换一段电缆，并用接线端子与原有的电缆连接。

2）可恢复式线型感温火灾探测器安装接线

可恢复式线型感温火灾探测器由感温电缆、微机处理器、终端盒组成，具有火灾报警、故障报警两组独立无源继电器触点输出。感温电缆、微机处理器、终端盒的接线可参照厂家提供的说明书。

可恢复式线型感温火灾探测器无地址编码，不能直接接入火灾自动报警系统中，需要通过 J-EI6032 中继模块接收火警和故障信号，并将信号传送到 EI 火灾自动报警系统，如图 9.4-4 所示。

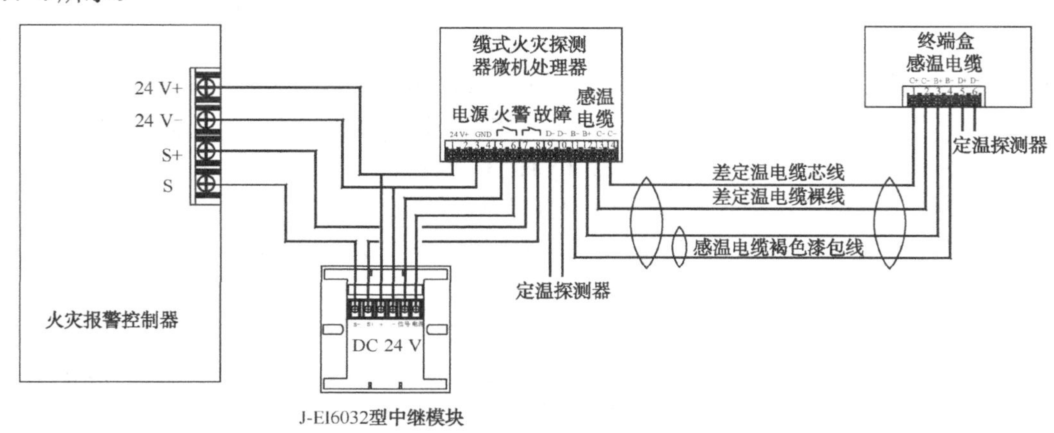

图 9.4-4 JTW-LCD-TY6001/AB 可恢复式缆式线型差定温火灾探测器接线图

9.5 空气管式线型感温火灾探测器的安装

空气管式线型感温火灾探测器的安装位置及安装方式应符合设计文件的要求，安装前应进行测量定位，并将空气管的安装支架固定，然后进行空气管的安装。安装时，除执行设计文件要求外，还要注意以下要求。

（1）敷设在顶棚下方的空气管式线型差温探测器，至顶棚距离宜为 0.1 m，相邻探测器之间水平距离不宜大于 5 m；探测器至墙壁距离宜为 1～1.5 m。顶棚下方的空气管式线型差温探测器如图 9.5-1 所示。

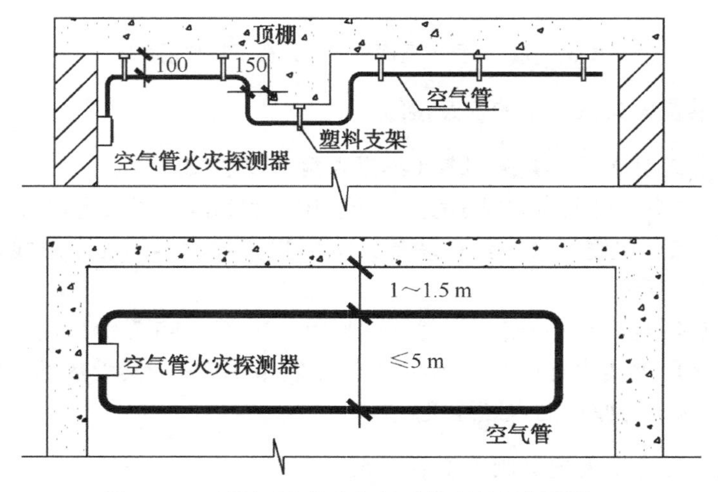

图 9.5-1　顶棚下方的空气管式线型差温探测器

（2）探测管用塑料固定支架（在高温环境下使用金属固定支架）直接敷设在天花板上，固定支架间距为 0.8 m。

（3）隧道内探测管一般敷设在隧道中央，在隧道入口处，探测管终端必须与隧道入口保持 25 m 的距离。

（4）在防爆区安装时，微机处理器应安置在防爆区以外的安全区内。

JTW-GCD-TY1003 可恢复式空气管式线型差定温火灾探测器由探测管路和微机处理器两部分组成。微机处理器内电路提供开关量火警、故障输出信息及标准 RS485 输出；可通过模块与各类火灾报警控制器连接构成火灾自动探测报警系统。空气管式线型差定温火灾探测器接线图如图 9.5-2 所示，JTW-GCD-TY1003 可恢复式空气管式线型差定温火灾探测器通过 J-EI6032 中继模块连接到 EI 火灾自动报警系统。

JTW-GCD-TY1003 可恢复式空气管式线型差定温火灾探测器微机处理器内设有 GNC、GCO、GNO，分别为故障继电器常闭端、公共端、常开端，HNC、HCO、HNO 分别为火警继电器常闭端、公共端、常开端，根据所配套控制器的实际情况引出火警、故障信号线与控制器相接，火警继电器和故障继电器提供无源触点输出，触点输出容量为 24 V/1 A 或 120 V/0.3 A。对设置开关 S1、S2 进行设置，使探测器分别模拟火警、故障，验证控制器模拟报警情况。

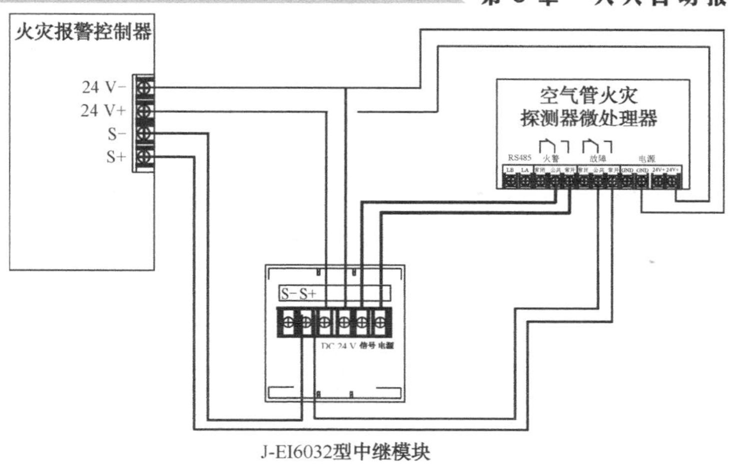

图 9.5-2　空气管式线型差定温火灾探测器接线图

9.6　空气采样探测器（吸气式感烟火灾探测器）的安装

空气采样火灾探测器的安装位置及安装方式应符合设计文件的要求，安装前应进行测量定位，并将采样管的安装支架固定，然后进行采样管的安装。安装时，除执行设计文件要求外，还要注意以下要求。

（1）采样管应固定牢固。

（2）采样管（含支管）的材质、管径、长度和采样孔位置及孔径应符合产品说明书的要求。

① 标准采样管是在被保护区内安装外径为 25 mm 的阻燃 PVC 管。若环境要求取样管承受很大的承载力或长时间暴露于强光、极热、极冷的环境中，或是遇到可溶解 PVC 管气体时，也可以使用 ABS 管或其他金属管材。

② 采样管路总长度宜小于 200 m（4 根×50 m、3 根×70 m、2 根×100 m），而每路采样管上采样孔的数量不宜超过 25 个，当只用一根管路时，长度不要超过 100 m。毛细采样管的内径宜为 5 mm，最大长度不宜超过 4 m。

③ 每个取样孔的间距（即保护半径）最大不应超过 8 m，管和管之间不大于 8 m，最小不应少于 1 m。

④ 采样管上的采样孔采用ϕ2.5～4.0mm，取样孔间距为 1～4 m。一般将每根采样管分成三段。例如，单管长 70 m，前 20 m 中采样孔为ϕ2.5 mm，中间 30 m 采样孔为ϕ3.00 mm，后 20 m 采样孔为ϕ3.5 mm。依次将取样孔变大，最末端塞为 4 个ϕ4 mm 孔。

⑤ 采样孔的设置位置应符合下列规定。

- 采样孔至空调送风口边缘的水平距离不应小于 1 m；至多孔送风顶棚孔口的水平距离不应小于 0.3 m。
- 在宽度小于 3 m 的内走道顶棚上设置采样孔时，宜居中布置。采样孔的间距不应超过 15 m；采样孔至端墙的距离不应大于采样孔间距的一半。

（3）非高灵敏度的吸气式感烟火灾探测器不宜安装在顶棚高度大于 16 m 的场所。

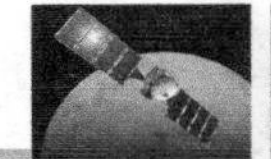

（4）高灵敏度吸气式感烟火灾探测器在设为高灵敏度时可安装在天棚高度大于 16 m 的场所，并保证至少有两个采样孔低于 16 m。

（5）安装在大空间时，每个采样孔的保护面积应符合点型感烟火灾探测器的保护面积要求。

（6）空气管式线型感温火灾探测器的安装分为对空间保护和对设备保护两类。

对空间保护时，采样管安装在空间的顶棚、地板或吊顶内。采样管在顶棚下安装如图 9.6-1 所示。

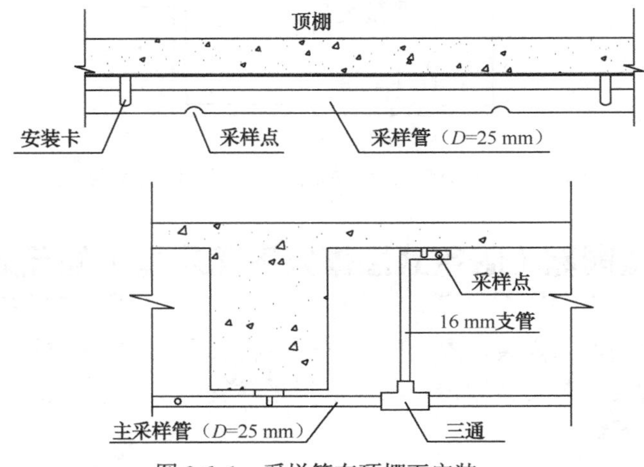

图 9.6-1　采样管在顶棚下安装

如果采样管敷设在吊顶内，要对吊顶下的空间保护，可以通过毛细管连接吊顶下设置的微型采样点装置，如图 9.6-2 所示。

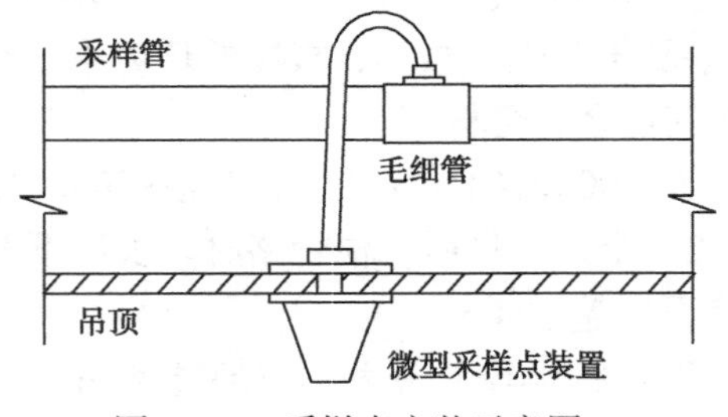

图 9.6-2　采样点安装示意图

对设备保护时，采样管安装在设备的通风孔附近，如图 9.6-3 所示。也可以采用图 9.6-2 所示的毛细管引入到设备内部。

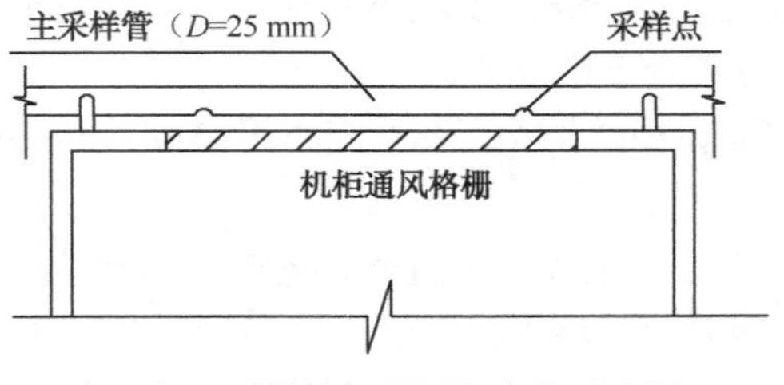

图 9.6-3　采样管保护设备安装示意图

9.7　防爆探测器的安装

防爆探测器目前主要有本安型和隔爆型两类，它们的安装要求主要涉及防爆电器的安装和防爆线路的安装两部分内容。

1．防爆探测器的安装要求

防爆探测器的安装位置和安装方式应符合设计文件的要求。火灾自动报警系统中安装的防爆探测器可以单独占有一个总线回路，也可以和非防爆探测器共用一个总线回路。对于火灾报警控制器来说，也分为防爆型和非防爆型两类，防爆型火灾报警控制器可以安装在防爆区内，而非防爆型火灾报警控制器则必须安装在安全区内。防爆探测器安装系统接线图如图 9.7-1 所示。防爆探测器在防爆区内安装应符合防爆电气施工要求，总线和 DC 24 V 电源线从防爆区引至安全区后，应通过安全栅与安全区内的总线和 DC 24 V 电源线相连接，最后连接到火灾报警控制器内。

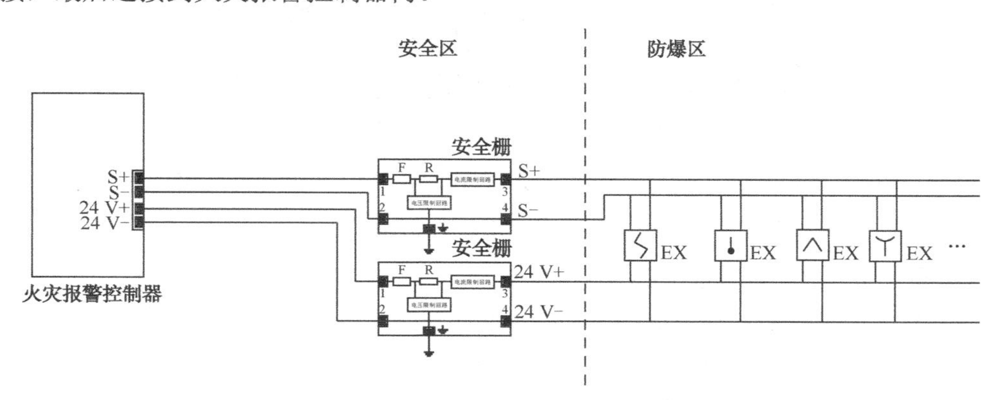

图 9.7-1　防爆探测器安装系统接线图

安全栅与本安型感烟/感温火灾探测器、本安型手动报警按钮配套使用，应用于化工、石油、冶金、医药、船舶等领域，限制危险能量进入具有爆炸性气体环境。S2000 系列齐纳安全栅如图 9.7-2 所示。

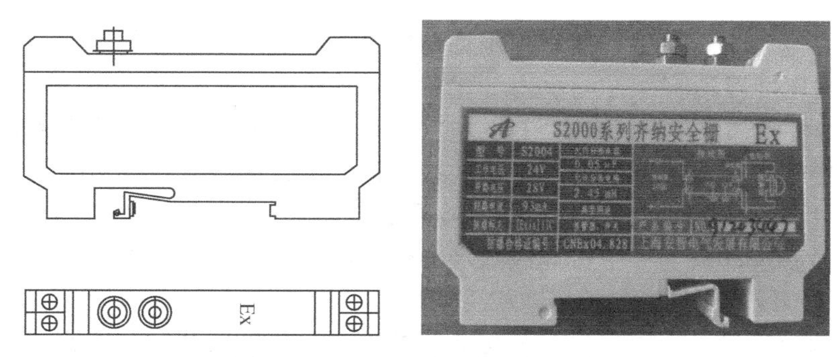

图 9.7-2　S2000 系列齐纳安全栅

S2000 系列齐纳安全栅环境温度为-20～+40 ℃；相对湿度<95%RH；工作电压为 DC 24 V；端电阻为 310 Ω（1、3 间，2、4 间）；防爆参数：U_0=26 V，I_0=97 mA，

L_0=3.5 mH，C_0=0.1 μF；防爆标志为（ia）IICT6。

安全栅宜安装在专门的防爆接口箱内。EI6075 防爆接口箱如图 9.7-3 所示，内含 J-EI6032 型中继模块 1 只、S2004 型安全栅 1 只，专用于配接本安型非编码感烟/感温火灾探测器及本安型非编码手动报警按钮/消火栓按钮，将其报警信号通过总线传送至火灾报警控制器。

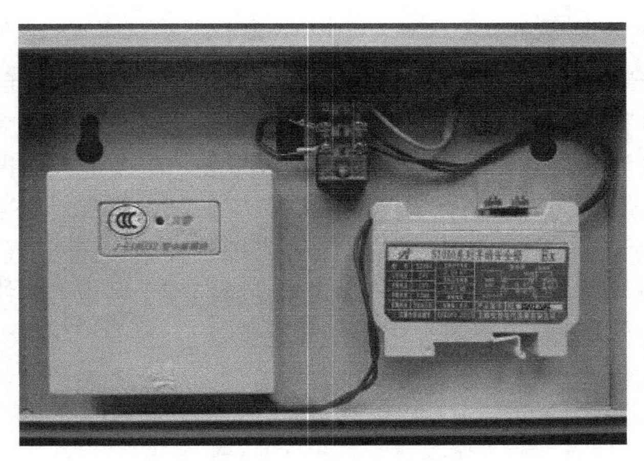

图 9.7-3　EI6075 防爆接口箱

EI6075 防爆接口箱采用壁挂式安装方式安装在安全区，安全栅在箱体内部已固定并接好线，方便工程安装使用。采用专用钥匙锁闭前门，保证安全性。

2．防爆探测器的线路安装要求

防爆探测器的线路敷设与安装应严格按照设计文件的要求，并应符合以下要求。

（1）配线钢管应采用低压流体输送用镀锌焊接钢管。钢管与钢管、钢管与电气设备、钢管与钢管附件之间，应采用螺纹连接。不得采用套管焊接，螺纹加工应光滑、完整、无锈蚀，在螺纹上应涂以电力复合脂或导电性防锈脂。不得在螺纹上缠麻或绝缘胶带及涂其他油漆。除设计有特殊规定外，连接处可不焊接金属跨接线。

（2）电气管路之间不得采用倒扣连接；当连接有困难时，应采用防爆活接头，其接合面应密贴。

（3）钢管与电气设备直接连接有困难处，以及管路通过建筑物的伸缩缝、沉降缝处，应装设防爆挠性连接管。

（4）在爆炸性气体环境 1 区内所有的电气设备，以及爆炸性气体环境 2 区内除照明灯具以外的其他电气设备，应采用专用的接地线；该专用接地线若与相线敷设在同一保护管内，应具有与相线相等的绝缘。金属管线、电缆的金属外壳等应作为辅助接地线。

（5）电气设备及灯具的专用接地线或接零保护线，应单独与接地干线（网）相连，电气线路中的工作零线不得作为保护接地线用。

（6）爆炸危险环境内的电气设备与接地线的连接，宜采用多股软绞线，其铜线最小截面面积不得小于 4 mm^2，易受机械损伤的部位应装设保护管。

（7）爆炸危险环境内接地或接零用的螺栓应有防松装置；接地线紧固前，其接地端子及上述紧固件，均应涂电力复合脂。

9.8　点型火焰探测器及可燃气体探测器的安装

1. 点型火焰探测器的安装

点型火焰探测器的安装位置和安装方式应符合设计文件的要求。在安装时，应注意探测器的安装位置，应保证其视场角覆盖被保护区域，探测器与保护区之间不应有遮挡物。安装在室外时应有防尘、防雨措施。

点型火焰探测器大多数安装在防爆区内，采用的也都是隔爆型火焰探测器。这类探测器采用继电器输出故障、火警信号，通过模块连接到各类火灾报警系统中。

图 9.8-1 为 JTGB-HW-BK51x/IR3 隔爆型红外火焰探测器外形尺寸，其防爆标志为 Exd ⅡCT6，防护等级 IP65，温度组别为 T1～T6 组。

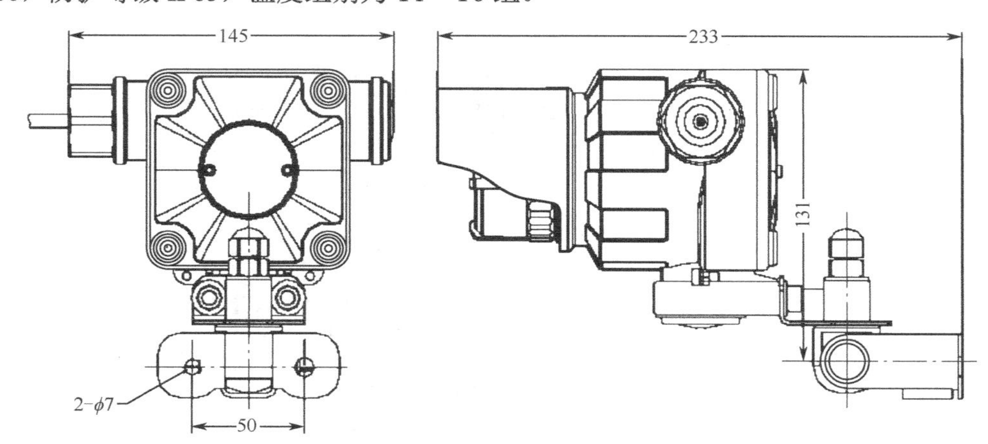

图 9.8-1　JTGB-HW-BK51x/IR3 隔爆型红外火焰探测器外形尺寸

JTGB-HW-BK51x/IR3 隔爆型红外火焰探测器的安装尺寸如图 9.8-2 所示，通过探测器底座上周边均匀分布的 4 个孔，用膨胀螺栓将探测器固定在牢固、抗震的墙面上，然后旋转调节探测器的仰角及与侧壁的夹角，使之满足探测器保护面积和视场角的要求，之后拧紧固定螺栓。

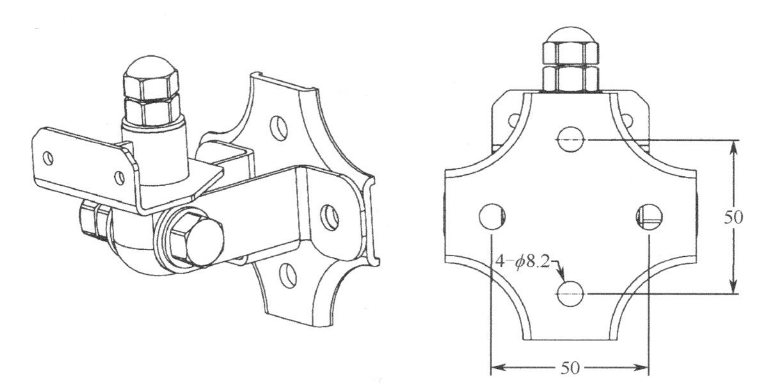

图 9.8-2　JTGB-HW-BK51x/IR3 隔爆型红外火焰探测器的安装尺寸

JTGB-HW-BK51x/IR3 隔爆型红外火焰探测器接线端子如图 9.8-3 所示。“+、-”接

DC 24 V；“E”接大地；“SI”为标准信号 0～20 mA 输出；故障信号为 0～1 mA；正常信号为 4～6 mA；火警信号为 15～18 mA；火警继电器输出为无源常开触点，平时常开，报警时闭合；故障继电器输出为无源常闭触点，正常时常闭，掉电或故障时断开。

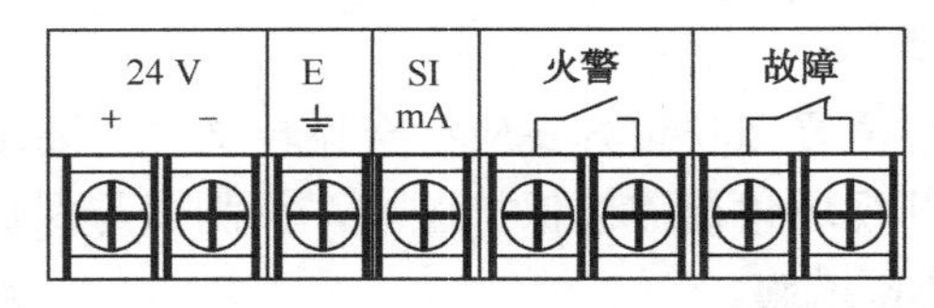

图 9.8-3　JTGB-HW-BK51x/IR3 隔爆型红外火焰探测器接线端子

JTGB-HW-BK51x/IR3 隔爆型红外火焰探测器接线图如图 9.8-4 所示，通过输入模块连接到二总线火灾自动报警系统中。

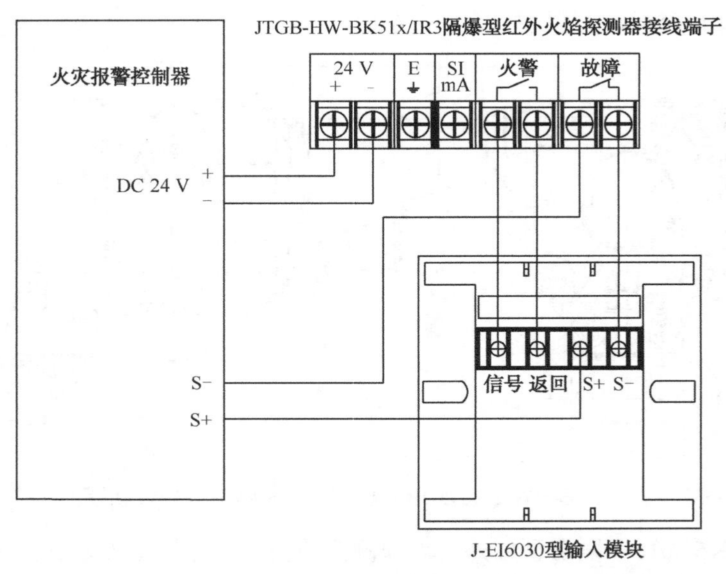

图 9.8-4　JTGB-HW-BK51x/IR3 隔爆型红外火焰探测器接线图

2. 可燃气体探测器的安装

可燃气体探测器分为多线制和总线制两种形式，并且需要配备可燃气体报警控制器。可燃气体探测器的安装位置和安装方式应符合设计文件的要求，同时还应注意以下要求。

（1）安装位置应根据探测气体密度确定。若其密度小于空气密度（如氢气、甲烷等），探测器应位于可能出现泄露点的上方或探测气体的最高可能聚集点上方；若其密度大于或等于空气密度，探测器应位于可能出现泄露点的下方。

（2）在探测器周围应适当留出更换和标定的空间。

（3）在有防爆要求的场所，应按防爆要求施工。

（4）线型可燃气体探测器在安装时，应使发射器和接收器的窗口避免日光直射，且在发射和接收器之间不应有遮挡物；两组探测器之间的距离不应大于 14 m。

（5）可燃气体探测器应安装在距煤气灶 4 m 以内，距地面应为 30 cm。

（6）梁高大于 0.6 m 时，可燃气体探测器应安装在有煤气灶的梁的一侧。

（7）可燃气体探测器应安装在距煤气灶 8 m 以内的屋顶上，当屋内有排气口时，气体

探测器允许在排气口附近，但是位置应距煤气灶 8 m 以上。

（8）在室内梁上设置可燃气体探测器时，探测器与顶棚距离应在 0.3 m 以内。

图 9.8-5 为 JTQB-BK61Ex-LCD/B 系列可燃气体探测器外形尺寸。该探测器采用催化燃烧式检测方式，报警门限为 20%LEL/50%LEL，检测范围 0～100%LEL 防爆标志为 ExdⅡCT6，防护等级为 IP66。

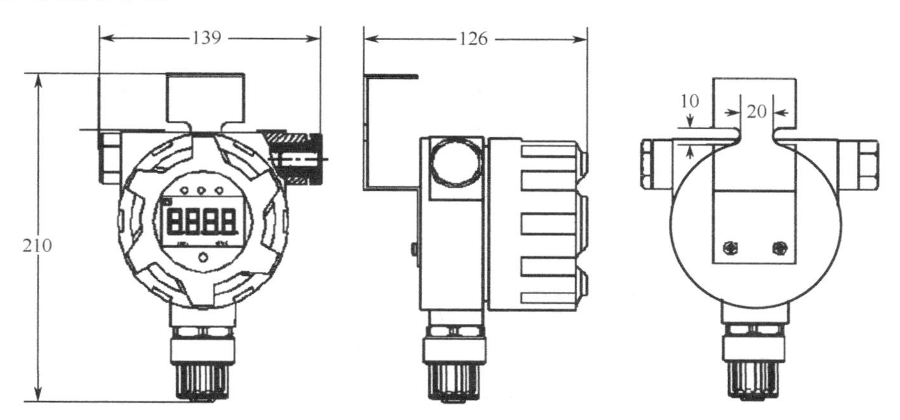

图 9.8-5　JTQB-BK61Ex-LCD/B 系列可燃气体探测器外形尺寸

JTQB-BK61Ex-LCD/B 系列可燃气体探测器应使用 M8 螺栓牢固固定在适当位置。当被探测气体比空气重时，探测器应安装在距地坪（或楼地板）0.3～0.6 m 处；当被探测气体比空气轻时，探测器的安装高度宜高出释放源 0.5～2 m。在室外安装时应加装防雨罩防止雨水溅湿阻火元件。JTQB-BK61Ex-LCD/B 系列可燃气体探测器接线端子说明如表 9.8-1 所示。

表 9.8-1　JTQB-BK61Ex-LCD/B 系列可燃气体探测器接线端子说明

端子标示	电路特征	去　向
V+	+24VDC	控制器输出电源+
V-	GND	控制器输出电源 GND
IO	4～20 mA 标准电流输出	控制器电流输入端
A	RS485 通信线	控制器通信 A
B	RS485 通信线	控制器通信 B
HIGH	高限报警继电器触点	
LOW	低限报警继电器触点	
TROUB	故障继电器触点	

JTQB-BK61Ex-LCD/B 系列可燃气体探测器配合 JBQ-QB-BK3000-A 可燃气体报警控制器组成多线制可燃气体探测系统，如图 9.8-6 所示。JBQ-QB-BK3000-A 可燃气体报警控制器为壁挂式，每路两个通道，每通道可配接燃气、有毒有害气体、火焰探测器，能显示现场检测气体、火焰的浓度，有可燃气体、火焰浓度超限报警功能，报警时闭合输出触点功能等，控制器为非防爆型，应安装在安全区。

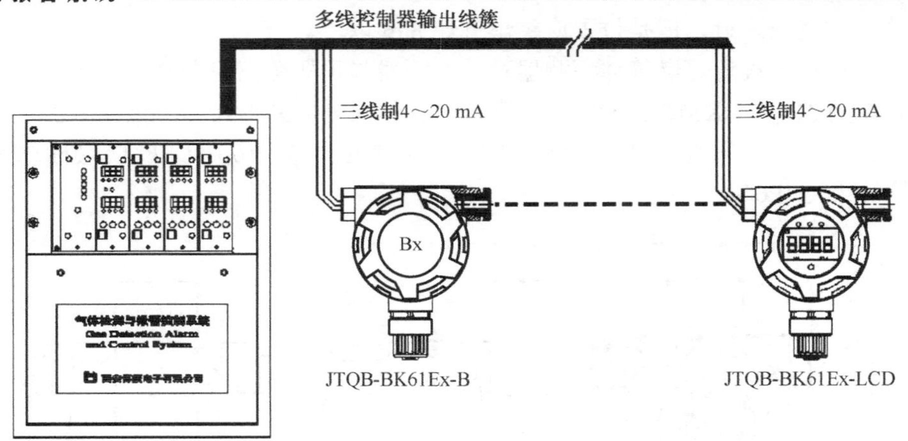

图 9.8-6 多线制可燃气体探测系统

多线制可燃气体探测系统接线图如图 9.8-7 所示，JTQB-BK61Ex-LCD/B 系列可燃气体探测器与 JBQ-QB-BK3000-A 可燃气体报警控制器连接。

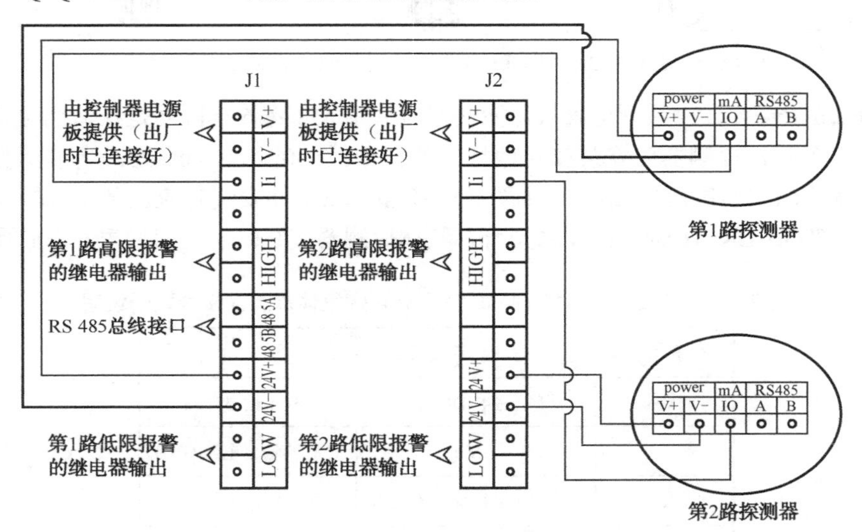

图 9.8-7 多线制可燃气体探测系统接线图

9.9 手动报警按钮、消火栓按钮的安装

1. 手动报警按钮的安装

手动报警按钮的安装位置应符合设计文件的要求，应安装在明显和便于操作的部位。当安装在墙上时，其底边距地（楼）面高度宜为 1.3～1.5 m，且应有明显标志。

手动火灾报警按钮，安装前首先固定手动报警按钮的安装底座，底座应安装牢固，并不得倾斜，然后连接线路，手动火灾报警按钮的连接导线应留有不小于 150 mm 的余量，且在其端部应有明显标志。将按钮底座用两只 M4 螺钉按照箭头方向固定在墙面上，底座上接好线后，将手抱扣在底座上，顺时针旋转至听见“喀哒”声即可。拆卸时，一边向底座方

向按压，一边逆时针旋转，即可拆下。

J-SAP-EI6021 型手动火灾报警按钮接线端子设置在底座上，如图 9.9-1 所示。底座上“S+”、“S−”分别为总线正、负极输入端子，“S+”、“S−”接入 EI 系列火灾报警控制器的回路总线（无极性连接）。“NO”和“COM”为按键的一组常开点，根据需要使用；“RUN+”、“RUN−”为对讲电话接线端子，可根据需要接消防电话线（无极性连接）。

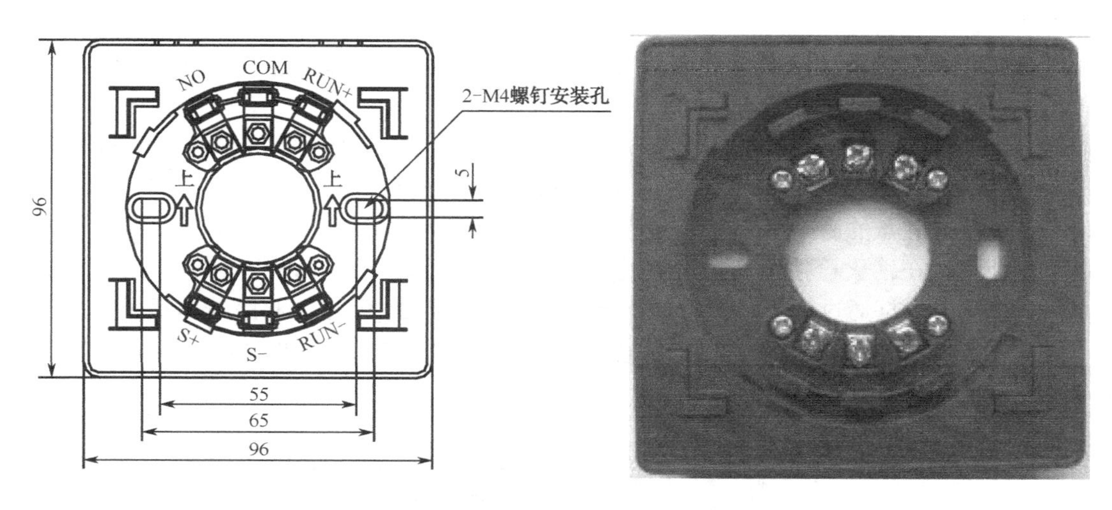

图 9.9-1　J-SAP-EI6021 型手动火灾报警按钮安装底座接线端子

J-SAP-EI6021 型手动火灾报警按钮不仅起到火灾报警功能，也可以利用其常开触点，控制消防警报装置的启动，设有电话插孔的手动报警按钮可以通过手持消防电话手柄与消防控制室内的消防电话主机呼叫通话。J-SAP-EI6021 型手动火灾报警按钮接线图如图 9.9-2 所示。

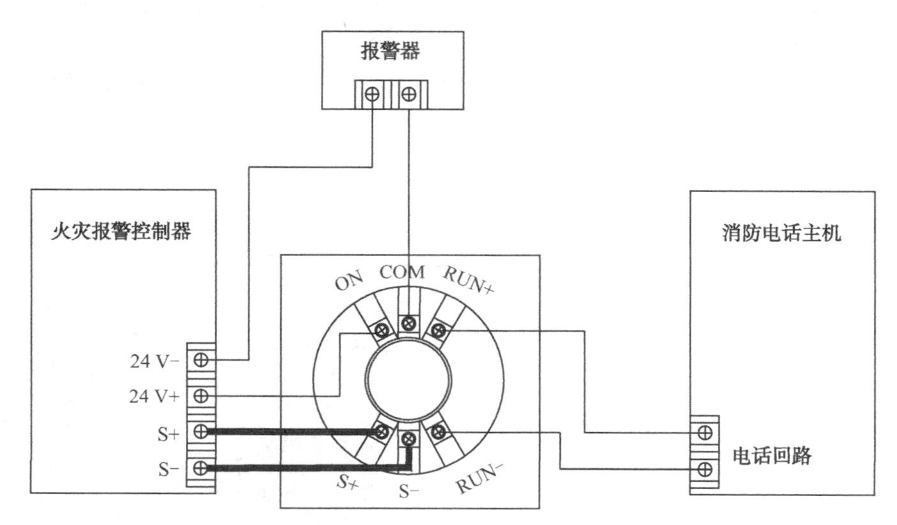

图 9.9-2　J-SAP-EI6021 型手动火灾报警按钮接线图

2. 消火栓按钮的安装

消火栓按钮的安装位置有两种方式，一种是安装在室内消火栓箱内，一种是安装在室

内消火栓箱外。距离消火栓箱附近的位置，无论采用哪种方式安装，均应符合设计文件的要求。在消火栓箱外部安装时，消火栓按钮应安装在明显和便于操作的部位。当安装在墙上时，其底边距地（楼）面高度宜为 1.3～1.5 m，且应有明显标志。

消火栓按钮的安装，安装前首先固定消火栓按钮的安装底座，底座应安装牢固，并不得倾斜，然后连接线路。消火栓按钮的连接导线，应留有不小于 150 mm 的余量，且在其端部应有明显标志。将按钮底座用两只 M4 螺钉按照箭头方向固定在墙面上，底座上接好线后，将按钮扣在底座上，顺时针旋转至听见“喀哒”声即可。拆卸时，一边向底座方向按压，一边逆时针旋转，即可拆下。

图 9.9-3 为 J-SAP-EIEI6022 型消火栓按钮，接线端子设置在消火栓按钮底座上，如图 9.9-4 所示。底座上“S+”、“S−”分别为总线正、负极输入端子，“S+”、“S−”接入 EI 系列火灾报警控制器的回路总线（无极性连接）。“NO”和“COM”为按键的一组常开点，根据需要使用。在消火栓按钮背面设有跳线器，产品出厂时，已将跳线器插于 X2、X3 的“内”时，“回答”灯通过火灾报警控制器点亮，无须另接 24 V 线；将跳线器插于 X2、X3 的“外”时，“回答”灯由外接 24 V 电源点亮，须将“RUN+”接 24 V+，“RUN−”接 24 V−。

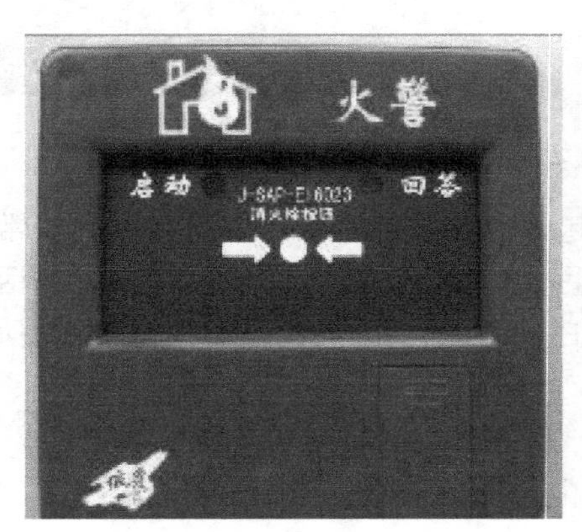

正面

背面

图 9.9-3　J-SAP-EIEI6024 型消火栓按钮

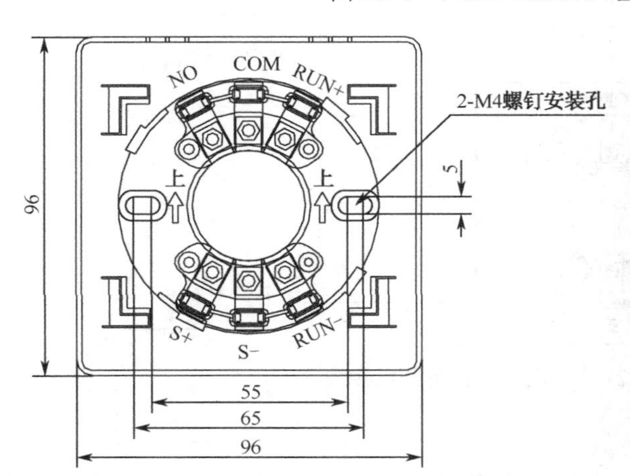

图 9.9-4　J-SAP-EIEI6024 型消火栓按钮安装底座接线端子

消火栓按钮通常采用总线联动方式启动消防水泵，也就是消火栓按钮与控制消防水泵启动的模块进行联动编程，当火灾报警控制器接收到消火栓按钮的动作信号后，自动向控制消防水泵的模块发出动作指令信号，联动启动消防水泵。但是目前很多设计在满足上述的联动控制方式外，为了增加消火栓按钮控制消防水泵启动的可靠性，还在消火栓按钮与消防水泵控制柜之间设置独立于总线的专用控制线路（也称为消火栓按钮直启线），用于直接启动消防水泵。消火栓按钮直接启动消防水泵接线图如图 9.9−5 所示。

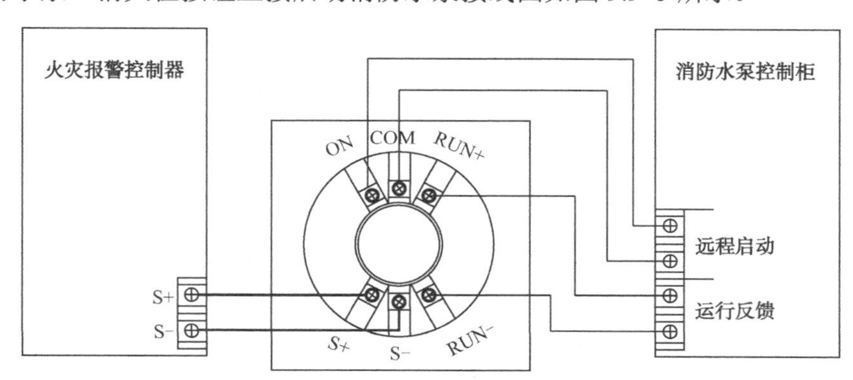

图 9.9−5　消火栓按钮直接启动消防水泵接线图

对于无地址编码的消火栓按钮，要通过中继模块连接到火灾自动报警系统，如图 9.9−6 所示。这类方式也称为消火栓按钮采用总线编码模块报警方式。将按钮底座上的“S+”接中继模块的“电源”端子，“S−”接中继模块的“信号”端子，不能接反，否则不报警。底座的“S+”和“S−”间应接终端负载电阻（1/4 W，3 kΩ），否则报警线路会断线。“NO”和“COM”为按键的一组常开点，根据需要使用（若用于直接启泵，可与控制消防泵启动的输出模块继电器的“常开”和“公共”触点并联）。当使用外部设备提供的 24 V 电源点亮“回答”灯，此时要将“RUN+”接 DC 24 V+，“RUN−”接 DC 24 V−。一般将 RUN+接消防泵交流接触器的无源常开点一端（其另一端接 DC 24 V+），RUN−接 DC 24 V−。

目前实际工程中，很多设计的消火栓按钮采用总线编码模块报警方式，即在消火栓按钮与消防水泵房之间设置独立于总线的专用控制线路（也称为消火栓按钮直启线），用于直接启动消防水泵，如图 11.9−6 所示。

9.10　模块的安装

模块的安装分为就地安装和集中安装，就地安装是分散的，模块安装在被监控的设备附近；集中安装是将一个系统或一个区域内的模块统一安装在模块箱内。无论采用哪种安装方式，模块的安装位置、高度必须符合设计文件的要求。

（1）火灾自动报警及消防联动控制系统中使用的输入、输出、总线隔离等模块，在管道井内安装时，可明设在墙上。隐蔽安装时在安装处应有明显的部位显示和检修空间。

（2）模块安装首先是安装模块底座，模块底座应安装牢固，并应采取防潮、防腐等措施。

（3）模块（或金属箱）应独立支撑或固定，且不得安装在管道及其支、吊架上。

（4）接口模块的连接导线，应留有不小于 150 mm 的余量，其端部应有明显标志。

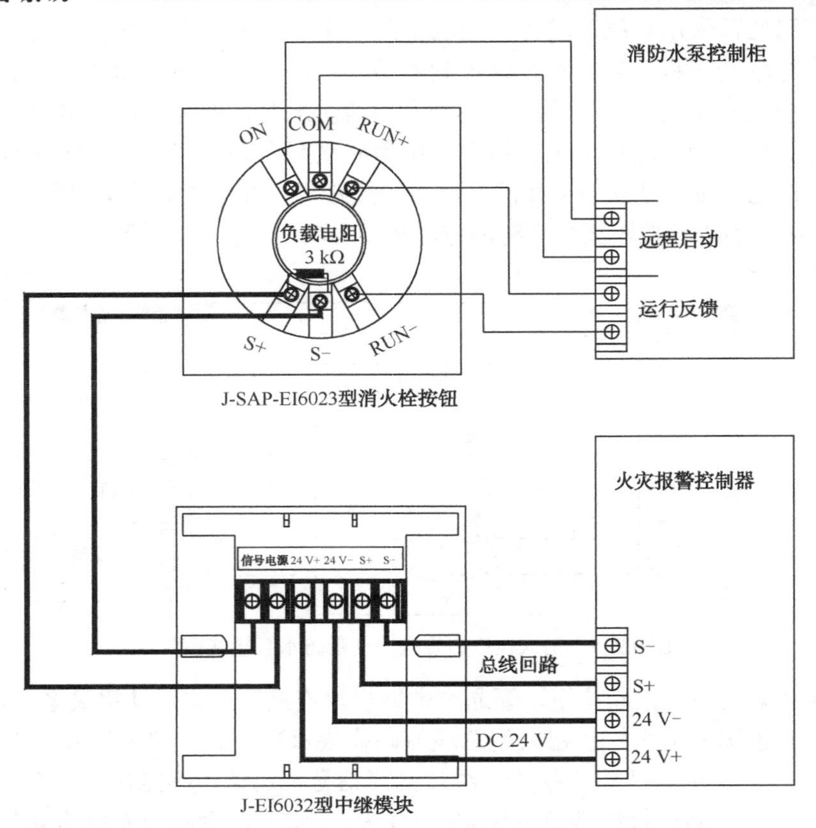

图 9.9-6　消火栓按钮采用总线编码模块报警方式直接启动消防水泵接线图

9.11　消防警报装置的安装

火灾警报装置一般分为编码型和非编码型两种，火灾警报装置的安装位置应符合设计文件要求，火灾警报装置应安装在安全出口附近明显处，距地面 1.8 m 以上。火灾声光警报器与消防应急疏散指示标志不宜在同一面墙上，安装在同一面墙上时，距离应大于 1 m。

下面以 J-EI6084 型和 J-EI6085 型火灾声光警报器阐述其接线方式。这两种火灾声光报警器外观和底座均相同，如图 9.11-1 所示。

图 9.11-1　J-EI6084（6085）型火灾声光警报器

J-EI6084 型火灾声光警报器是一种安装在现场的非编码声光报警设备，一般由输出模块控制其工作，也可由气体灭火控制器直接控制。声光报警器启动时发出强烈的周期闪光及变调火警声，以提醒现场人员注意。

1．J-EI6084 型火灾声光警报器安装与接线

先将声光底座用两只 M4 螺钉固定在预埋盒上，预埋盒应预埋入安装位置的混凝土内，不能高出完工后的平面，允许嵌入，但嵌入深度为 0～6 mm 之间。如不用预埋盒，则必须保证底座牢固地安装在安装位置。

声光底座上有四个带字母标志的接线端子，“3”、“4”为 DC 24 V 电源输入，接入 EI 系列控制器或外设电源的 DC 24 V 输出端，如图 9.11-2 所示。

声光警报器与底座间具有成 180°的两个安装位置，将声光警报器套在底座上，顺时针旋转，使底座嵌入声光警报器底部，稍向底座方向用力压声光警报器，顺时针旋转至听见“喀哒”声即可。

J-EI6085 型火灾声光警报器是一种电子编码的声光报警设备，可对火灾自动报警系统中的探测器、手动报警按钮等设施编程，通过总线接收火灾报警控制器（联动型）发出的启动命令，发出强烈的周期闪光及变调火警声，以提醒现场人员注意。

2．J-EI6085 型火灾声光警报器安装与接线

先将声光底座用两只 M4 螺钉固定在预埋盒上，预埋盒应预埋入安装位置的混凝土内，不能高出完工后的平面，允许嵌入，但嵌入深度为 0～6 mm 之间。如不用预埋盒，则必须保证底座牢固地安装在安装位置。

声光底座上有四个带字母标志的接线端子，“S+”为总线正极输入，“S−”为总线负极输入。“S+”、“S−”接入 EI 系列控制器的回路总线；“3”、“4”为 DC 24 V 电源输入，接入 EI 系列控制器或外设电源的 DC 24 V 输出端。J-EI6084（EI6085）型火灾声光警报器底座接线端子如图 9.11-2 所示。

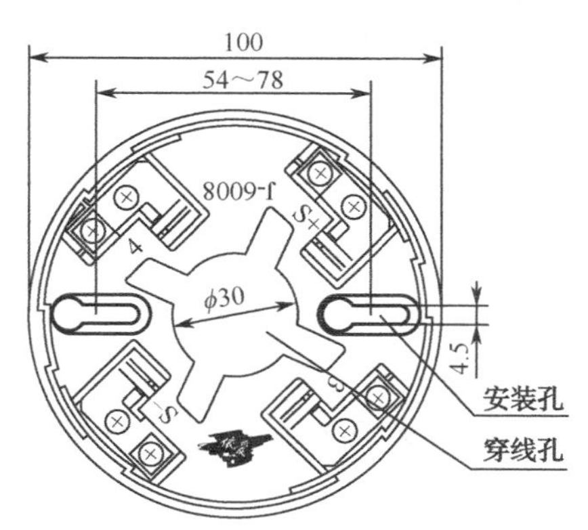

图 9.11-2　J-EI6084（EI6085）型火灾声光警报器底座接线端子

声光警报器与底座间具有成 180°的两个安装位置，将声光警报器套在底座上，顺时针旋转，使底座嵌入声光警报器底部，稍向底座方向用力压声光警报器，顺时针旋转至听见“喀哒”声即可。

9.12 控制器类设备的安装

控制器类设备主要包括火灾报警控制器、可燃气体报警控制器、电气火灾监控设备、火灾显示盘（区域显示器）、消防联动控制器等。其安装场所及安装方式应符合设计文件要求。

（1）控制器类设备在消防控制室内的布置，如图9.12-1所示，并应符合下列要求。

① 设备面盘前的操作距离：单列布置时不应小于1.5 m；双列布置时不应小于2 m。

② 在值班人员经常工作的一面，设备面盘至墙的距离不应小于3 m。

③ 设备面盘后的维修距离不宜小于1 m。

④ 设备面盘的排列长度大于4 m时，其两端应设置宽度不小于1 m的通道。

⑤ 控制器安装在墙上时，其底边距地面高度宜为1.3～1.5 m，应采取加固措施。可用金属膨胀螺栓或埋注螺栓进行安装，固定要牢固、端正，安装在轻质墙上时，应采取加固措施。靠近门轴的侧面距离不应小于0.5 m，正面操作距离不应小于1.2 m。

⑥ 控制器落地安装时，其底部宜高出地面0.05～0.2 m，一般用槽钢或打水台作为基础，如有活动地板时，使用的槽钢基础应在水泥地面生根固定牢固。槽钢要先调直除锈，并刷防锈漆，安装时用水平尺、小线找好平直度，然后用螺栓固定牢固。

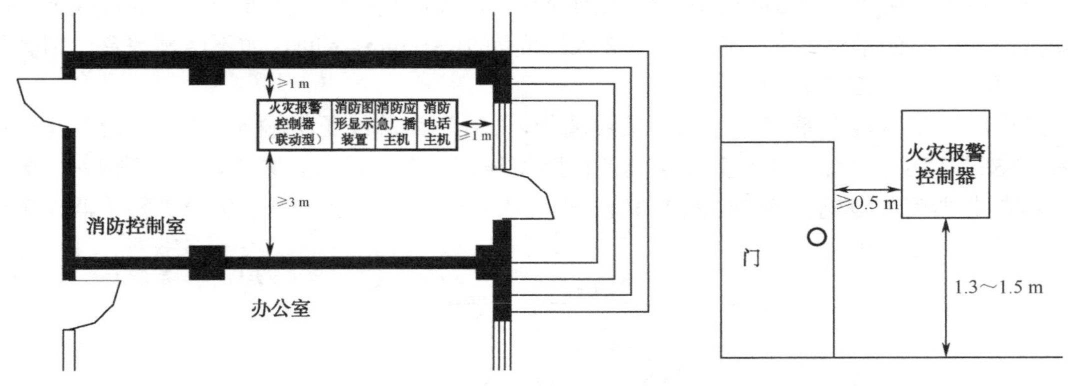

图9.12-1 消防控制室内设备的布置图

（2）控制器类设备的端子接线参见第5章，其引入控制器的电缆或导线，应符合下列要求。

① 配线应整齐，不宜交叉，并应固定牢靠。

② 电缆芯线和所配导线的端部，均应标明编号，并与图纸一致，字迹应清晰且不易退色。

③ 端子板的每个接线端，接线不得超过两根。

④ 电缆芯和导线，应留有不小于200 mm的余量。

⑤ 导线应绑扎成束。

⑥ 导线穿管、线槽后，应将管口、槽口封堵。

（3）控制器的主电源采用双回路消防电源，在消防控制室内进行切换。消防控制室内的每台消防设备的主电源均引自该双电源切换装置，并采用放射式供电方式。控制器内主电源引入处应有明显的永久性标志，并应直接与消防电源连接，严禁使用电源插头。

（4）控制器的接地应牢固，并有明显的永久性标志。控制器内的接地分为保护接地和工作接地，分别设置了不同的接地端子。保护接地端子如图 9.12-2 所示。工作接地端子图 9.12-3 所示。

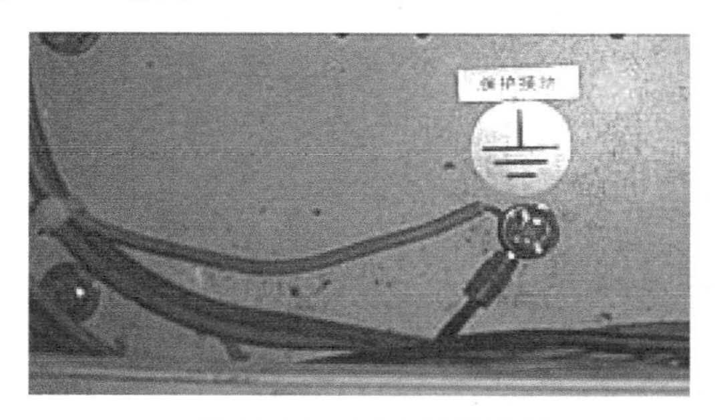

图 9.12-2　保护接地端子

图 9.12-3　工作接地端子

控制器的保护接地由供电电源的 PE 线连接在保护接地端子上。当消防电子设备采用交流供电时，设备金属外壳和金属支架等应做保护接地，接地线应与电气保护接地干线（PE 线）相连接。

控制器的工作接地取决于系统的设计要求。火灾自动报警系统接地装置分为专用接地和共用接地两类，当采用专用接地时，接地电阻值不应大于 4 Ω；采用共用接地时，接地电阻值不应大于 1 Ω。火灾自动报警系统应设专用接地干线，并应在消防控制室设置专用接地板。专用接地干线应从消防控制室专用接地板引至接地体。专用接地干线应采用铜芯绝缘导线，其线芯截面面积不应小于 25 mm^2。专用接地干线宜穿硬质塑料管埋设至接地体。由消防控制室接地板引至各消防电子设备的专用接地线应选用铜芯绝缘导线，其线芯截面面积不应小于 4 mm^2。专用接地装置示意图如图 9.12-4 所示。共用接地装置示意图如图 9.12-5 所示。

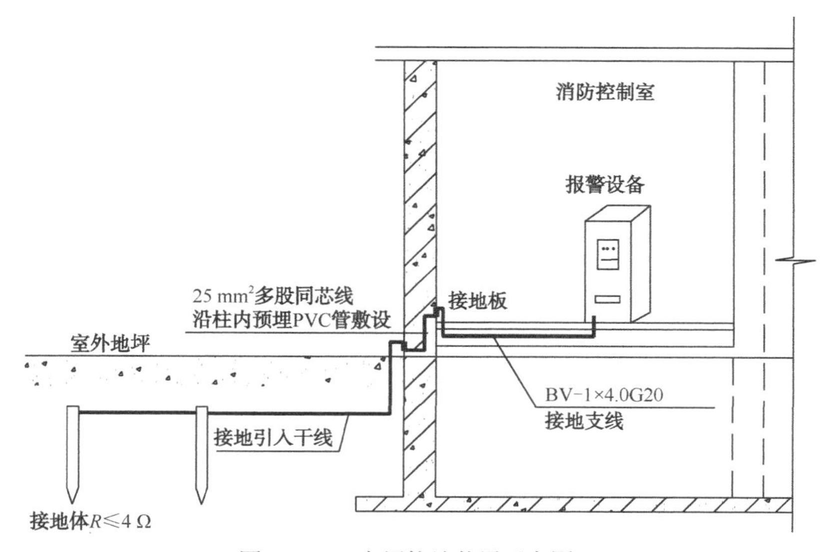

图 9.12-4　专用接地装置示意图

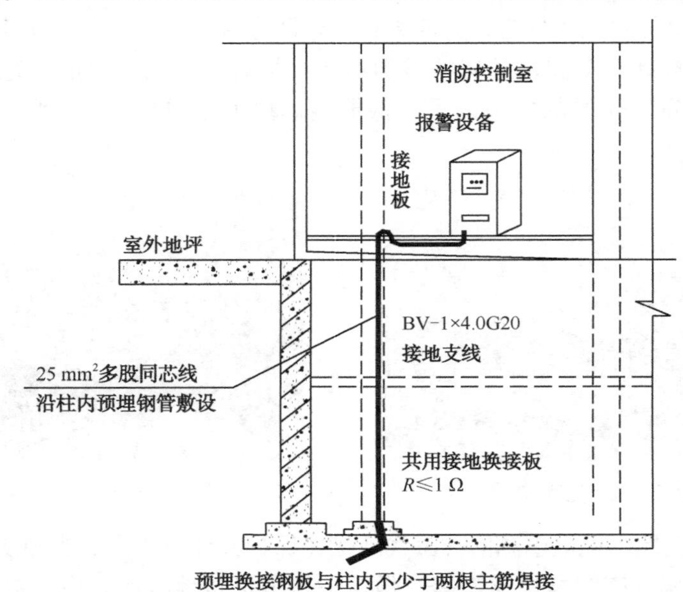

图 9.12-5　共用接地装置示意图

第10章 火灾自动报警系统的联动控制

火灾自动报警系统除了对被探测区域发生火灾报警外，当火灾确认后还应启动相关的消防设施。对建筑物消防设施的启动分为设备设置现场手动启动和火灾自动报警系统联动启动两种方式。对于重要的消防设施，消防控制室内还通过火灾报警控制器上的手动直接控制装置，完成消防控制室内手动控制。

火灾自动报警系统的联动启动是自动控制方式，是系统的关键。火灾自动报警系统联动控制消防设施是通过火灾自动报警系统内设置的探测器、手动报警按钮等火灾触发器件，与模块之间设置的逻辑编程来完成对消防设施的联动控制。

10.1 室内消火栓给水系统的联动控制

消防给水系统按照系统供水压力分为高压消防给水系统、临时高压消防给水系统和低压消防给水系统。

高压消防给水系统是指管网内经常保持满足灭火时所需的压力和流量，扑救火灾时，无须启动消防水泵加压而直接使用灭火设备进行灭火的消防给水系统。

临时高压消防给水系统是指当管网内最不利点周围平时的水压和流量不满足灭火的需要，则在水泵房（站）内设有消防水泵。起火时启动消防水泵，使管网内的压力和流量达到灭火时要求的消防给水系统。

低压消防给水系统是指管网内平时压力较低，但不少于 0.1 MPa，灭火时要求的压力和流量由消防车或移动式消防泵加压达到压力和流量要求的消防给水系统。

室内消火栓给水系统也是分为高压消防给水系统、临时高压消防给水系统和低压消防

给水系统。高压室内消火栓给水系统和低压室内消火栓给水系统往往不设置消防水泵，因此也不设置消火栓按钮，火灾自动报警系统不用为其提供联动控制。临时高压室内消火栓给水系统中设置了消防水泵，发生火灾后，要控制消防水泵，为此临时高压室内消火栓给水系统中，每个室内消火栓处应设直接启动消防水泵的按钮，该消火栓按钮应设有保护按钮的设施。

室内消火栓系统消防水泵的控制方式主要有三种：消防水泵房的手动控制、消防控制室内的手动直接控制及消火栓按钮或压力开关的控制，如图 10.1-1 所示。

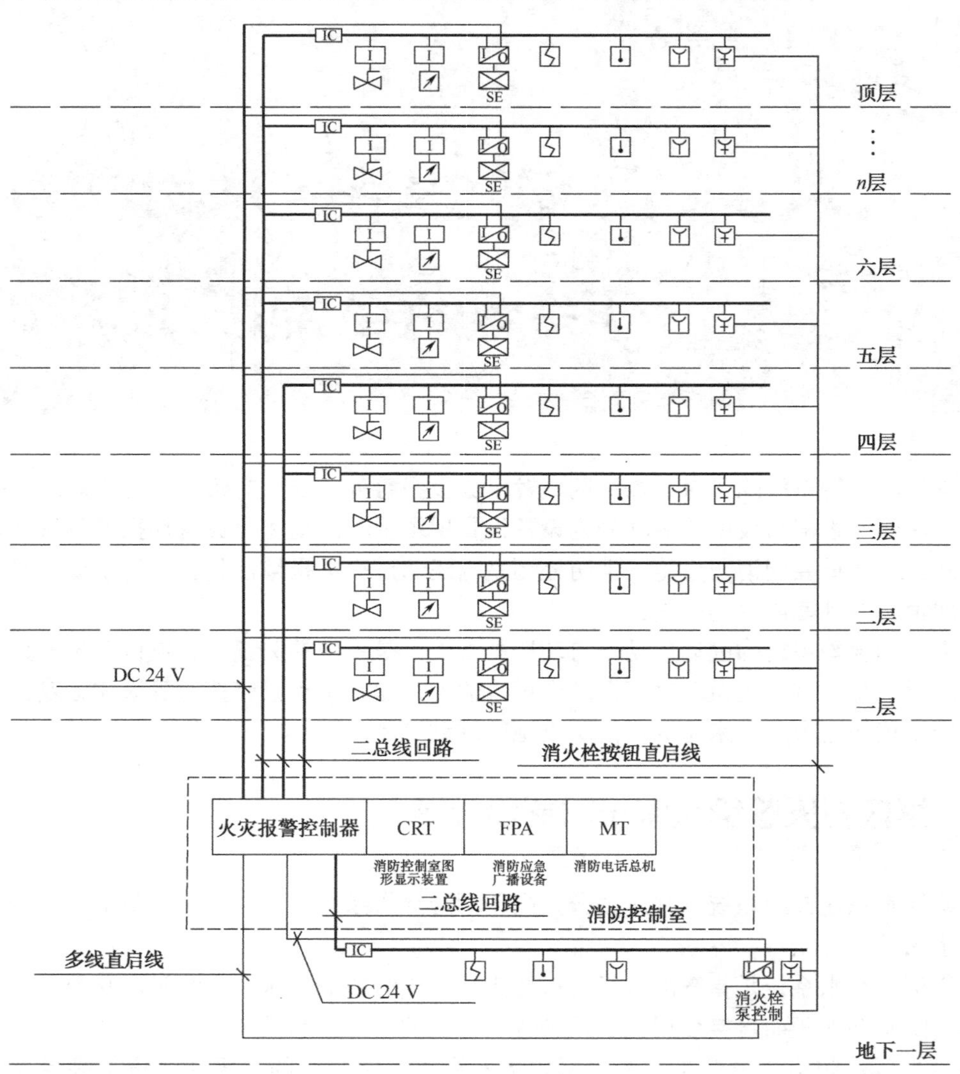

图 10.1-1　室内消火栓系统控制系统图

消防水泵房手动控制属于就地手动控制，在消防水泵附近设有消防水泵的控制柜，其面板上设有对每台消防水泵控制用的【启动】、【停止】按钮。工作人员通过这些按钮就可以完成对消防水泵的控制。

消防控制室内设置的手动直接控制装置可以直接控制消防水泵。这种控制方式通过火灾报警控制器上设置的多线联动控制盘来完成。它单独设置线路，与总线回路无关，当总线回路故障，无法联动启动消防水泵时，通过它可以远距离异地控制消防水泵。

消火栓按钮控制消防水泵有联动控制和直接控制两种方式。消火栓按钮联动启动消防水泵，是将建筑物内消防水泵给水区域内的任意一个消火栓按钮的动作信号作为系统的联动触发信号与联动控制消防水泵启动的输出模块编程，当消火栓按钮动作后，火灾报警控制器向输出模块发出联动指令，启动消防水泵。当建筑物内未设置火灾自动报警系统时，这个联动关系就无从谈起了，在这种情况下，可通过消火栓按钮直启线直接启动消防水泵。另外一种联动控制方式是消火栓按钮若采用总线编码模块报警时，在消火栓按钮与消防水泵房之间应设置独立于总线的专用控制线路，用于直接启动消防水泵。这个专用控制线路也就是上面说的消火栓按钮直启线。

室内消火栓系统的联动本质是消火栓按钮与消防水泵连接的模块之间的联动编程。消防水泵控制柜内给出相应的接线端子板。不同型号、不同生产厂家的控制柜端子板排列不尽相同，但是大体都要满足消防控制室对消防水泵的启动控制和状态信号反馈功能，这些功能是依靠输出模块的联动控制和输入模块的反馈信号来实现的，图 10.1-2 所示为消防水泵的接线端子板与模块接线图。

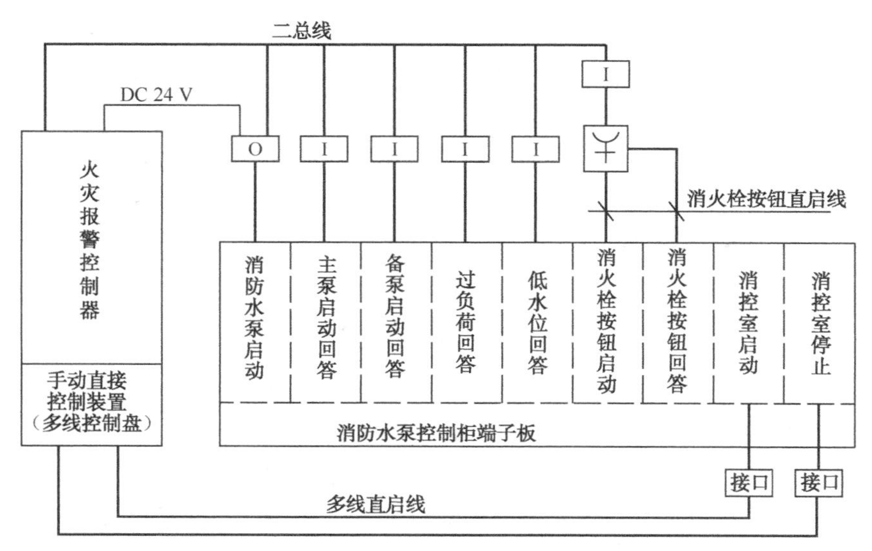

图 10.1-2　消防水泵的接线端子板与模块接线图

10.2　湿式自动喷水灭火系统的联动控制

自动喷水灭火系统主要由报警阀组、配水干管、配水管、配水支管、喷头、水流指示器、信号阀等连接成系统管网，如图 10.2-1 所示。自动喷水灭火系统按照采用的喷头不同，分为闭式系统和开式系统两大类型。

湿式自动喷水灭火系统是闭式自动喷水灭火系统中的一种类型，该系统主要由湿式报警阀组、闭式喷头和管道等组成。由于该系统在准工作状态时报警阀的前后管道内充满压力水，所以称为湿式系统。由于系统管道内充满了有压力的水，闭式洒水喷头一旦启动即

能出水灭火，这是目前比较理想的一种系统方式。这类系统由于平时系统管网内充满压力水，所以其只能应用在环境温度不低于 4 ℃或不高于 70 ℃的场所。

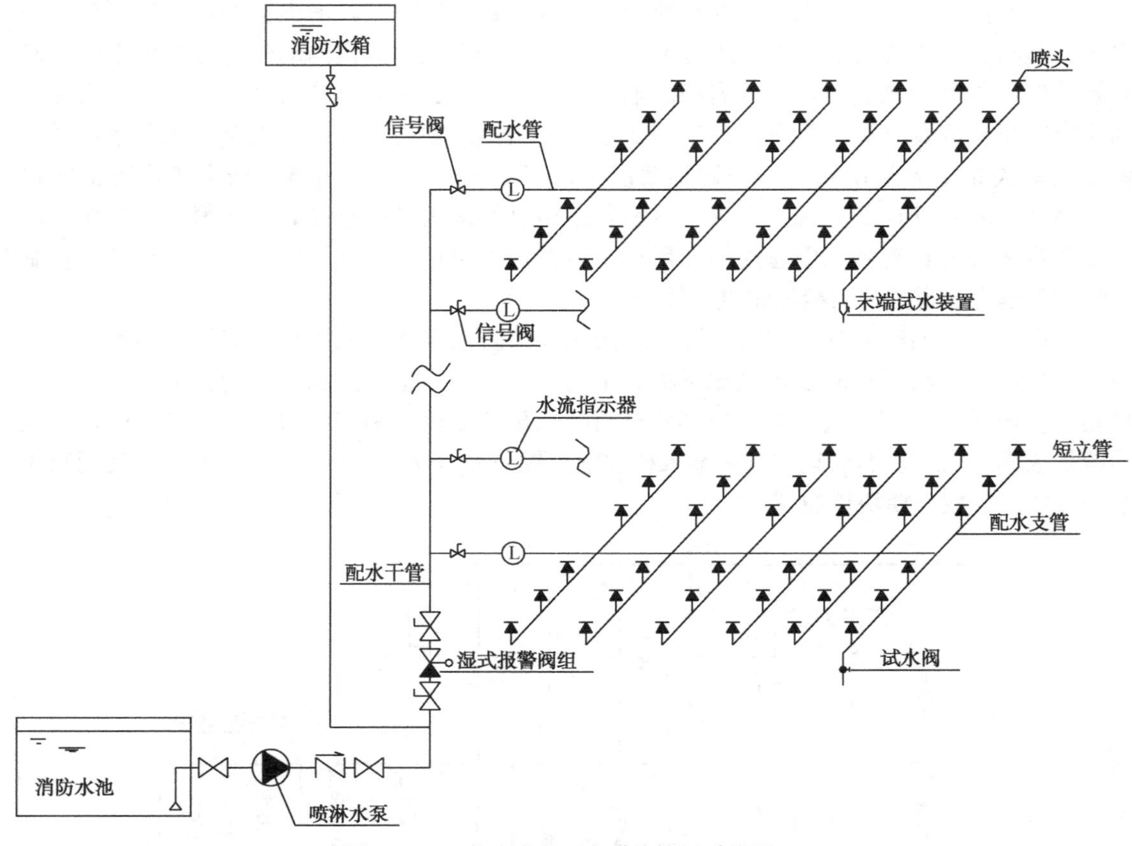

图 10.2-1　自动喷水灭火系统管网系统图

湿式自动喷水灭火系统的喷淋水泵控制方式主要有三种：消防水泵房的手动控制、消防控制室内的手动直接控制及压力开关的控制，如图 10.2-2 所示。

消防水泵房的手动控制喷淋水泵属于就地手动控制，在喷淋水泵附近设有喷淋水泵的控制柜，其面板上设有对每台喷淋水泵控制的【启动】、【停止】按钮。工作人员通过这些按钮就可以完成对喷淋水泵的控制。

消防控制室内设置的手动直接控制装置可以直接控制喷淋水泵。这种控制方式通过火灾报警控制器上设置的多线联动控制盘来完成。它单独设置线路，与总线回路无关，当总线回路故障，无法联动启动消防水泵时，通过它可以远距离异地控制喷淋水泵。

在湿式自动喷水灭火系统中，水流指示器、信号阀及湿式报警阀组内的压力开关与火灾自动报警系统有关联。这些设备均是通过输入模块将其状态信号传输给火灾报警控制器。湿式自动喷水灭火系统中的信号阀、水流指示器的信号只是监管信号，火灾自动报警系统显示它们的状态，不对其进行控制。湿式报警阀组的压力开关的动作表示系统已经启动，湿式报警阀压力开关的动作信号作为系统的联动触发信号，这个信号是启动喷淋水泵的充要条件。火灾自动报警系统联动控制方式就是通过湿式报警阀组上的压力开关与喷淋水泵启动的输出模块联动编程来实现的。

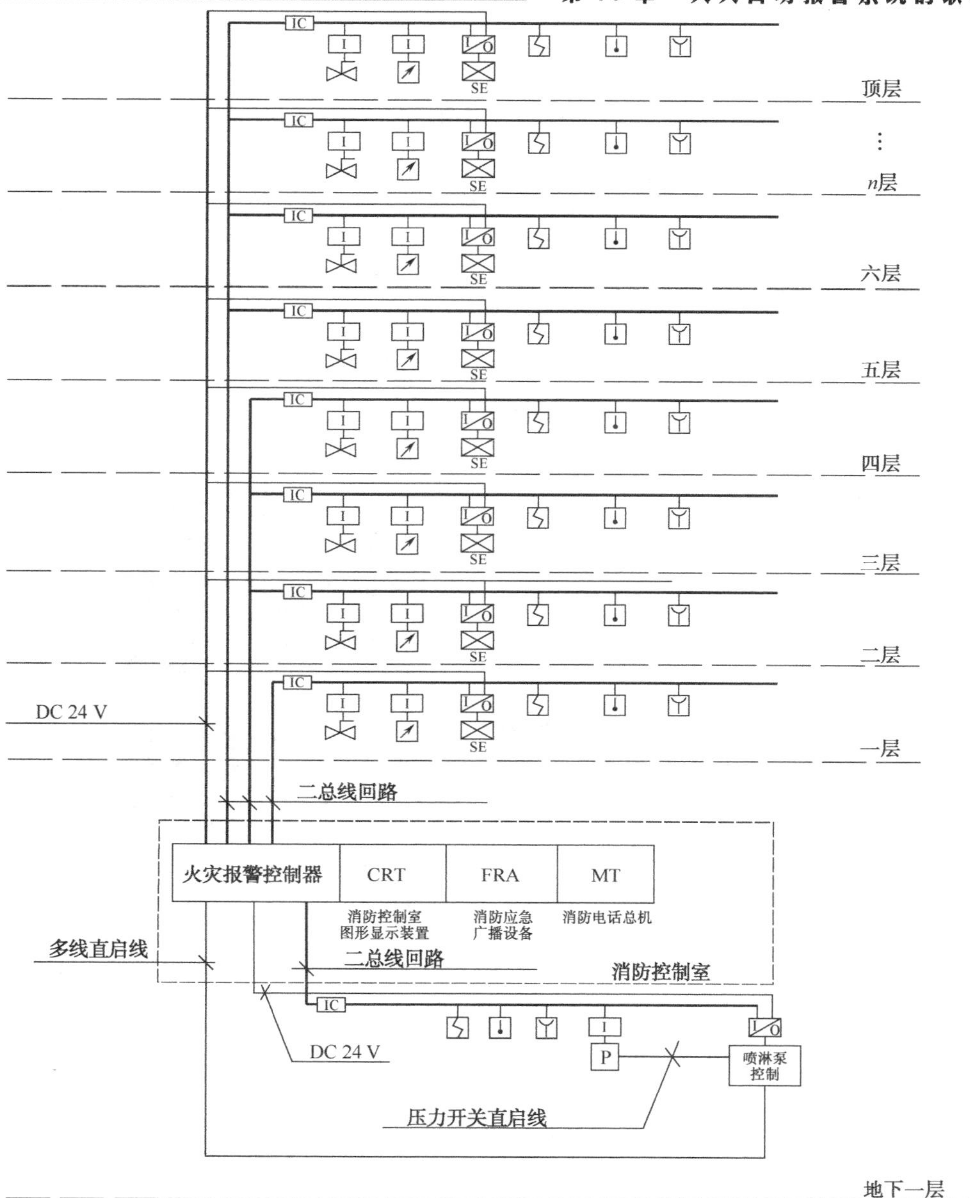

图 10.2-2 湿式自动喷水灭火系统控制系统图

湿式报警阀组是自动喷水灭火系统中重要的系统组件，它是一种只允许水流单向流入系统并能在规定的流量下报警和启动消防喷淋水泵的一种单向阀组，湿式报警阀组一般由湿式报警阀、延迟器、压力开关、水力警铃及控制阀组成，如图 10.2-3 所示。

压力开关设置在湿式报警阀的报警管路中，当报警管路中有水流流入后，压力开关的传力锥被向上推动，使得微动开关被按下，它将水流信号转变成电气信号，如图 10.2-4 所示。

压力开关连接火灾自动报警系统中的输入模块，该输入模块的动作信号联动编程喷淋水泵的启动输出模块，当压力开关动作后，输入模块动作启动，将动作信号传输给火灾报

警控制器。火灾报警控制器接收到该信号后，按照事先编制的逻辑关系，向控制喷淋水泵启动的输出模块发出动作指令。输出模块动作后，启动喷淋水泵。闭式自动喷水灭火系统的联动控制就是喷淋水泵给水区域内的任意一个湿式报警阀组上的压力开关的动作信号，联动启动该区域给水的喷淋水泵的输出模块，完成对喷淋水泵的启动控制。当建筑物内未设置火灾自动报警系统时，这个联动关系就无从谈起了，这种情况下，压力开关通过连接到喷淋水泵控制柜的压力开关启动线，直接启动喷淋水泵。目前也有上述两种方式并存的控制方式，即通过模块的联动控制，同时压力开关也通过直接连接到喷淋水泵控制柜的压力开关启动线同时启动。压力开关联动及直启连线如图 10.4-5 所示。

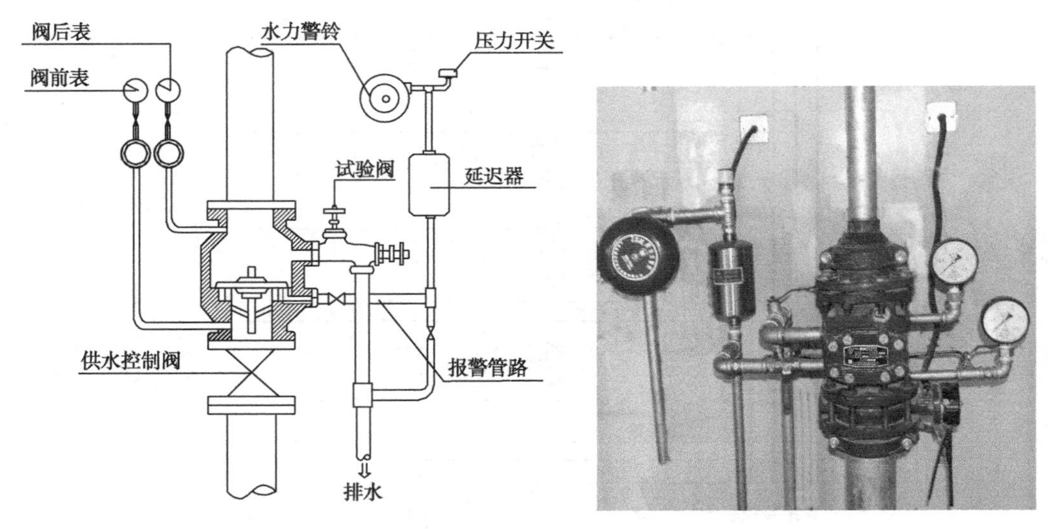

图 10.2-3　湿式报警阀组

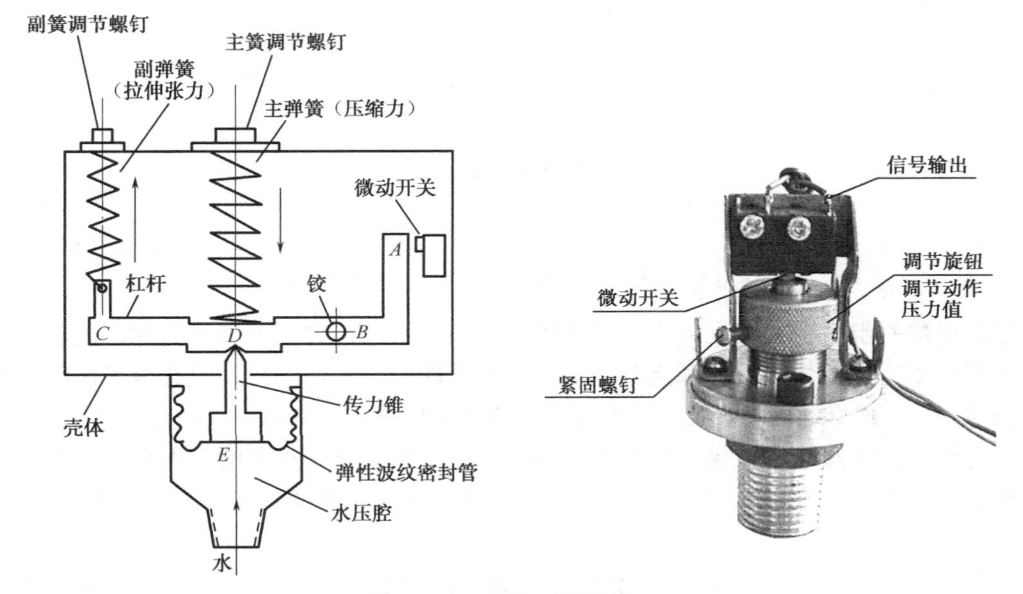

图 10.2-4　压力开关结构

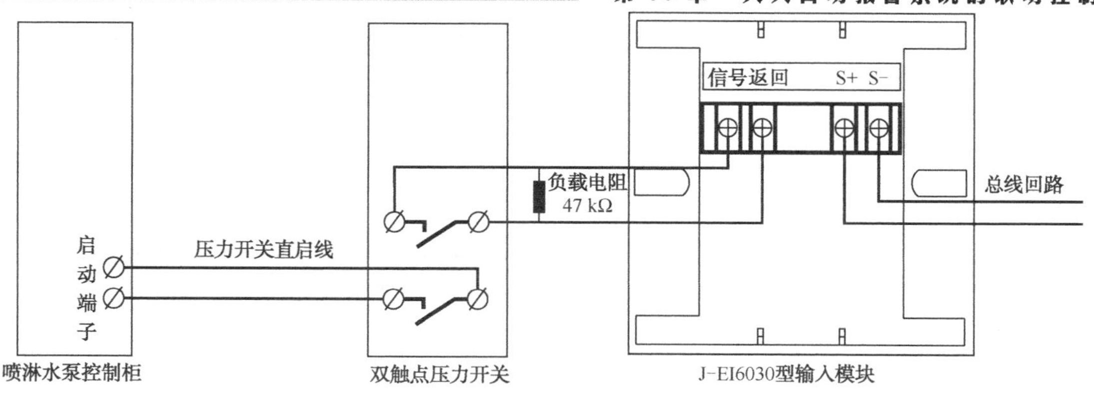

图 10.2-5　压力开关联动及直启连线

闭式自动喷水灭火系统的联动本质是压力开关的输入模块与喷淋水泵连接的输出模块之间的联动编程。喷淋水泵控制柜内给出相应的接线端子板。不同型号、不同生产厂家的控制柜端子板排列不尽相同，但是大体都要满足消防控制室对喷淋水泵的启动控制和状态信号反馈功能，这些功能是依靠输出模块的联动控制和输入模块的反馈信号来实现的，图 10.1-6 所示为喷淋水泵的接线端子板与模块接线图。

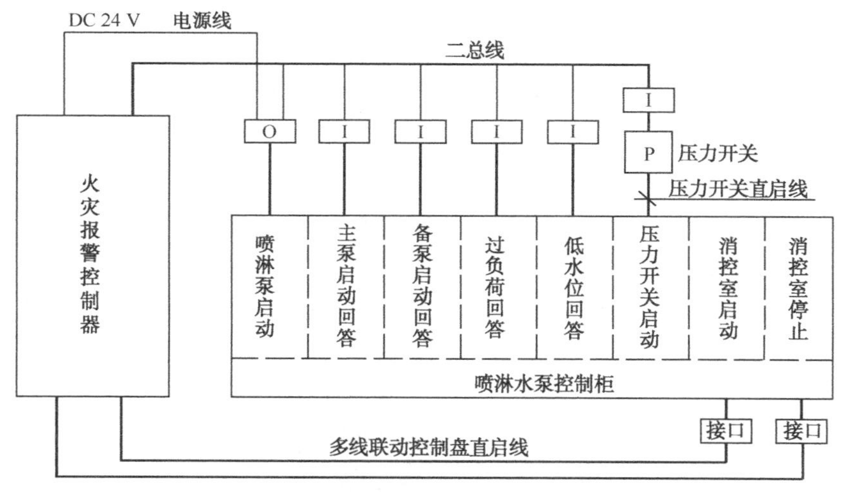

图 10.2-6　喷淋水泵的接线端子板与模块接线图

10.3　干式自动喷水灭火系统的联动控制

干式自动喷水灭火系统是指准工作状态时，配水管道内充满用于启动系统的有压气体的闭式系统。由于使用环境温度的限制，湿式系统管道内的水在一些特殊环境内会被冻结或蒸发，所以才出现这种系统。干式系统被应用在环境温度低于 4 ℃或高于 70 ℃的场所，它由干式报警装置、闭式喷头、管道和充气装置等组成。该系统的报警阀后的管道内充有压气体以替代湿式系统的压力水，当喷头被启动后，干式报警阀前的压力水进入系统管道，将管道内的压力气经过被开启的喷头排出后，洒水灭火。该系统克服了湿式系统不能在寒冷或高温环境下工作的缺点，但由于系统内充有压力气体，一旦喷头开启，首先是

排气过程，然后才能出水灭火，这样会延误灭火时间，所以这样的系统不宜太大，否则造成系统管网内气体过多延长排气时间，使火势扩展。干式自动喷水灭火系统组成如图 10.3-1 所示。

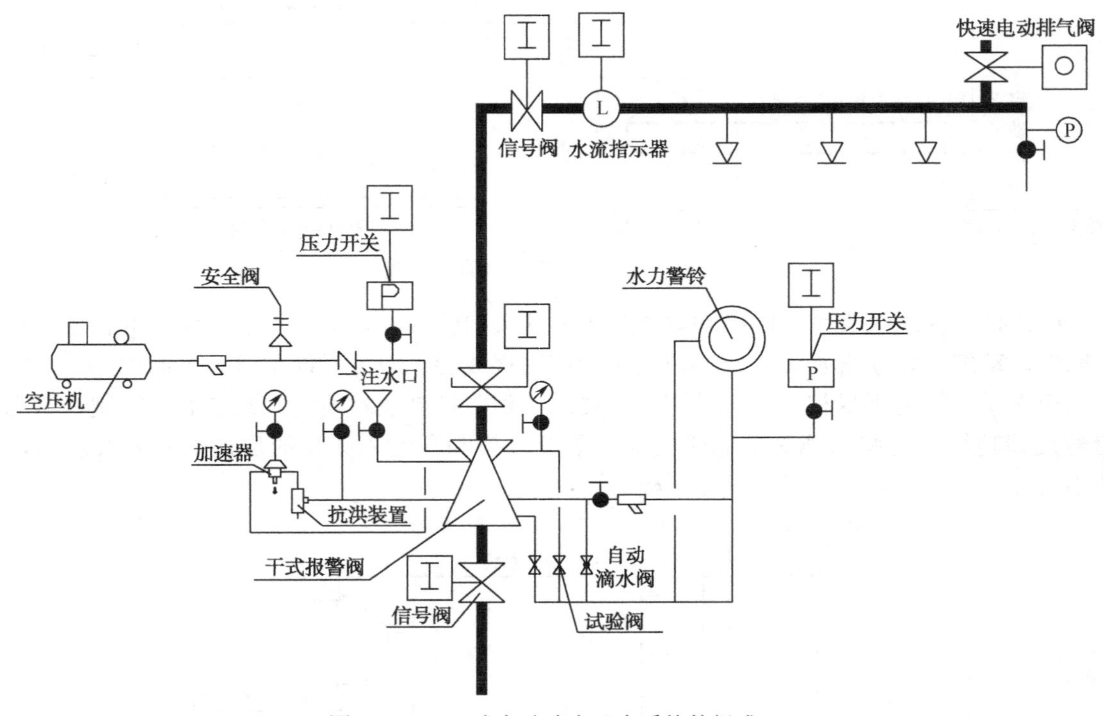

图 10.3-1　干式自动喷水灭火系统的组成

在干式自动喷水灭火系统中，干式报警阀组由干式报警阀、水力警铃、压力开关、空气压缩机、安全阀、控制阀组成，较大的系统配有加速器。干式报警阀后管道的补气装置多为小型空气压缩机，并采用压力开关控制。干式报警阀组如图 10.3-2 所示。

图 10.3-2　干式报警阀组

在干式自动喷水灭火系统中，水流指示器、信号阀、低气压报警开关（气源侧压力开关）及干式报警阀组内的压力开关与火灾自动报警系统有关联。这些设备均是通过输入模块将其状态信号传输给火灾报警控制器。干式自动喷水灭火系统中的信号阀、水流指示器的信号和低气压报警开关（气源侧压力开关）只是监管信号，火灾自动报警系统显示它们的状态，不对其进行控制。干式报警阀组的压力开关的动作表示系统已经启动，这个信号是启动喷淋水泵的充要条件。对于为干式自动喷水灭火系统供水的喷淋水泵的控制方式主要有三种：消防水泵房的手动控制、消防中控室内的手动控制及火灾自动报警系统的联动控制。干式自动喷水灭火系统的联动控制与湿式自动喷水灭火系统相同。有的干式自动喷水灭火系统最不利点处设有快速电动排气阀，这个排气阀连接一个输出/输入模块，干式报警阀组的压力开关动作信号联动快速电动排气阀的输出/输入模块动作，开启电动排气阀加速排气。

10.4　预作用自动喷水灭火系统的联动控制

预作用自动喷水灭火系统是指准工作状态时配水管道内不充水，由火灾自动报警系统自动开启雨淋报警阀后，转换为湿式系统的闭式系统。它由火灾探测系统、闭式喷头、预作用装置和充有压（通常充有 0.03～0.05 MPa 的气体，用于平时检测系统泄漏）或无压气体的管道组成。预作用自动喷水灭火系统组成如图 10.4-1 所示。该系统管道中平时无水，发生火灾时管道中给水是通过火灾探测系统控制预作用装置来实现的，并设有手动开启阀门装置。设置这类系统是为了防止使用场所由于喷头意外的破裂及管道“跑、冒、滴、漏”造成水害而出现的，同时也是弥补干式系统排气时间过长，不能应用在大系统中的缺点而出现的一种系统形式。预作用自动喷水灭火系统被应用在系统处于准工作状态时，严禁管道漏水、严禁系统误喷及替代干式系统。

预作用装置是应用在预作用自动喷水灭火系统中的重要设备，它由预作用装置、水力警铃、压力开关、空气压缩机、自动滴水球阀、控制阀及启动装置等组成。预作用装置如图 10.4-2 所示。

预作用装置是由湿式报警阀（专用止回阀）和雨淋阀上下叠加组成的，利用空气压缩机提供系统管网内的压力，以检测系统是否有渗漏。雨淋阀通过探测器控制，当探测器动作后，雨淋阀被启动打开，水流入系统管网内。

在预作用自动喷水灭火系统中，快速电动排气阀、水流指示器、信号阀、低气压报警开关（气源侧压力开关）、预作用装置内的压力开关及雨淋阀腔上的泄压开启预作用装置的电磁阀与火灾自动报警系统有关联。这些设备均是通过输入模块和输出模块将其状态信号传输给火灾报警控制器。预作用自动喷水灭火系统中的信号阀、水流指示器的信号和低气压报警开关（气源侧压力开关）只是监管信号，火灾自动报警系统显示它们的状态，不对其进行控制。预作用自动喷水灭火系统保护区域内的火灾探测器报警后（根据现场的火灾危险性可按照任意一个探测器报警或者采用任意两个探测器报警信号），其报警信号联动雨淋阀的泄压启动电磁阀的输出模块动作。该模块动作后，给电磁阀送上工作电压使其打开泄压，雨淋阀开启，水源侧压力水流经预作用装置后，其压力开关的动作表示系统已经启

动，这个信号是启动喷淋水泵的充要条件，同时压力开关的动作信号在启动喷淋水泵同时，联动开启快速电动排气阀排除管网空气。预作用自动喷水灭火系统的其他联动控制与湿式自动喷水灭火系统相同。

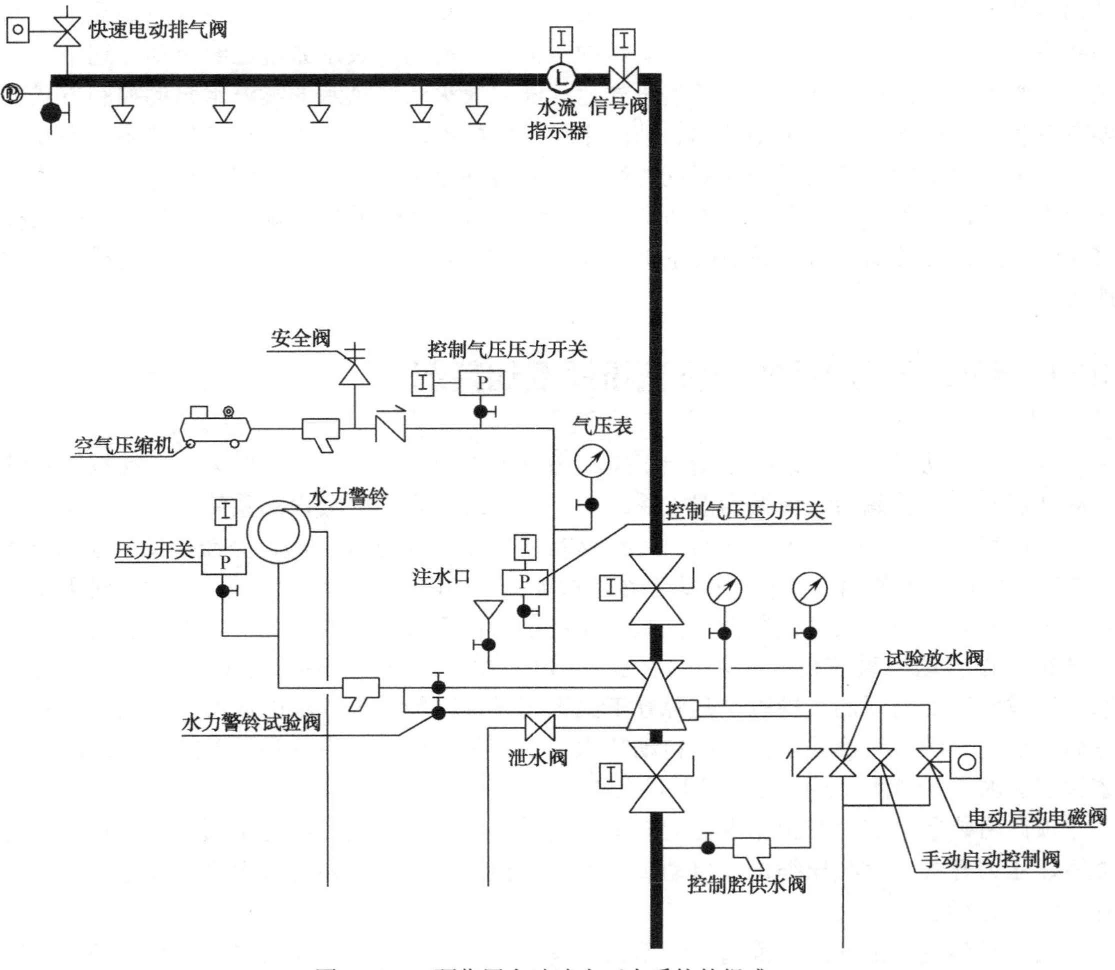

图 10.4-1　预作用自动喷水灭火系统的组成

图 10.4-2　预作用装置

10.5　雨淋自动喷水灭火系统的联动控制

雨淋自动喷水灭火系统是由火灾自动报警系统或传动管控制，自动开启雨淋报警阀和启动供水泵后，向开式洒水喷头供水的自动喷水灭火系统。电动启动雨淋阀组如图 10.5-1 所示。传动管启动雨淋阀组如图 10.5-2 所示。系统由火灾探测系统（或启动管路、启动喷头）、开式喷头、雨淋阀和管道等组成。发生火灾时，管道内给水是通过火灾探测系统（或启动管路的闭式喷头）控制雨淋阀来实现的，并设有手动控制装置。这类系统适用于火灾的水平蔓延速度快，闭式喷头的开放不能及时使喷水有效覆盖着火区的场所，或建筑内部容纳物品的顶部与顶板、吊顶的净距大，发生火灾时能驱动火灾自动报警系统，而不易迅速驱动喷头动作的场所，或严重危险级Ⅱ级场所。

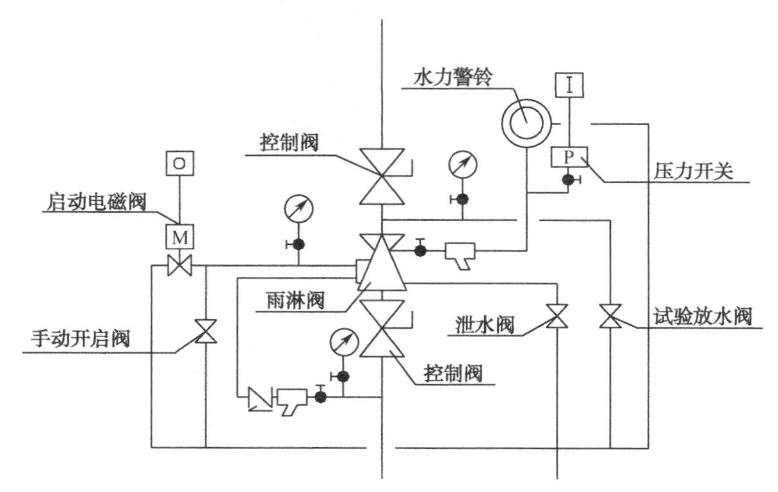

图 10.5-1　电动启动雨淋阀组

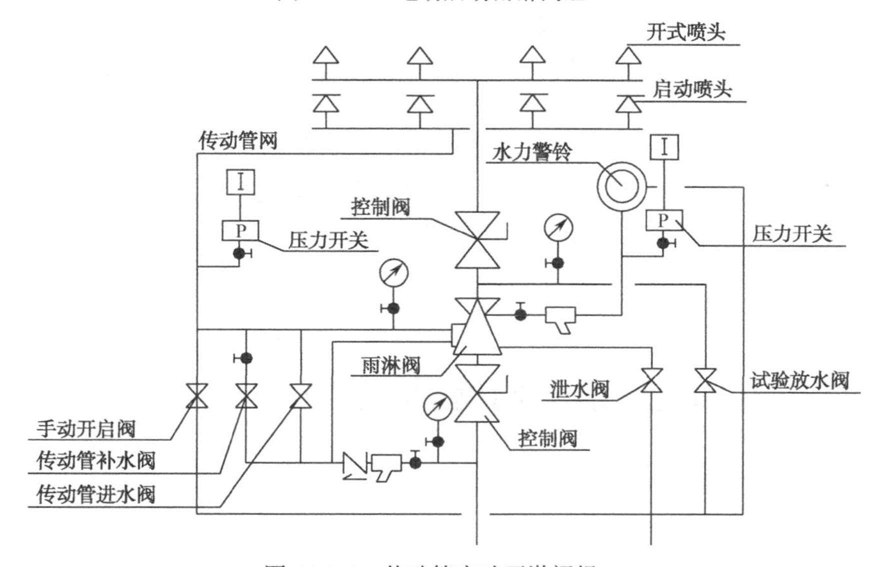

图 10.5-2　传动管启动雨淋阀组

雨淋阀组由雨淋阀、水力警铃、压力开关、控制阀门、电磁阀和气源等组成，是开式自动喷水灭火系统中的主要设备，它应用于雨淋系统、水幕系统和水喷雾系统中。雨淋阀组如图 10.5-3 所示。雨淋阀组按照启动方式分为电动启动方式和传动管启动方式。

图 10.5-3　雨淋阀组

对于电动启动的雨淋自动喷水灭火系统，雨淋报警阀组内的压力开关及雨淋阀腔上的泄压开启雨淋阀的电磁阀与火灾自动报警系统有关联。这些设备均是通过输入模块（压力开关）和输出模块（泄压电磁阀）将其状态信号传输给火灾报警控制器并接收火灾报警控制器发出的联动指令。雨淋自动喷水灭火系统中的信号阀只是监管信号，火灾自动报警系统显示它们的状态，不对其进行控制。现场内设置的火灾探测器报警后（根据现场的火灾危险性可按照任意一个感烟火灾探测器和任意一只感温探测器同时报警信号），其报警信号联动雨淋阀的泄压电磁阀的输出模块动作，该模块动作后，给电磁阀送上工作电压使其打开泄压，雨淋阀开启，水流流经雨淋阀组后，其压力开关动作，表示系统已经启动，这个信号是启动喷淋水泵的充要条件。对于通过传动管启动的雨淋系统，当启动闭式喷头开启后，雨淋阀中腔泄压，雨淋阀开启，压力开关动作，联动启动喷淋水泵。

雨淋自动喷水灭火系统的其他联动控制与湿式自动喷水灭火系统相同。

对于水喷雾自动灭火系统和水幕系统，如果系统设置自动控制时，其联动控制方式与雨淋系统相似，可参考执行。

10.6　电动防火门窗及防火卷帘的联动控制

1. 电动防火门窗的联动控制

防火门窗是指在建筑物中不同程度上能阻止火灾蔓延或延缓火灾蔓延的门窗。电动防火门如图 10.6-1 所示。电动防火窗如图 10.6-2 所示。

图 10.6-1　电动防火门

图 10.6-2　电动防火窗

电动防火门窗通常是常开方式，当发生火灾后需要关闭。这类防火门窗都设有各种电动释放装置，接受火灾自动报警系统的联动控制。防火门窗的电动释放装置一般都属于电磁释放机构，通电后产生电磁吸力，带动相应机构使得电动防火门窗关闭。所采用的工作电源通常是 DC 24 V，由火灾自动报警系统设置的输出/输入模块提供，其关闭后的返回信号也通过输出/输入模块传递到火灾报警控制器显示。电动防火门窗释放装置接线图如图 10.6-3 所示。

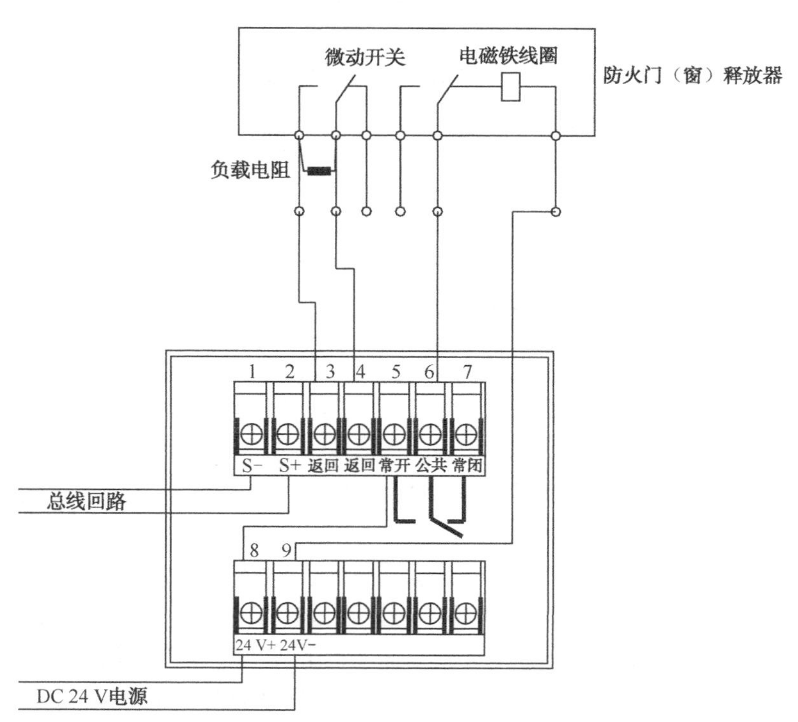

图 10.6-3　电动防火门窗释放装置接线图

电动防火门窗的联动控制是按照设计文件要求启动相关联的探测器或（和）手动报警

按钮，它们的火灾报警信号联动输出/输入模块动作，将 DC 24 V 电源接通电动防火门窗的释放装置，电动防火门窗被关闭后，关闭的反馈信号通过输出/输入模块反馈到火灾报警控制器。对于电动防火窗的联动，可以采用其所在房间内的任意一个火灾探测器和手动报警按钮来编程实现，当然对于设置在房间隔墙上的电动防火窗则需要隔墙两侧的房间内的任意一个火灾探测器和手动报警按钮来编程实现。对于电动防火门往往采用门内外两侧区域内的任意一个火灾探测器和手动报警按钮来编程实现。如果设计没有设置专门联动电动防火门窗的探测器，可以扩大到防火门窗两侧防火分区内任意一个火灾探测器和手动报警按钮来编程实现。

2. 防火卷帘的联动控制

当建筑物需要比较大的空间和面积不能使用防火墙分隔时，往往采用防火卷帘代替防火墙来作为防火分区的防火分隔设施，以满足对防火分区的分隔要求。防火卷帘的基本结构如图 10.6-4 所示，主要组件包括卷门机、卷轴、帘面、箱体、门楣、导轨、座板及控制箱等。

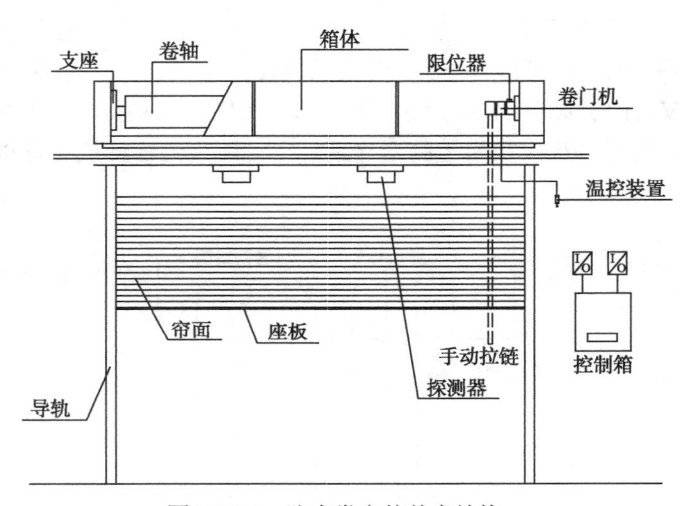

图 10.6-4　防火卷帘的基本结构

防火卷帘按照所安装的部位分为只起防火分隔作用的防火卷帘和安装在疏散通道上的防火卷帘。安装在疏散通道上的防火卷帘应具有两步关闭性能。所谓的两步关闭性能是指防火卷帘接到（探测器）报警信号后，控制防火卷帘自动关闭到中位处停止，延时 5～60 s 后继续关闭至全闭；或控制箱接到第一次报警信号后，控制防火卷帘自动关闭到中位处停止，接到第二次报警信号后继续关闭至全闭。对于防火卷帘的中停位置，一般是指距离地（楼）面 1.8 m 位置。在实际中，对疏散通道上的防火卷帘进行控制时，很少采用经中停后延时关闭至全闭的方式，一般是在防火卷帘两侧设置感烟火灾探测器和感温探测器。当感烟火灾探测器动作后，卷帘下降至距地（楼）面 1.8 m 完成一步降功能，当感温探测器动作后，卷帘下降到底，完成全闭的二步降功能。防火卷帘的降落是用防火卷帘控制箱完成的。防火卷帘控制器（箱）实物如图 10.6-5 所示。防火卷帘控制器的模块接线图如图 10.6-6 所示。

图 10.6-5　防火卷帘控制器（箱）实物

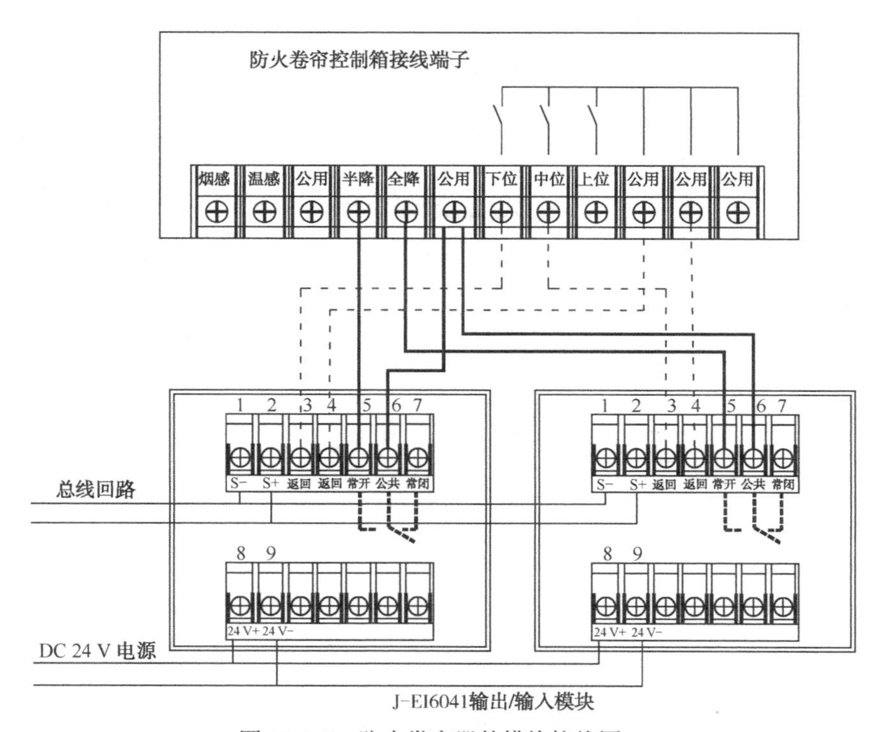

图 10.6-6　防火卷帘器的模块接线图

防火卷帘控制箱连接火灾自动报警系统中的两个输出/输入模块，当感烟火灾探测器报警后，其火警信号编程联动一个输出/输入模块动作，完成向防火卷帘控制箱发送一步降信号，并接收其中停反馈信号；当感温探测器报警后，其火警信号编程联动另一个输出/输入模块动作，发送完成二步降信号，并接收防火卷帘降底的反馈回答。对于一步降的火警信号也可以采用防火卷帘两侧区域内的任意一个感烟火灾探测器动作来联动编程。

对于只起防火分隔作用的防火卷帘，只要连接一个输出/输入模块，当防火卷帘两侧专用火灾探测器或者区域内任意一个火灾探测器报警后，其火警信号联动该输出/输入模块动作，控制防火卷帘直接降落到底，并接收其降到底后的反馈信号。

10.7 气体灭火系统的联动控制

气体灭火系统就是以气体作为灭火介质的灭火系统，统称为气体灭火系统。气体灭火系统按照其所采用结构的不同可分为有管网灭火系统和预制灭火系统。有管网灭火系统是指按照一定的应用条件，将灭火剂从储存装置经由灭火剂输送管道输送至防护区内实施喷放的灭火系统。预制灭火系统也称为无管网灭火系统，是指按照一定的应用条件，将灭火剂储存装置和喷放组件等预先设计、组装成套且具有联动控制功能的灭火系统。有管网灭火系统又分为单元独立和组合分配系统。

有管网灭火系统由灭火剂储存装置、启动分配装置、输送释放装置、监控装置等组成，对于高压二氧化碳系统应有称重装置。组合分配系统组成如图 10.7-1 所示。

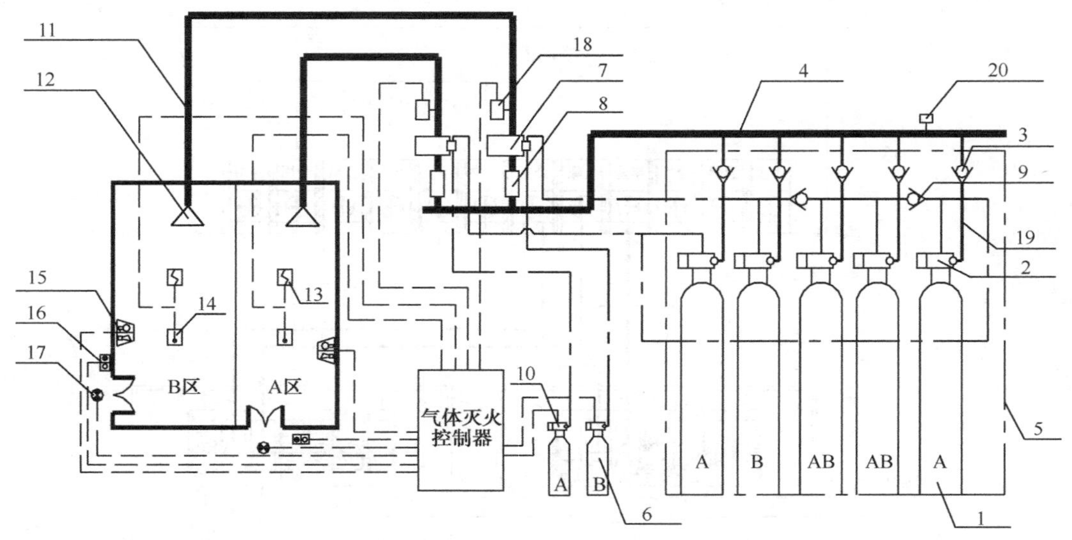

1—储存容器；2—储存容器的容器阀；3—液体单向阀；4—集流管；5—储存容器框架；6—启动气瓶；7—选择阀；8—减压装置（IG-541 系统）；9—气体单向阀；10—启动气瓶容器阀；11—输气管道；12—喷头；13—感烟火灾探测器；14—感温探测器；15—声光报警器；16—紧急启动/停止按钮；17—气体释放灯；18—压力开关；19—高压软管；20—安全阀

图 10.7-1 组合分配系统组成

气体灭火系统的联动控制一般由气体灭火控制器或气体灭火控制盘实现，执行国家标准 GB 16806—2006 标准的要求，常用的联动设备有容器阀、紧急启/停按钮、声光报警器、放气指示灯、压力开关、手/自动转换开关等。

1. 启动气瓶容器阀

气体灭火系统多通过启动气瓶启动，启动气瓶一般采用氮气，其容器阀内部设有电磁线圈。接通 DC 24 V 电源后，阀门打开，氮气输送到灭火剂储存容器的容器阀，灭火剂储存容器开启，释放灭火剂灭火。启动气瓶及启动电磁阀如图 10.7-2 所示。

采用气体灭火控制器/控制盘的系统（如图 10.7-7 所示），启动气瓶容器阀一般可直接接入，通过气体灭火控制器/控制盘内部的继电器直接控制；通过联动控制器控制的系统，要通过一个输入/输出模块控制，该模块动作后将启动电源送至容器阀，使其开启。

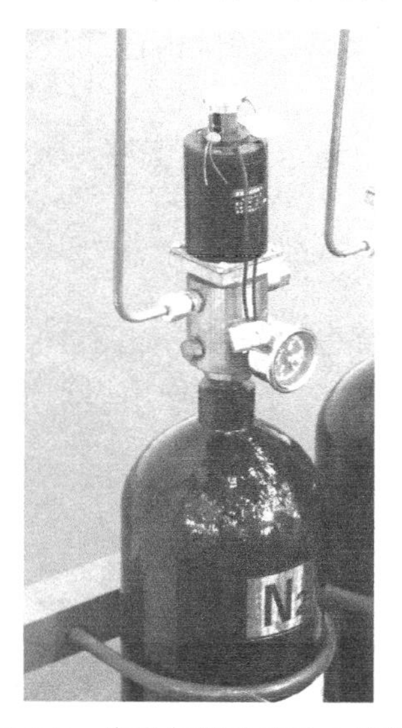

图 10.7-2　启动气瓶及启动电磁阀

2. 紧急启停按钮

在防护区门外设置紧急启停按钮，用于人工启动和停止气体灭火系统，如图 10.7-3 所示。启动按钮按下时，气体灭火系统相关设备应能按预定的逻辑关系启动；手动停止按钮按下时，应停止正在执行的联动操作。

图 10.7-3　紧急启/停按钮

采用气体灭火控制器/控制盘的系统，紧急启停按钮可直接接入；通过联动控制器控制的系统，要通过两个输入模块分别接收紧急启动、紧急停止信号。

3. 火灾声/光报警器

防护区应设置火灾声/光报警器，在防护区内任一火灾探测器或手动报警按钮报火警后，该防护区内的火灾声/光警报器应立即启动。

气体灭火控制器/控制盘一般采用非编码火灾声/光报警器（如 J-EI6084 型），由其内部的继电器直接控制；联动控制器一般采用带地址编码的火灾声/光报警器（如 J-EI6085 型），并通过输出模块控制，由输出模块为其提供 DC 24 V 电源。

4. 气体释放灯

在每个防护区门外安装气体释放灯，如图 10.7-4 所示，当气体灭火系统启动释放灭火剂后，该气体释放灯点亮，提醒人员防护区内已释放灭火剂，不要进入，以免受到气体伤害。

气体释放灯一般不带地址编码，通常工作电源为 DC 24 V，接线方式同非编码火灾声/光报警器。

5. 压力开关

气体灭火系统的输气管道上设有压力开关，如图 10.7-5 所示，当灭火剂沿着输气管道输送到防护区时，该压力开关受到灭火剂压力作用而动作。气体灭火控制器/控制盘、联动控制器根据该信号控制气体释放灯点亮。

图 10.7-4 气体释放灯

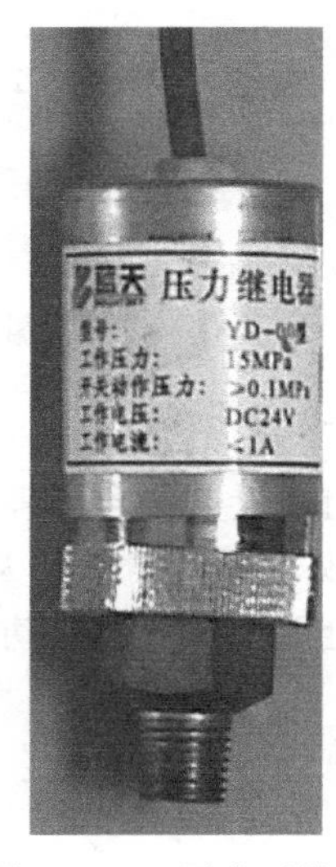

图 10.7-5 压力开关

采用气体灭火控制器/控制盘的系统，压力开关可直接接入；通过联动控制器控制的系统，要通过一个输入模块接收压力开关动作信号。

6. 手动/自动转开关

灭火设计浓度或实际使用浓度大于无毒性反应浓度（NOAEL 浓度）的防护区和采用热气溶胶预制灭火系统的防护区，应设手动/自动转换开关，如图 10.7-6 所示。当人员进入防护区时，应能将灭火系统转换为手动控制方式；当人员离开时，应能恢复为自动控制方式。手动/自动转换开关应能指示或显示手动、自动控制状态。

手动/自动转换开关应设在防护区疏散出口的门外便于操作的地方，安装高度为中心点距地面 1.5 m。

采用气体灭火控制器/控制盘的系统，手动/自动转换开关可直接接入；通过联动控制器控制的系统，要通过输入/输出模块接收手动/自动转换开关信号，控制手动、自动指示灯工作。

气体灭火系统的联动控制通过防护区内设置感烟火灾探测器和感温探测器来实现。当感烟火灾探测器报警后，其火警信号联动控制防护区内的电动防火阀、电动防火门窗等的

输出模块，关闭防护区内的有关开口、停止有关的空调送风等，同时也联动启动声光报警器发出火灾警报声音。当感温探测器报警后，气体灭火控制器可感觉防护区的需要，延时或不延时给气体灭火系统的启动气瓶容器阀连接的输出模块发出动作信号。如果延时发送，延时最多不超过 30 s。启动气瓶容器阀连接的输出模块动作后，将启动电源接通到启动气瓶容器阀，容器阀开启，释放出启动气体，并相应开启灭火剂钢瓶的容器阀，释放灭火剂。当灭火剂通过灭火剂输送管道向防护区喷洒时，输送管道上的压力开关被灭火剂启动，连接到压力开关上的输入模块动作，将信号传递到气体灭火控制器，这个信号联动气体释放灯的输出模块，使其动作，气体释放灯得到工作电源后被点亮。

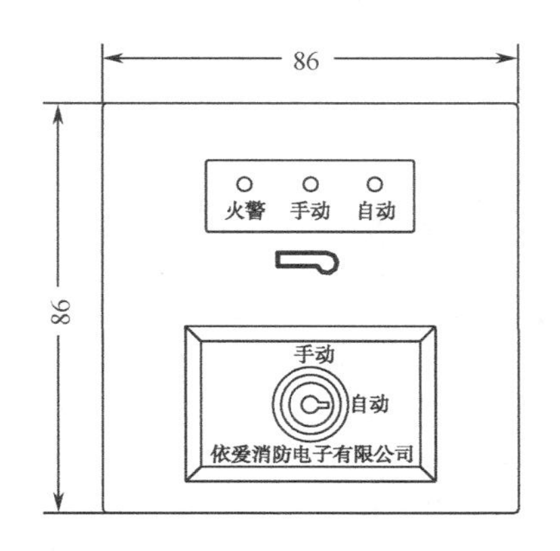

图 10.7-6　手动/自动转换开关

气体灭火系统除了上述通过模块方式间接与气体灭火控制器之间进行信号传输，还有可以将上述设备直接与气体灭火控制器端子板相连接，不需要很多模块来实现其功能。如果探测器也需要和气体灭火控制器相连接的话，气体灭火控制器必须是“火灾报警控制器/气体灭火控制器”类型的，否者探测器只能连接到火灾报警控制器上，并通过与气体灭火控制器之间的通信线路将探测器的火警信号与气体灭火控制器联动。

图 10.7-7 为 EI-6001QT 型火灾报警控制器/气体灭火控制器，该控制器同时具有火灾报警控制器和气体灭火控制器双重功能，可以直接通过总线连接探测器，能以二总线制方式接入地址编码感烟、感温火灾探测器，也可通过中继模块接入非编码感烟、感温火灾探测器，接收探测器的火警信号。保护气体灭火防护区分为 4 区（可选）；回路容量≤124 点。具有 4 个独立的灭火控制区，每个分区的 EI6132 气体区控模块具有选择阀输出、声光输出、放气灯输出，区控板具有放气阀输出，能根据各分区的火警信息和喷洒状态，自动启动声光报警器、选择阀、放气阀、放气灯等设备；每个区具有 1 个紧急启动按钮，可直接启动放气阀。

图 10.7-8 为采用 EI-6001QT 型火灾报警控制器/气体灭火控制器的气体灭火系统接线图，控制器通过报警二总线 S+、S−连接地址编码感烟、感温火灾探测器及中继模块；通过分区总线连接 J-EI6132 型输入/输出模块（气体分区模块），如图 10.7-9 所示，各区的放气阀采用直接连接方式，放气阀的控制线必须布设到 EI-6001QT 控制器。

声光警报器、放气灯、选择阀、紧急启/停按钮、手动/自动转换开关、压力开关等现场设备由控制器通过本分区的 EI6132 气体区控模块进行控制和接收。

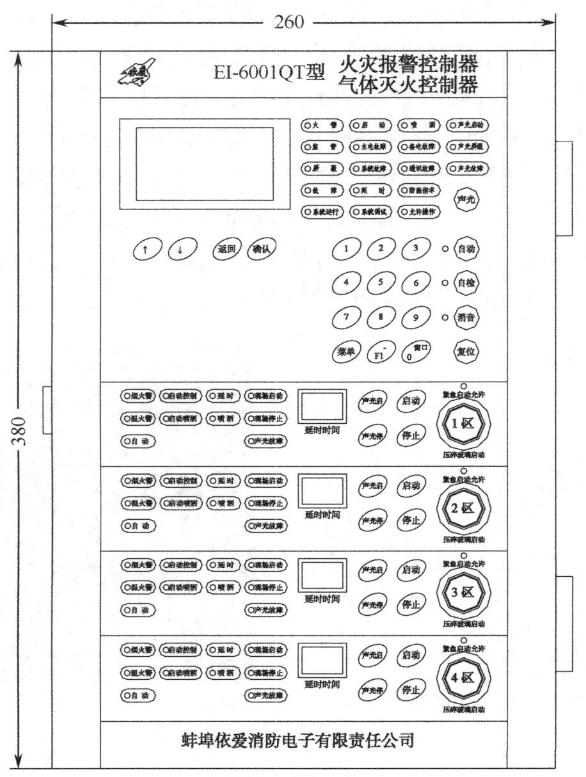

（a）尺寸大小

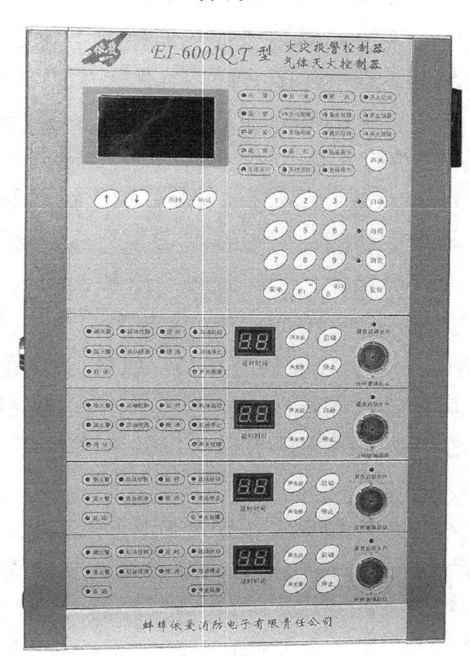

（b）实物

图 10.7-7　EI-6001QT 型火灾报警控制器/气体灭火控制器

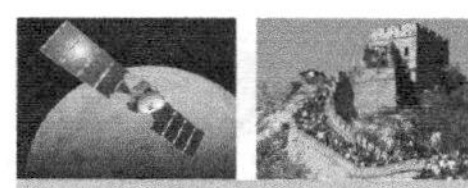

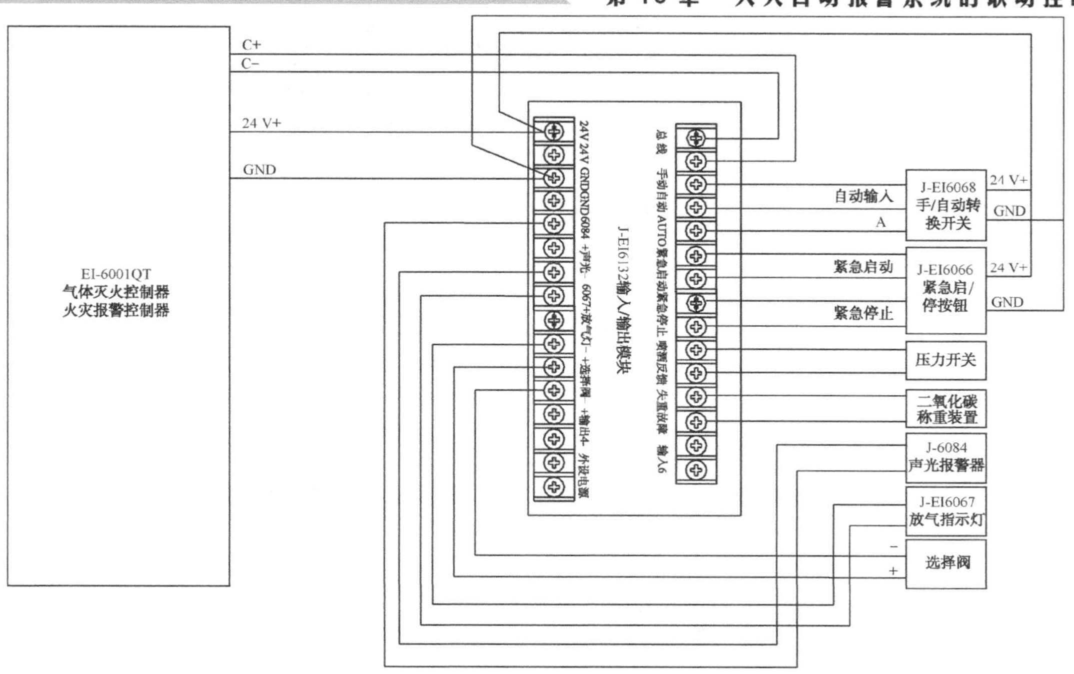

（a）与输入/输出模块的接线

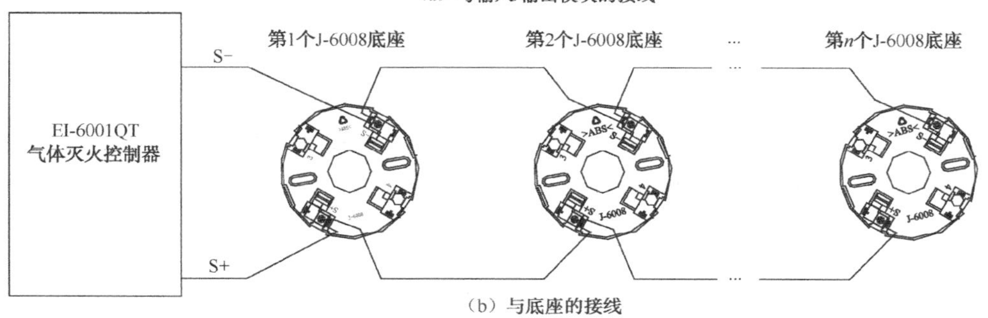

（b）与底座的接线

图 10.7-8　EI-6001QT 型火灾报警控制器/气体灭火控制器的气体灭火系统接线图

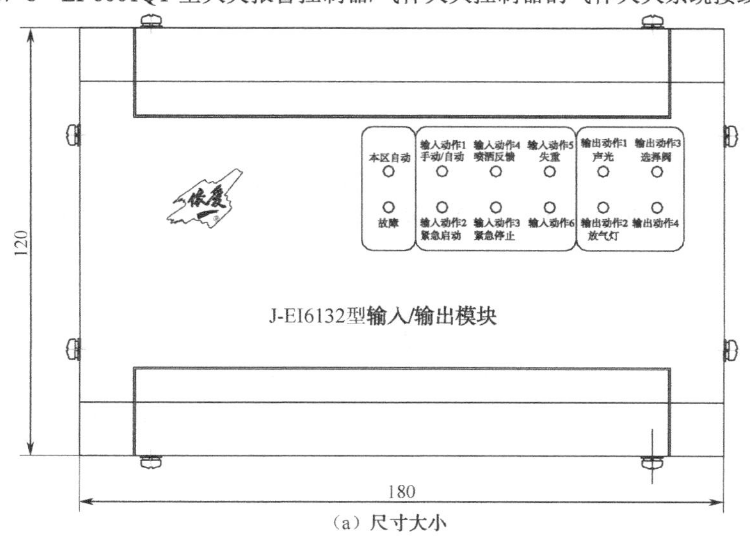

（a）尺寸大小

图 10.7-9　J-EI6132 型输入/输出模块（气体分区模块）

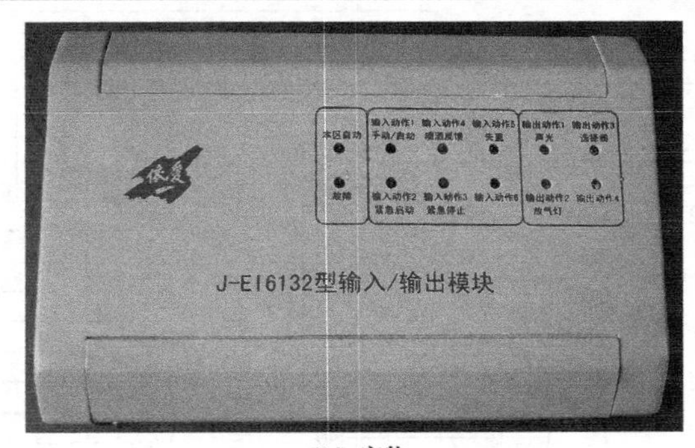

（b）实物

图 10.7-9（续） J-EI6132 型输入/输出模块（气体分区模块）

气体灭火控制器另有火警输出继电器、故障输出继电器等，可将相应状态上传到报警监控中心。气体灭火控制器具有联网功能，可通过 EINet®连接集中报警控制器，实现局域联网通信。

10.8 防/排烟系统的联动控制

防/排烟系统是指建筑内设置的，用以防止火灾烟气蔓延扩大的防烟系统和排烟系统的总称。

排烟系统是指采用机械排烟方式或自然排烟方式，将烟气排至建筑物外的系统。排烟系统中首先要确认防烟分区的划分，防烟分区的划分原则是每个防烟分区的面积一般不超过 500 m^2（汽车库为 2 000 m^2），并且防烟分区不应跨越防火分区。设置排烟设施的走道、净高不超过 6.00 m 的房间应采用挡烟垂壁、隔墙或从顶棚下突出不小于 0.5 m 的梁划分防烟分区，在每个防烟分区内均设有排烟口。

防烟系统是指采用机械加压送风方式或自然通风方式，防止烟气进入疏散通道等区域的系统。防烟主要是对疏散楼梯间及其前室加压送风，使其空间压力大于着火的楼层压力，这样着火产生的有毒热烟气就被阻挡在楼梯间外面，确保疏散楼梯间的安全。

机械防排烟系统由风口、风管及风机等组成。

1. 排烟阀（口）

排烟阀是指安装在机械排烟系统各支管端部（烟气吸入口）处，平时呈常闭状态，需要排烟时手动或电动打开，起排烟作用的阀门。排烟口是指安装在建筑物机械排烟系统吸入口处，表面带有装饰口或进行过装饰处理的排烟阀。

排烟阀（口）主要有多叶排烟/送风口和板式排烟口，如图 10.8-1、图 10.8-2 所示。

常闭排烟口、送风口本体上没有电动操作结构，它们的电动机构都在其手动控制装置上，手动控制装置一般都设在便于操作的位置，距离地面高度宜为 1.5 m。手动控制装置钢丝绳管应预埋 DN20 的金属保护套管，套管不得有死弯及瘪陷，弯曲数量一般不多于 3 处，弯曲半径应大于 250 mm，缆绳长度一般不大于 6 m。设施安装完毕后，手动控制装置操作应灵活。

手动控制装置内部设有电磁线圈，当电磁线圈得电后，产生电磁吸力，带动杠杆机构

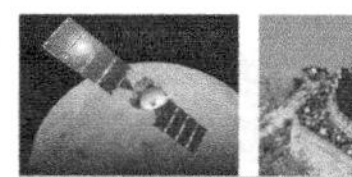

动作，松开钢丝绳卷轴，使其转动，释放钢丝绳，常闭排烟口打开。同时杠杆机构 3 动作时，按动手动控制装置内的微动开关，发出动作信号。

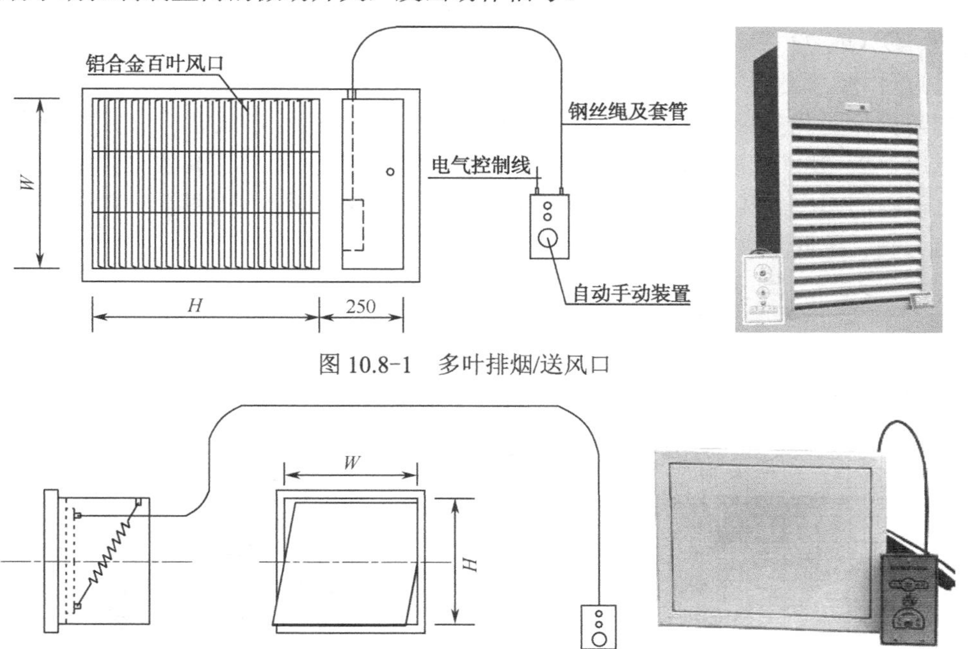

图 10.8-1　多叶排烟/送风口

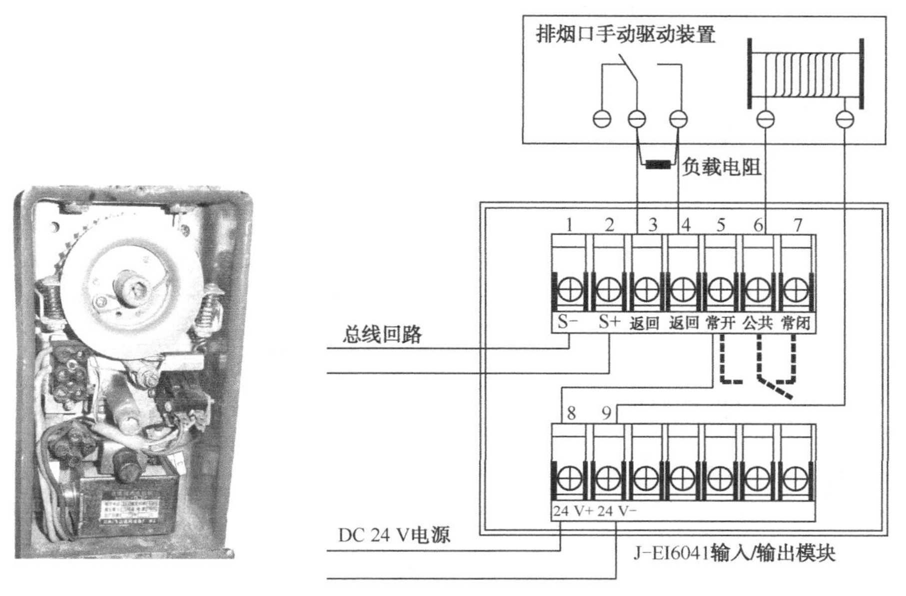

图 10.8-2　板式排烟口

对于常闭排烟口的联动控制通常采用一个输入/输出模块来完成，输出端将 DC 24 V 电源输送给手动控制装置的电磁线圈，输入端连接手动控制装置内的微动开关的常开触点，手动控制装置及接线如图 10.8-3 所示。

图 10.8-3　手动控制装置及接线

2. 防火阀、排烟防火阀

防火阀是安装在通风、空调系统的送、回风管道上，平时呈开启状态，当管道内烟气温度达到 70 ℃（或 72 ℃）时关闭，在一定时间内满足耐火稳定性和耐火完整性要求，起隔烟阻火作用的阀门。其性能应满足国家标准 GB 15930－1995《防火阀试验方法》的要求。

排烟防火阀是指安装在机械排烟系统的管道上，平时呈开启状态，火灾时当排烟管道内烟气温度达到 280 ℃时自动关闭，在一定时间内满足耐火稳定性和耐火完整性要求，起隔烟阻火作用的阀门。其性能应满足国家标准 GB 15931－1995《排烟防火阀试验方法》的要求。防火阀、排烟防火阀如图 10.8-4 所示。

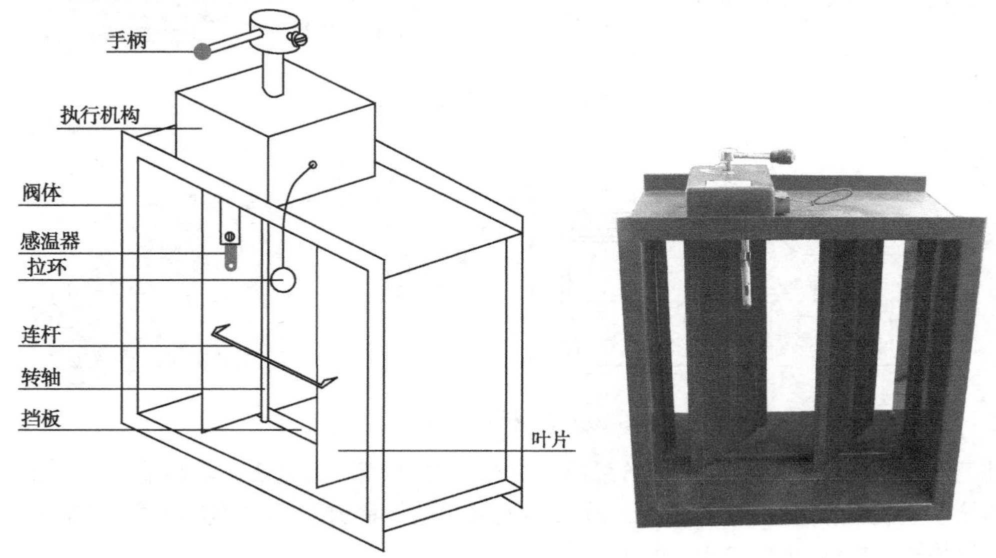

图 10.8-4　防火阀、排烟防火阀

防火阀和排烟防火阀的控制方式分为温感器控制自动关闭、温感器+手动控制关闭（开启）及温感器+手动+电动控制关闭（开启）。防火阀、排烟防火阀操作机构如图 10.8-5 所示。

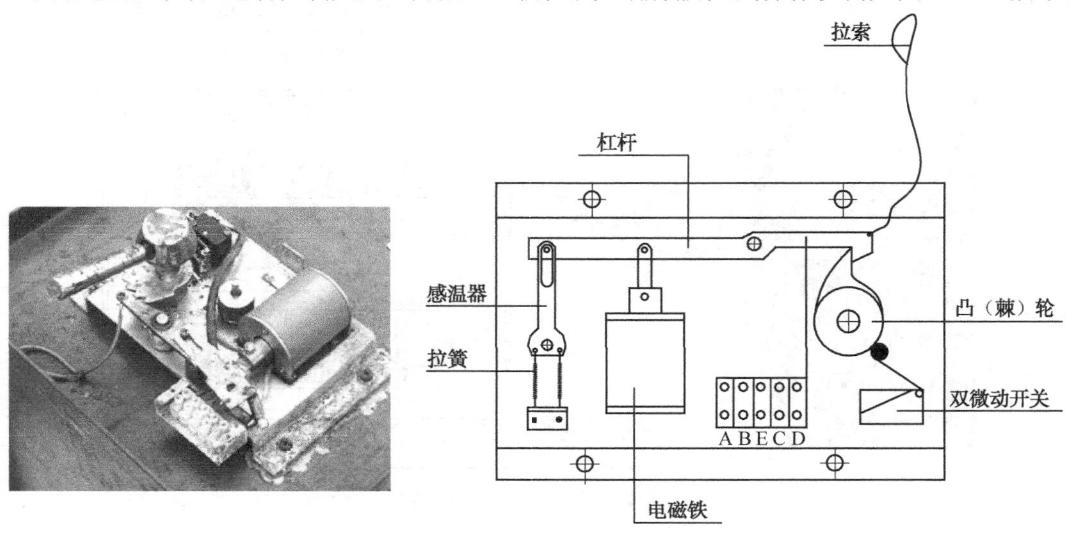

图 10.8-5　防火阀、排烟防火阀操作机构

1）温感器控制自动关闭

火灾中，管道内的烟气温度达到 70 ℃时，温感器熔断，拉簧从拉伸状态恢复到常态，杠杆动作使杠杆和凸（棘）轮脱开，转轴转动，阀门关闭。凸（棘）轮转动时，压动微动开关，使其动作，输出防火阀（排烟防火阀）的关闭信号。

对于只有温度控制功能的防火阀（排烟防火阀）火灾自动报警系统，则通过输入模块与其相连接。防火阀（排烟防火阀）接线图如图 10.8-6 所示。

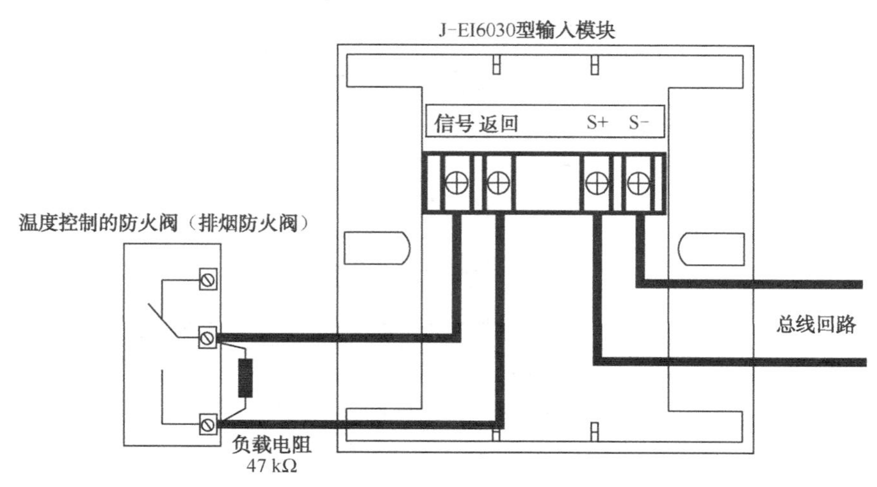

图 10.8-6　防火阀（排烟防火阀）接线图

2）温感器+手动控制关闭（开启）

火灾中管道内的烟气温度达到 70 ℃时，温感器熔断，拉簧从拉伸状态恢复到常态，杠杆动作使杠杆和凸（棘）轮脱开，转轴转动，阀门关闭。

执行机构内设有手动拉索，当拉动拉索使杠杆动作时，杠杆和凸（棘）轮脱开，转轴转动，阀门关闭。

凸（棘）轮转动时，压动微动开关，使其动作，输出防火阀（排烟防火阀）的关闭信号。

对于只有温度+手动控制功能的防火阀（排烟防火阀）火灾自动报警系统，则通过输入模块与其相连接，如图 10.8-6 所示。

3）温感器+手动+电动控制关闭（开启）

火灾中管道内的烟气温度达到 70 ℃时，温感器熔断，拉簧从拉伸状态恢复到常态，杠杆动作使杠杆和凸（棘）轮脱开，转轴转动，阀门关闭。也可以拉动拉索使杠杆和凸（棘）轮脱开，转轴转动，关闭阀门。或使电磁铁通电动作，拉动杠杆动作，使杠杆和凸（棘）轮脱开，转轴转动，关闭阀门。凸（棘）轮转动时，压动微动开关，使其动作，输出防火阀（排烟防火阀）的关闭信号。

对于温感器+手动+电动控制关闭（开启）的防火阀（排烟防火阀）火灾自动报警系统通过输入/输出模块与其相连接，输出端给执行机构的电磁线圈提供 DC 24 V 工作电源，其输入端连接执行机构的微动开关，接收其动作的反馈信号。电动防火阀（排烟防火阀）接线示意图如图 10.8-7 所示。

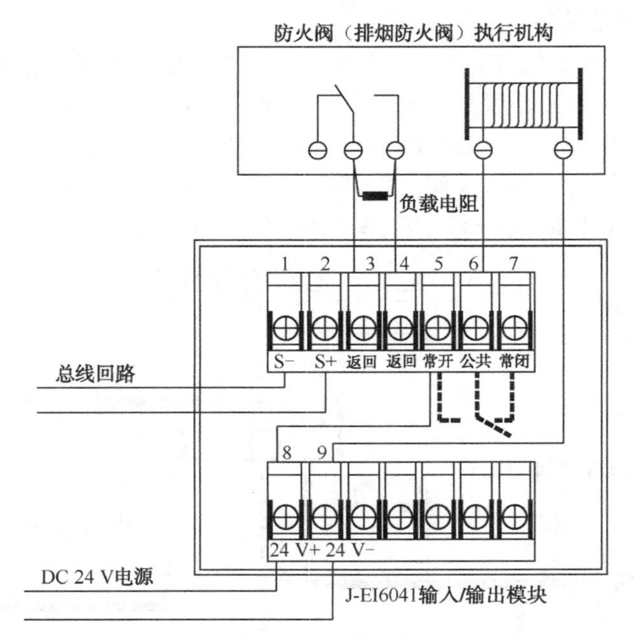

图 10.8-7　电动防火阀（排烟防火阀）接线示意图

3. 风口

风口是指装在通风管道侧面或支管末端用于送风、排风和回风的孔口或装置的统称。在加压送风系统中所说的加压送风口是指两类，一类是没有任何操作机构的自垂百叶风口，如图 10.8-8 所示；这类风口在楼梯间内一般每隔二至三层设一个加压送风口。它的开启是通过加压送风机启动，向风管内送风加压，风管内的风压增加，并将其开启。

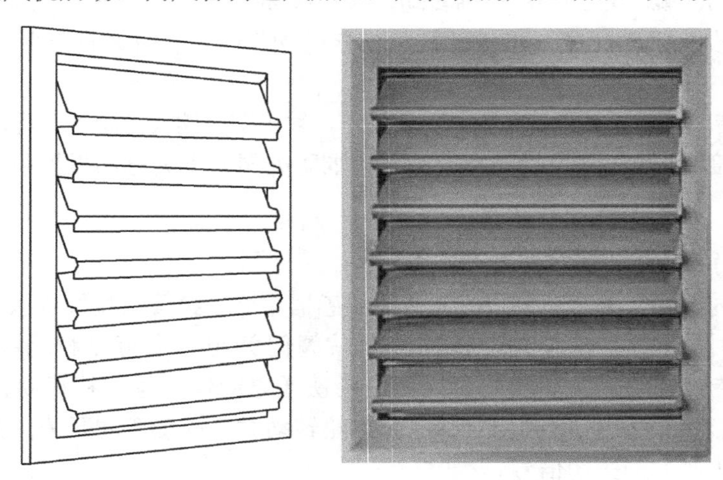

图 10.8-8　自垂百叶风口

另一类风口是安装在前室或合用前室内的加压送风口，并且前室的加压送风口应每层设一个。这类送风口实质上与排烟阀（口）一样，只是排烟阀（口）是排烟，而加压送风口是向前室内加压送风，如图 10.8-9 所示。其执行机构与防火阀相似，如图 10.8-10 所示，其电动控制与接线如图 10.8-7 所示。

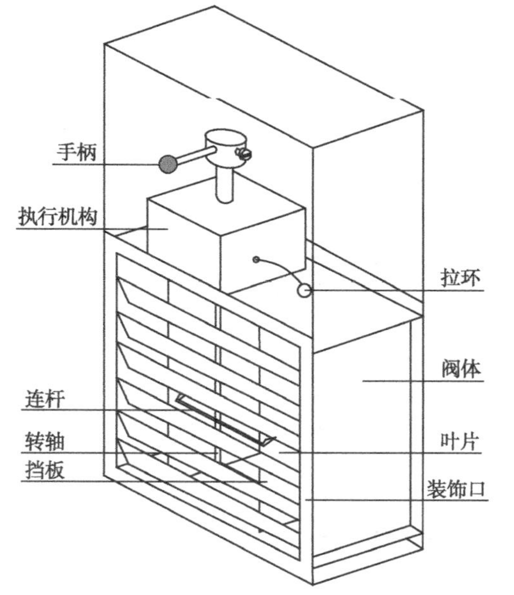

图 10.8-9 常闭送风口

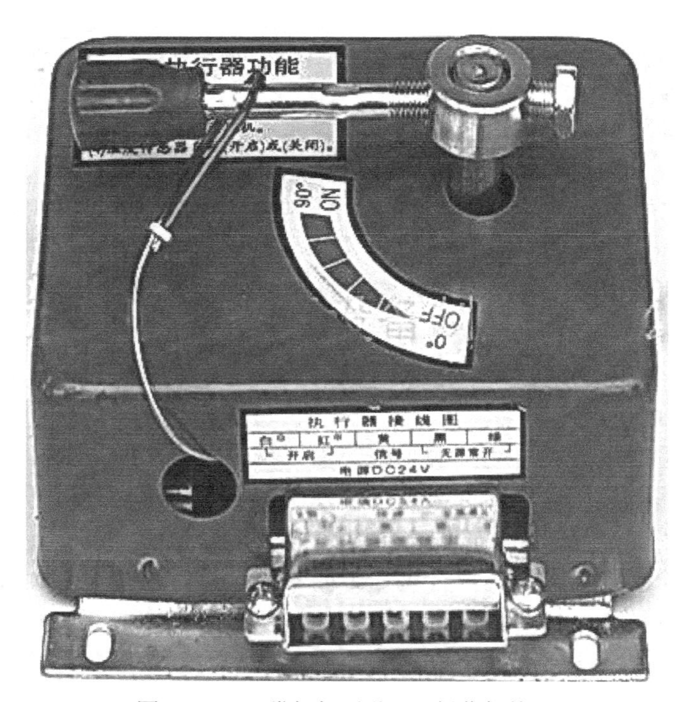

图 10.8-10 常闭加压送风口操作机构

4. 风机

风机是依靠输入的机械能，提高气体压力并排送气体的机械，它是一种从动的流体机械。风机根据气流进入叶轮后的流动方向分为轴流式风机、离心式风机和斜流（混流）式风机。在防排烟系统中，风机按照系统不同，分为防烟系统中的加压送风风机、排烟系统中的排烟风机及其补风风机。

对于风机的控制方式主要有三种：风机附近的就地手动控制、消防中控室内设置手动直接控制装置来直接控制及火灾自动报警系统的联动控制。对于排烟风机，其风管根部的排烟防火阀关闭后，还应停止排烟风机的运行。

风机控制箱接线端子功能示意图如图 10.8-11 所示。

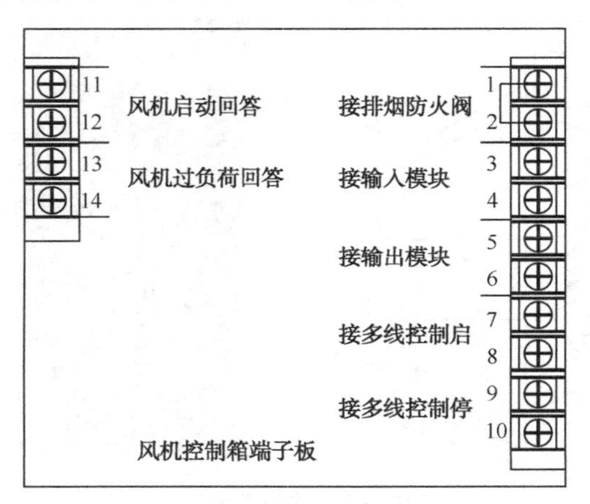

图 10.8-11　风机控制箱接线端子功能示意图

（1）风机附近的就地手动控制是指风机的控制箱面板上有对风机的启动/停止按钮，通过它们控制风机的运行。

（2）风机的联动控制就是通过火灾自动报警系统总线上设置的模块，与风机控制箱相连接，通过逻辑编程来实现对风机的控制及风机运行状态的反馈显示。风机的控制箱根据所在系统及生产厂家的不同而有所区别，但其主要功能是相同的，图 10.8-11 给出风机控制箱端子的功能，其连接方式如下。

在风机控制箱的端子板上有接入输入模块的端子（3#、4#端子），连接火灾自动报警系统的输入模块。当火灾自动报警系统中的有关火灾触发器件报警后，其火警信号联动该模块动作，导致 3#、4#端子短接（或者由这两个端子输入 DC 24 V 电源，启动控制箱内的 24 V 继电器），风机启动。

5#、6#号端子是连接火灾自动报警系统的输入模块，当风机运行后，5#、6#号端子被短接，连接它们的输入模块动作，向火灾报警控制器反馈风机运行信号。如果采用的是输出/输入模块时，5#、6#号端子连接输出/输入模块的“返回”端子。

1#、2#端子是连接排烟防火阀执行机构中的常闭触点。当排烟防火阀动作关闭后，执行机构内的常闭触点打开，1#、2#端子由原来的被短接状态变成断开状态，此时风机停止运行。当被控制的风机为送风风机时，1#、2#端子不连接排烟防火阀，要用短接线连接上，否则风机不能启动运行。

对于排烟防火阀停止风机运行接线方式，也可以采用模块连锁的方式，1#、2#端子连接输出模块的常闭触点，排烟防火阀的关闭信号联动输出模块动作，使其常闭触点打开，停止风机运行。

11#、12#端子连接一个输入模块，当风机启动运行后，该端子闭合，通过输入模块反馈风机启动的回答信号。

13#、14#端子连接一个输入模块，当风机过负荷后，该端子闭合，通过输入模块反馈风机过负荷的回答信号。

（3）消防中控室内设置手动直接控制装置来直接控制。

消防中控室内设置手动直接控制装置来直接控制，是通过消防控制室内的火灾报警控制器上设置的多线联动控制盘来实现的，也称为多线手动直启控制方式。

7#、8#端子连接消防控制室多线直接启动，当火灾报警控制器上的多线控制装置“启动”按钮按下后，7#、8#端子被短接，风机启动。9#、10#端子为连接消防控制室多线直接停止，该端子平时被停止按钮短接，当火灾报警控制器上的多线控制装置“停止”按钮按下后，9#、10#端子由短接状态变成断开状态，风机停止运行。

5. 机械加压送风方式的防烟系统的联动关系

疏散楼梯间内每隔二至三层设一个加压送风口，这类风口是自垂百叶风口，不用电动控制，当送风风机启动后，竖向风道增压后，自垂百叶风口自动被风压开启，向疏散楼梯间送风加压；前室的加压送风口每层设一个，平时是常闭状态，火灾确认后要开启相关楼层的送风口。

建筑物内机械加压送风系统的联动启动是通过室内火灾探测器和手动报警按钮来实现的。当室内楼层或防火分区内任意一个火灾探测器或者手动报警按钮报警时，其火灾报警信号联动启动疏散楼梯间内加压送风风机，向疏散楼梯间内送风加压；与此同时联动开启探测器或手动报警按钮所在楼层及该楼层上下两层的前室内的常闭加压送风口，着火层及上下两层内任意加压送风口开启后的反馈信号联动启动该前室的加压送风风机，向着火层及上下两层的前室内送风加压。

6. 排烟系统的联动关系

防烟分区内任意一个火灾探测器报警，其火警信号联动启动该防烟分区内的所有需要开启的排烟口（阀），排烟阀（口）开启的反馈回答信号联动启动负责该防烟分区排烟的排烟风机，排烟风机启动后的回答信号联动启动相应的补风风机。消防控制室内应收到排烟口（阀）开启和排烟风机、补风风机启动和故障的回答信号。

10.9　其他消防设施的联动控制

1. 火灾应急照明控制

火灾应急照明有平时和火警时均常亮的，这类不需要联动控制。还有重要的消防设施房间内的火灾应急照明，这类场所发生火灾后，有工作人员工作，通过照明灯具的开关控制，也不需要消防联动控制。唯有疏散通道上设置的火灾应急照明，平时作为正常照明使用，设置了灯具的控制开关，当火灾发生时，就需要其处于点亮状态，也就是需要消防联动控制点亮。

火灾应急照明灯的联动点亮控制如图 10.9-1 所示，通过一个双控开关控制的平时作为正常照明，火灾时作为火灾应急照明使用。事故照明配电箱内设置一个 DC 24 V 的继电器，其主要作用是输出模块的触头电压和容量不能直接接入 AC 22 V 电源，要利用继电器

的常开触点来实现，输出模块控制继电器的线圈，当所处的防火分区任意一个火灾探测器或手动报警按钮动作，发出火警信号后，联动输出模块动作，其常开触头闭合，使得继电器线圈得电，继电器的常开触点闭合，此时双控开关如果处在断开状态时，L 线跨过双控开关点亮灯具。

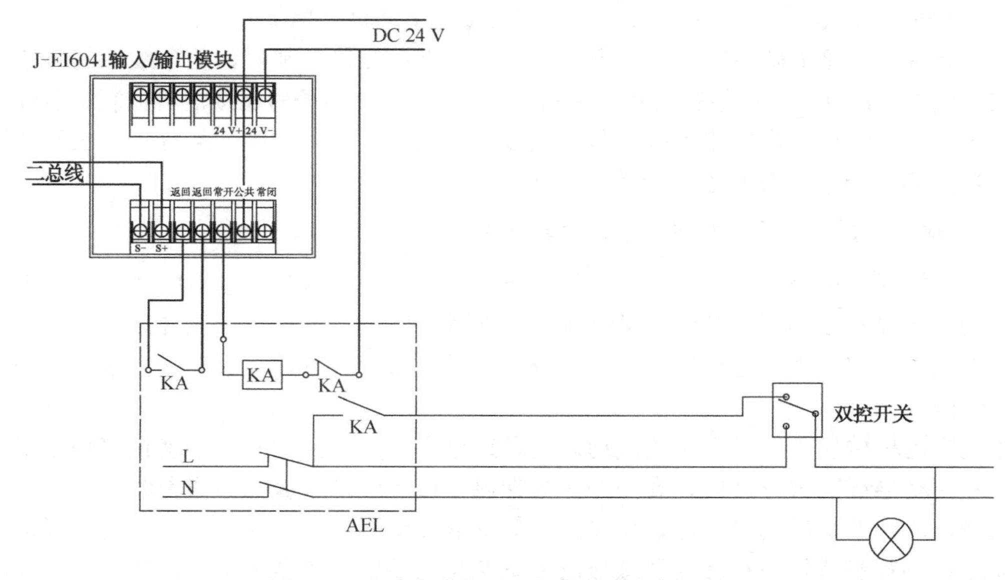

图 10.9-1　火灾应急照明灯的联动点亮控制

2. 切断非消防电源

建筑物发生火灾时，要切断非消防电源，防止火势沿配电线路蔓延扩大和避免触点事故。切断非消防电源有两种方式，一种是手动切断，另一种是自动切断。

手动切断可以通过通知人员手动拉闸，或者通过火灾报警控制器上的联动控制盘来实现，而自动切断则需要火灾自动报警系统联动实现。除了人员现场操作拉闸外，其他的切断方式都需要被切除的供电回路的断路器具有断路器的分励脱扣装置。分励脱扣装置与火灾自动报警系统中的输出模块相连接，分励脱扣装置视厂家型号的不同，一般分励脱扣装置电压规格有 AC 220 V、AC 400 V、DC 220 V、DC 24 V。有些厂家可能只有电压规格（电源输入）为 AC 230 V、AC 400 V、DC 220 V。输出模块需要按照分励脱扣装置的电压规格向分励脱扣装置线圈提供合适的电源电压，线圈通电后，分励脱扣装置动作，断路器跳闸，切断该回路的供电。在连接输出模块时，一定要确认输出模块触点电压等级和容量，防止烧毁输出模块，如果是 DC 24 V 电压规格的分励脱扣装置，输出模块提供的电源可以采用火灾报警控制器给系统提供的 DC 24 V 电源。切断非消防电源接线图如图 10.9-2 所示，断路器分励脱扣装置的电压规格为 DC 24 V，与输出模块的连接方式。

分励脱扣装置的线圈属于短时工作制，不能长期带电工作，一般的断路器内部设有分断线圈的微动开关电路，当分励脱扣装置动作时，自动切断线圈的外部供电，但是有的断路器不具备这个功能，在输出模块连线时应串联常闭触点。同时输出模块宜采用脉冲方式动作。

自动切断非消防电源的联动关系，应保证断电范围不宜扩大，采用发生火灾的防火分区内任意一个火灾探测器（有的建筑物，为了防止误动作，将任意两个探测器动作信号作为联动条件的，也是可以的）或手动报警按钮的火警信号联动该防火分区切断非消防电源的输出模块来实现。

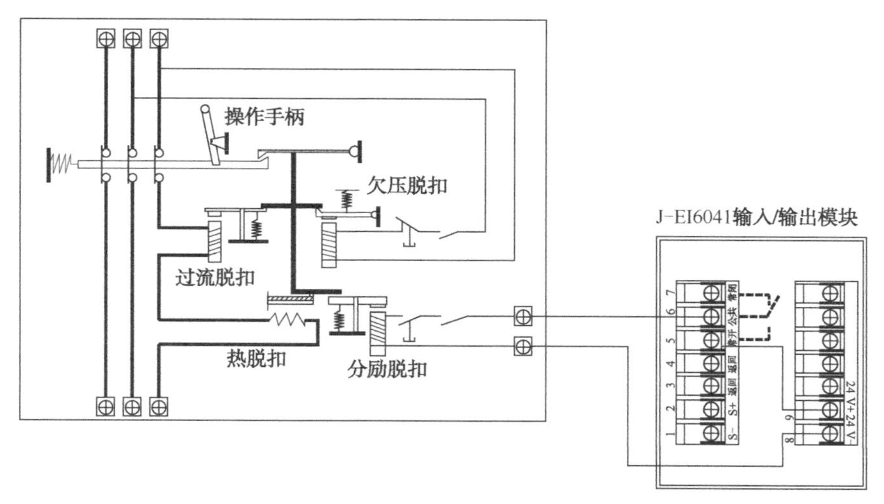

图 10.9-2　切断非消防电源接线图

3. 电梯回降控制

发生火灾后，室内产生有毒的烟气，这些有毒的烟气会朝压力低的区域蔓延扩散。室内的竖向电梯井道，由于“烟囱效应”的作用，往往导致有毒烟气的进入，威胁电梯内人员的安全。另外，发生火灾后，消防电梯要迅速到达首层，等待消防队员的使用。基于这些要求，当发生火灾后，建筑物内的所有电梯均要下降至首层，并且要向消防控制室返回到达首层的信息。

对于电梯在发生火灾后降至首层的控制方式与上面的切断非消防电源相类似，最好是采用消防控制室内火灾报警控制器上的联动控制盘来实现手动控制。如果是自动控制，则需要火灾自动报警系统中的输出/输入模块来实现。

电梯机房内的电梯控制柜内有专为消防控制的端子，一般设有 4 对端子，2 对是接入火灾自动报警系统输出模块的闭合信号的，2 对是向火灾自动报警系统反馈电梯到底首层的回答信号。这些端子一般都是无源端子。输出模块提供无源开关闭合信号后，电梯开始下降，当降至首层后，其回答端子给出一个闭合的无源信号，激活输入模块，向火灾报警控制器反馈电梯到达首层。

作为电梯降至首层的联动源，通常采用建筑物内任意两个火灾探测器的报警信号，或者是手动报警按钮的动作信号来实现。当然，如果火灾报警控制器设置了智能手动控制盘，其上面的对应电梯控制的输出模块的按钮也可以作为手动电梯降至首层的手动控制方式。

4. 火灾警报装置及火灾应急广播的控制

火灾警报装置及消防广播的控制有手动控制和联动控制两种类型。联动控制主要是编程，一般采用发生火灾的防火分区内任意一个火灾探测器或手动报警按钮动作联动启动相关部位的火灾警报装置及消防广播。火灾警报装置与应急广播的控制装置的控制程序应符

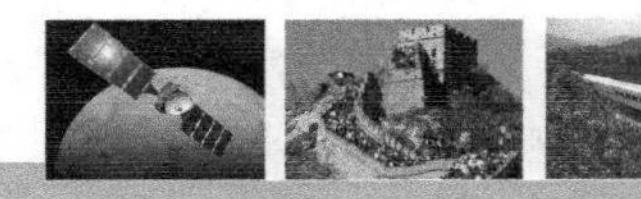

合下列要求。

（1）二层及以上的楼房发生火灾，应先接通着火层及其相邻的上、下层。

（2）首层发生火灾，应先接通本层、二层及地下各层。

（3）地下室发生火灾，应先接通地下各层及首层。

（4）含多个防火分区的单层建筑，应先接通着火的防火分区及其相邻的防火分区。

火灾自动报警系统安装、编程结束后，进行系统的调试，系统调试主要是对系统上的各种设备进行开通、测试、系统联动关系的校核。火灾自动报警系统调试完成后，进行验收。

11.1 火灾自动报警系统的调试

火灾自动报警系统的调试主要是检查系统设备工作情况和联动编程的正确性，应在系统施工编程结束及其他消防设施安装调试结束后进行。调试单位在调试前应编制调试程序，并应按照调试程序工作。调试负责人必须由专业技术人员担任。

1. 火灾报警控制器调试

（1）调试前应切断火灾报警控制器的所有外部控制连线，并依次将各个总线回路与火灾报警控制器分别相连接后，接通电源。

（2）检查自检功能和操作级别。

火灾报警控制器面板上设有【自检】按键，按下此键，对控制器面板上所有指示灯、数码管，以及液晶屏、扬声器等进行自检。有火警、盗警或可燃气报警时，【自检】键被屏蔽。主机处在自检状态时，自检指示灯点亮。操作键盘如图11.1-1所示。

主机的操作级别如表11.1-1所示，调试人员依表11.1-1所示逐项对主机测试。

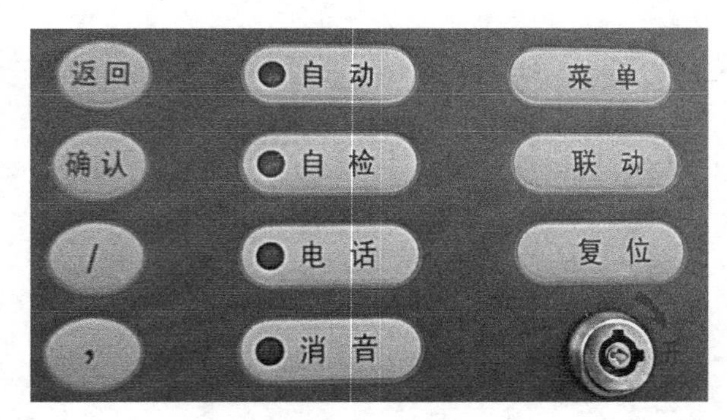

图 11.1-1　操作键盘

表 11.1-1　主机的操作级别

序　号	操 作 项 目	Ⅰ	Ⅱ	Ⅲ	Ⅳ
1	查询信息	M	M	M	M
2	消除声信号	O	M	M	M
3	复位	P	M	M	M
4	手动操作	P	M	M	M
5	进入自检、屏蔽和解除屏蔽等工作状态	P	M	M	M
6	调整计时装置	P	M	M	M
7	开、关电源	P	M	M	M
8	输入或更改数据	P	P	M	M
9	延时功能设置	P	P	M	M
10	报警区域编程	P	P	M	M
11	修改或改变软、硬件	P	P	P	M

注 1：P—禁止；O—可选择；　M—本级人员可操作

注 2：进入Ⅱ、Ⅲ级操作功能状态应采用钥匙、操作号码，用于进入Ⅲ级操作功能状态的钥匙或操作号码可用于进入Ⅱ级操作功能状态，但用于进入Ⅱ级操作功能状态的操作号码不能用于进入Ⅲ级和Ⅳ级操作功能状态

（3）当控制器与探测器之间的连线断路和短路，控制器应在 100 s 内发出故障信号（短路时发出火灾报警信号除外）；在故障状态下，使任一非故障部位的探测器发出火灾报警信号，控制器应在 1 min 内发出火灾报警信号，并应记录火灾报警时间；再使其他探测器发出火灾报警信号，检查控制器的再次报警功能。

（4）检查消音和复位功能。

（5）当控制器与备用电源之间的连线断路和短路，控制器应在 100 s 内发出故障信号。

（6）检查屏蔽功能。

系统正常运行后，当按下【菜单】键，液晶屏会弹出菜单操作窗口，提示输入操作口令，如图 11.1-2 所示。

其中，【选择】键用于选择 A、B、C、D、E、F；【输入】键用于输入选择的（A、B、C、D、E、F）字符；【删除】键用于删除已输入的最后一个字符。密码输入完成后，按【确认】键，系统将对密码进行校验，若校验错误，则退出菜单操作；若正确，系统弹出主

菜单，如图 11.1-3 所示。

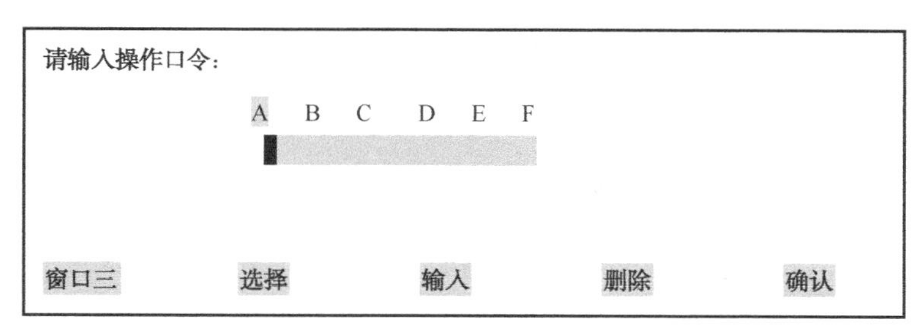

图 11.1-2　输入操作口令界面

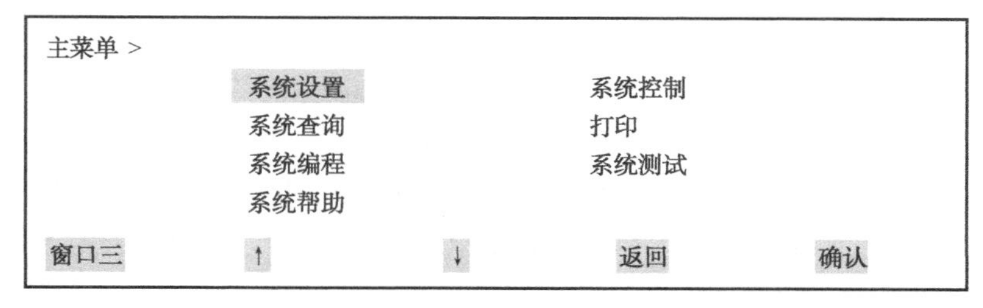

图 11.1-3　主菜单

此时，液晶屏下方的【F1】～【F5】依次定义为：【窗口切换】、【↑】、【↓】、【返回】、【确认】。

将光标移至系统设置菜单上，按【确认】键，则进入系统设置子菜单，如图 11.1-4 所示。

主菜单 > 系统设置 >

设置时钟	防盗设置
自动打印	口令设置
屏蔽操作	区域控制方式
设备配置	探测器设置
工程名称	显示盘消音
故障输出	联动设置

窗口三　↑　↓　返回　确认

图 11.1-4　系统设置子菜单

将光标移至屏蔽操作位置，按下【确认】键后，进入屏蔽操作。屏蔽操作分为屏蔽设置、屏蔽取消操作，如图 11.1-5 所示。

屏蔽设置	按回路/地址
	屏蔽当前故障
	屏蔽声光输出
屏蔽取消	按回路地址
	全部取消
	取消声光屏蔽

图 11.1-5　屏蔽操作

① 按回路/地址。

输入 XX 回路内的 XXX 地址到 XXX 地址，则把此回路范围内的部件全部屏蔽。当屏蔽某一个部件时，要将前后地址设置相同或只输入前一个地址。

② 屏蔽当前故障。

选中后系统将把当前有故障的总线部件全部屏蔽。

③ 屏蔽声光输出。

对系统的声光输出进行屏蔽。

④ 屏蔽取消。

按回路/地址方式等同于屏蔽设置操作；选择全部取消时，则把当前屏蔽的所有部件全部取消；取消声光屏蔽则取消声光输出的屏蔽。

（7）使总线隔离器保护范围内的任一点短路，检查总线隔离器的隔离保护功能。

（8）使任一总线回路上不少于 10 个火灾探测器同时处于火灾报警状态，检查控制器的负载功能。这个检查应分别在主电源和备电源情况下分别调试。对于联动型主机，使至少 50 个输入/输出模块同时处于动作状态（模块总数少于 50 个时，使所有模块动作），检查消防联动控制器的最大负载功能。

（9）检查主、备电源的自动转换功能，将主电源切断，备用电源应自动投入，当恢复主电源后，备用电源应自动退出工作，在整个转换工程中，火灾报警控制器应继续工作，不能出现重启现象。

2. 点型感烟、感温火灾探测器调试

对每个火灾探测器通过模拟火灾的方法，逐个检查每个火灾探测器的报警功能，探测器应能发出火灾报警信号。

感烟火灾探测器通过感烟火灾探测器试验装置（发烟器）进行模拟火灾烟气试验。感烟火灾探测器试验装置如图 11.1-6 所示。

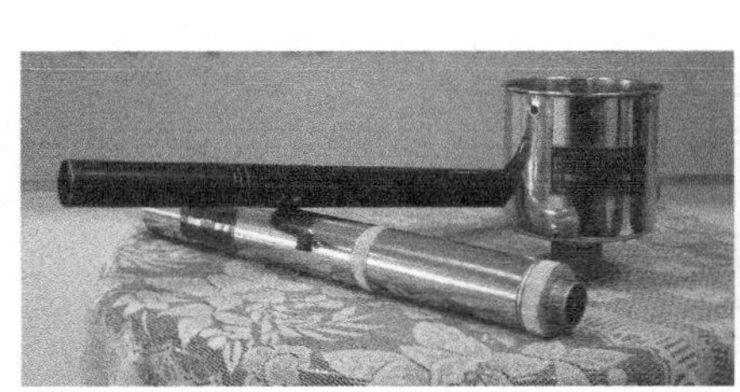

图 11.1-6　感烟火灾探测器试验装置

感温探测器通过感温探测器试验装置进行模拟火灾温度试验。感温探测器试验装置如图 11.1-7 所示。

图 11.1-7　感温探测器试验装置

当火灾探测器报警后，其报警确认灯点亮，探测器报警确认灯应在火灾报警控制器手动复位前予以保持。火灾报警控制器收到报警信号，面板上的火警灯点亮，发出火警声响。液晶屏显示探测器的报警地址。调试人员要逐一确认火灾报警控制器显示的探测器的回路/地址码，以及液晶屏上显示的汉字表述的安装地址与实际安装的探测器的回路/地址码和安装部位是否一致。

3. 线型感温火灾探测器调试

在不可恢复的探测器上模拟火警和故障，探测器应能分别发出火灾报警和故障信号。可恢复的探测器可采用专用检测仪器或模拟火灾的办法使其发出火灾报警信号，在距离终端盒 0.3 m 以外的部位，使用 55～145 ℃的热源加热，查看火灾报警控制器火警信号显示；移开加热源，手动复位火灾报警控制器，查看探测器报警确认灯在复位前后的变化情况。并在终端盒上模拟故障，探测器应能分别发出火灾报警和故障信号。

人工模拟火警的试验方法可在感温电缆的首尾，用感温探测器试验装置给感温电缆任一点加温，应在一定时间（一般为 20 s）以内发出报警信号，虽然此时感温电缆仍可恢复使用，但为保证长期可靠运行，还要将试验段截去重新连接好（只允许在非防爆场所采用这种方法）。也可以采用试验温箱进行模拟试验，温箱温度可以连续调节，对探测器无损害，可恢复后继续使用。如果感温电缆的温度值在小于 100 ℃时，可在距终端 0.5 m 远处将不少于 1 m 长的一段感温电缆快速放入 100 ℃水中，应在 30 s 以内发出报警。

当火灾探测器报警后，线型感温火灾探测器的微处理器火警灯点亮，连接的输入模块动作后，动作灯点亮。火灾报警控制器收到报警信号，面板上的火警灯点亮，发出火警声响。液晶屏显示探测器的报警地址。调试人员要逐一确认火灾报警控制器显示的探测器的回路/地址码，以及液晶显示屏上显示的汉字表述的安装地址与实际安装的探测器的回路/地址码和安装部位是否一致。

4. 红外光束感烟火灾探测器调试

调整探测器的光路调节装置，使探测器处于正常监视状态。用减光率为 0.9 dB 的减光片遮挡光路，探测器不应发出火灾报警信号。用产品生产企业设定减光率（1.0～10.0 dB）的减光片遮挡光路，探测器应发出火灾报警信号。用减光率为 11.5 dB 的减光片遮挡光路，

探测器应发出故障信号或火灾报警信号。

当火灾探测器报警后，其报警确认灯点亮，探测器报警确认灯应在火灾报警控制器手动复位前予以保持。火灾报警控制器收到报警信号，面板上的火警灯点亮，发出火警声响。液晶屏显示探测器的报警地址。调试人员要逐一确认火灾报警控制器显示的探测器的回路/地址码，以及液晶显示屏上显示的汉字表述的安装地址与实际安装的探测器的回路/地址码和安装部位是否一致。

5. 通过管路采样的吸气式火灾探测器调试

在采样管最末端（最不利处）的采样孔加入试验烟，探测器或其控制装置应在 120 s 内发出火灾报警信号。根据产品说明书，改变探测器的采样管路气流，使探测器处于故障状态，探测器或其控制装置应在 100 s 内发出故障信号。

6. 点型火焰探测器调试

采用专用检测仪器或模拟火灾的方法在探测器监视视角范围内、距离探测器 0.55～1.00 m 处，放置紫外光波长小于 280 nm 或红外光波长大于 850 nm 光源，查看探测器报警确认灯和火灾报警控制器火警信号显示；探测器应能在规定的响应时间内正常动作，向火灾报警控制器输出火灾信号；具有报警确认灯的探测器应同时启动报警确认灯；报警确认灯应在火灾报警控制器手动复位前予以保持。

撤销光源后，手动复位火灾报警控制器，查看探测器确认灯的动作情况。

当火灾探测器报警后，其报警确认灯点亮，探测器报警确认灯应在火灾报警控制器手动复位前予以保持。火灾报警控制器收到报警信号，面板上的火警灯点亮，发出火警声响。液晶屏显示探测器的报警地址。调试人员要逐一确认火灾报警控制器显示的探测器的回路/地址码，以及液晶显示屏上显示的汉字表述的安装地址与实际安装的探测器的回路/地址码和安装部位是否一致。

7. 可燃气体探测器调试

依次逐个将可燃气体探测器按产品生产企业提供的调试方法使其正常动作，探测器应发出报警信号。对探测器施加达到响应浓度值的可燃气体标准样气，探测器应在 30 s 内响应。撤去可燃气体，探测器应在 60 s 内恢复到正常监视状态。

对于线型可燃气体探测器除符合上述规定外，尚应将发射器发出的光全部遮挡，探测器相应的控制装置应在 100 s 内发出故障信号。

8. 手动火灾报警按钮（消火栓按钮）调试

对可恢复的手动火灾报警按钮，施加适当的推力使报警按钮动作，报警按钮应发出火灾报警信号。对不可恢复的手动火灾报警按钮应采用模拟动作的方法使报警按钮发出火灾报警信号（当有备用启动零件时，可抽样进行动作试验），报警按钮应发出火灾报警信号。

当手动火灾报警按钮报警后，其报警确认灯点亮，探测器报警确认灯应在火灾报警控制器手动复位前予以保持。火灾报警控制器收到报警信号，面板上的火警灯点亮，发出火警声响。液晶屏显示探测器的报警地址。调试人员要逐一确认火灾报警控制器显示的探测器的回路/地址码，以及液晶显示屏上显示的汉字表述的安装地址与实际安装的探测器的回路/地址码和安装部位是否一致。

9. 消防联动系统调试

使消防联动控制器的工作状态处于自动状态，按设计的联动逻辑关系进行下列功能检查并记录。

（1）按设计的联动逻辑关系，使相应的火灾探测器发出火灾报警信号，检查消防联动控制器接收火灾报警信号情况、发出联动信号情况、模块动作情况、受控设备的动作情况、受控现场设备动作情况、接收反馈信号（对于启动后不能恢复的受控现场设备，可模拟现场设备启动反馈信号）及各种显示情况。

（2）检查手动插入优先功能。

（3）操作多线手动控制盘启动受控现场设备，观察动作情况、接收反馈信号。

10. 消防电话调试

（1）消防控制室能与所有消防电话、电话插孔之间互相呼叫与通话；总机应能显示每部分机或电话插孔的位置，呼叫铃声和通话语音应清晰。

（2）消防控制室的外线电话与另外一部外线电话模拟报警电话通话，语音应清晰。

（3）检查群呼、录音等功能，各项功能均应符合要求。

11. 消防应急广播设备调试

（1）以手动方式在消防控制室对所有广播分区进行选区广播，对所有共用扬声器进行强行切换；应急广播应以最大功率输出。

（2）对扩音机和备用扩音机进行全负荷试验，应急广播的语音应清晰。用声级计测试启动火灾应急广播前的环境噪声，当大于 60 dB 时，重复测量启动火灾应急广播后扬声器播音范围内最远点的声压级，并与环境噪声对比，其播放范围内最远点的播放声压级应高于背景噪声 15 dB。

（3）对接入联动系统的消防应急广播设备系统，使其处于自动工作状态，然后按设计的逻辑关系，检查应急广播的工作情况，系统应按设计的逻辑广播。

（4）使任意一个扬声器断路，其他扬声器的工作状态不应受影响。

12. 消防控制中心图形显示装置调试

（1）将消防控制中心图形显示装置与火灾报警控制器和消防联动控制器相连，接通电源。

（2）操作显示装置显示完整系统区域覆盖的模拟图和各层平面图，图中应明确指示出报警区域、主要部位、各消防设备的名称和物理位置，显示界面应为中文界面。

（3）使火灾报警控制器和消防联动控制器分别发出火灾报警信号和联动控制信号，显示装置应在 3 s 内接收，并准确显示相应信号的物理位置，并能优先显示火灾报警信号相对应的界面。

（4）使具有多个报警平面图的显示装置处于多报警平面显示状态，各报警平面应能自动和手动查询，并应有总数显示，且应能手动插入，使其立即显示火警相应的报警平面图。

（5）使显示装置显示故障或联动平面，输入火灾报警信号，显示装置应能立即转入火灾报警平面的显示。

11.2 火灾自动报警系统的验收

火灾自动报警系统竣工后，建设单位应负责组织施工、设计、监理等单位进行验收。验收不合格不得投入使用。

1. 验收准备

系统验收时，施工单位应提供下列资料。

（1）竣工验收申请报告、设计变更通知书、竣工图。

（2）工程质量事故处理报告。

（3）施工现场质量管理检查记录。

（4）火灾自动报警系统施工过程质量管理检查记录。

（5）火灾自动报警系统的检验报告、合格证及相关材料。

2. 抽检比例及验收方法

火灾自动报警系统验收前，建设和使用单位应进行施工质量检查，同时确定安装设备的位置、型号、数量，抽样时应选择有代表性、作用不同、位置不同的设备。

1）主机类设备

（1）抽检比例。

火灾报警控制器（含可燃气体报警控制器）和消防联动控制器应按实际安装数量全部进行功能检验。消防联动控制系统中其他各种用电设备、区域显示器应按下列要求进行功能检验。

① 实际安装数量在 5 台以下者，全部检验。

② 实际安装数量在 6～10 台者，抽验 5 台。

③ 实际安装数量超过 10 台者，按实际安装数量的 30%～50%进行抽验、但抽验总数不应少于 5 台。

④ 各装置的安装位置、型号、数量、类别及安装质量应符合设计要求。

（2）功能试验。

按 GB 4717—2005《火灾报警控制器》的有关要求，对控制器进行下列功能检查并记录。

① 检查自检功能和操作级别。

② 当控制器与探测器之间的连线断路和短路，控制器应在 100 s 内发出故障信号（短路时发出火灾报警信号除外）；在故障状态下，使任一非故障部位的探测器发出火灾报警信号，控制器应在 1 min 内发出火灾报警信号，并应记录火灾报警时间；再使其他探测器发出火灾报警信号，检查控制器的再次报警功能。

③ 检查消音和复位功能。

④ 当控制器与备用电源之间的连线断路和短路，控制器应在 100 s 内发出故障信号。

⑤ 检查屏蔽功能。

⑥ 使总线隔离器保护范围内的任一点短路，检查总线隔离器的隔离保护功能。

⑦ 使任一总线回路上不少于 10 个火灾探测器同时处于火灾报警状态，检查控制器的负载功能。

⑧ 检查主、备电源的自动转换功能，并在备电源工作状态下重复第⑦条检查。

⑨ 检查控制器特有的其他功能。

2）火灾探测器（含可燃气体探测器）和手动火灾报警按钮

（1）抽检比例。

火灾探测器（含可燃气体探测器）和手动火灾报警按钮，应按下列要求进行模拟火灾响应（可燃气体报警）和故障信号检验。

① 实际安装数量在 100 只以下者，抽验 20 只（每个回路、每个防火分区都应抽验）。

② 实际安装数量超过 100 只，每个回路按实际安装数量的 10%～20%进行抽验，但抽验总数不应少于 20 只；

（2）验收。

被检查的火灾探测器的类别、型号、适用场所、安装高度、保护半径、保护面积和探测器的间距等均应符合设计要求。

① 点型感烟、感温火灾探测器的验收。

对每个火灾探测器通过模拟火灾的方法，逐个检查每个火灾探测器的报警功能，探测器应能发出火灾报警信号，其报警确认灯点亮。火灾报警控制器收到报警信号，面板上的火警灯点亮，发出火警声响。确认火灾报警控制器液晶屏显示的探测器的回路/地址码，以及液晶显示屏上显示的汉字表述的安装地址与实际安装的探测器的回路/地址码和安装部位应一致。

② 线型感温火灾探测器的验收。

在不可恢复的探测器上模拟火警和故障，探测器应能分别发出火灾报警和故障信号；可恢复的探测器可采用专用检测仪器或模拟火灾的办法使其发出火灾报警信号，并在终端盒上模拟故障，探测器应能分别发出火灾报警和故障信号。

线型感温火灾探测器报警后，火灾报警控制器收到报警信号，面板上的火警灯点亮，发出火警声响。确认火灾报警控制器液晶屏显示的探测器的回路/地址码，以及液晶显示屏上显示的汉字表述的安装地址与实际安装的探测器的回路/地址码和安装部位应一致。

③ 红外光束感烟火灾探测器的验收。

调整探测器的光路调节装置，使探测器处于正常监视状态。用减光率为 0.9 dB 的减光片遮挡光路，探测器不应发出火灾报警信号。用产品生产企业设定减光率（1.0～10.0 dB）的减光片遮挡光路，探测器应发出火灾报警信号。用减光率为 11.5 dB 的减光片遮挡光路，探测器应发出故障信号或火灾报警信号。

红外光束感烟火灾探测器报警后，火灾报警控制器收到报警信号，面板上的火警灯点亮，发出火警声响。确认火灾报警控制器液晶屏显示的探测器的回路/地址码，以及液晶显示屏上显示的汉字表述的安装地址与实际安装的探测器的回路/地址码和安装部位应一致。

④ 通过管路采样的吸气式火灾探测器的验收。

通过管路采样的吸气式火灾探测器在采样孔加入试验烟，空气吸气式火灾探测器在 120 s 内应发出火灾报警信号。依据说明书使采样管气路处于故障时，通过管路采样的吸气

式火灾探测器在 100 s 内应发出故障信号。

⑤ 点型火焰探测器和图像型火灾探测器的验收。

点型火焰探测器和图像型火灾探测器的验收采用专用检测仪器或模拟火灾的方法在探测器监视区域内最不利处检查探测器的报警功能，探测器应能正确响应。

⑥ 手动火灾报警按钮验收。

对可恢复的手动火灾报警按钮，施加适当的推力使报警按钮动作，报警按钮应发出火灾报警信号。对不可恢复的手动火灾报警按钮应采用模拟动作的方法使报警按钮发出火灾报警信号（当有备用启动零件时，可抽样进行动作试验），报警按钮应发出火灾报警信号。

手动火灾报警按钮报警后，火灾报警控制器收到报警信号，面板上的火警灯点亮，发出火警声响。确认火灾报警控制器液晶屏显示的探测器的回路/地址码，以及液晶显示屏上显示的汉字表述的安装地址与实际安装的探测器的回路/地址码和安装部位应一致。

3）系统功能验收

（1）室内消火栓的功能验收。

室内消火栓的功能验收应在出水压力符合现行国家有关建筑设计防火规范的条件下，抽验下列控制功能。

① 在消防控制室内操作多线联动控制盘，启、停泵 1～3 次，消防水泵启动、停止正常，火灾自动报警控制器显示消防水泵的各种运行状态。

② 消火栓处操作启泵按钮，按实际安装数量的 5%～10%进行抽验。在火灾自动报警控制器处在自动状态下，按下消火栓按钮，消防水泵的联动启动正常，火灾自动报警控制器显示消防水泵的各种运行状态。

（2）自动喷水灭火系统的功能验收。

自动喷水灭火系统，应在符合国家标准 GB 50084—2001《自动喷水灭火系统设计规范》的条件下，抽验下列控制功能。

① 在消防控制室内操作多线联动控制盘，启、停泵 1～3 次，消防水泵启动、停止正常，火灾自动报警控制器显示消防水泵的各种运行状态。

② 水流指示器、信号阀等按实际安装数量的 30%～50%进行抽验。在末端试水装置处进行防水试验，水流指示器应可靠动作，并向火灾报警控制器反馈动作回答信号，火灾报警控制器显示的水流指示器的回路/地址码，以及液晶显示屏上显示的汉字表述的安装地址与实际安装的水流指示器的回路/地址码和安装部位应一致。

③ 压力开关、电动阀、电磁阀等按实际安装数量全部进行检验。对系统模拟试验，系统启动后，观察是否按照设定的逻辑关系联动启动喷淋水泵。

（3）气体灭火系统的功能验收。

气体灭火系统，应在符合国家现行有关系统设计规范的条件下，按实际安装数量的 20%～30%进行抽验下列控制功能。

① 自动、手动启动和紧急切断试验 1～3 次。在气体灭火控制系统处在自动状态下，按照逻辑关系模拟火灾启动相关联的火灾探测器报警，观察气体灭火系统是否按照设定的逻辑关系自动启动。

② 与固定灭火设备联动控制的其他设备动作（包括关闭防火门窗、停止空调风机、关

闭防火阀等）试验 1～3 次。

③ 观察气体灭火控制器显示的内容是否与实际相一致。

（4）电动防火门（窗）、防火卷帘的功能验收。

电动防火门（窗）、防火卷帘，5 樘以下的应全部检验，超过 5 樘的应按实际安装数量的 20%进行抽验，但抽验总数不应小于 5 樘，并抽验联动控制功能。

在火灾报警控制器处在自动状态下，模拟火灾发生，相应的火灾探测器报警后，观察电动防火门（窗）、防火卷帘是否按照事先设定的逻辑关系动作。火灾报警控制器显示内容是否与实际相一致。

（5）防排烟系统的功能验收。

防排烟风机应全部检验，通风空调和防排烟设备的阀门应按实际安装数量的 10%～20%进行抽验，并抽验联动功能，且应符合下列要求：

① 报警联动启动、消防控制室直接启停、现场手动启动联动防排烟风机 1～3 次；

② 报警联动停、消防控制室远程停通风空调送风 1～3 次；

③ 报警联动开启、消防控制室开启、现场手动开启防排烟阀门 1～3 次。

上述功能验收时，联动试验，火灾报警控制器处在自动状态，观察是否按照设置的联动关系启动相应系统，并检查火灾报警控制器显示的内容是否与实际相一致。

（6）电梯的功能验收。

消防电梯应进行 1～2 次手动控制和联动控制功能检验，非消防电梯应进行 1～2 次联动返回首层功能检验，其控制功能、反馈信号均应正常。

（7）火灾应急广播系统的功能验收。

火灾应急广播设备，应按实际安装数量的 10%～20%进行下列功能检验。

① 对所有广播分区进行选区广播，对共用扬声器进行强行切换。

② 对扩音机和备用扩音机进行全负荷试验。

③ 在火灾报警控制器处在自动状态下，模拟火灾，启动相关火灾探测器报警，检查应急广播的逻辑工作和联动功能。

（8）消防电话的功能验收。

消防电话的检验，应符合下列要求。

① 消防控制室与所设的对讲电话分机进行 1～3 次通话试验。

② 电话插孔按实际安装数量的 10%～20%进行通话试验。

③ 消防控制室的外线电话与另一部外线电话模拟报警电话进行 1～3 次通话试验。

（9）消防应急照明和疏散指示系统的功能验收。

消防应急照明和疏散指示系统控制装置应进行 1～3 次使系统转入应急状态检验，系统中各消防应急照明灯具均应能转入应急状态。

3. 判定原则

（1）系统内的设备及配件规格型号与设计不符、无国家相关证书和检验报告；系统内的任一控制器和火灾探测器无法发出报警信号，无法实现要求的联动功能，定为 A 类不合格。

（2）验收前提供资料不符合要求的定为 B 类不合格。

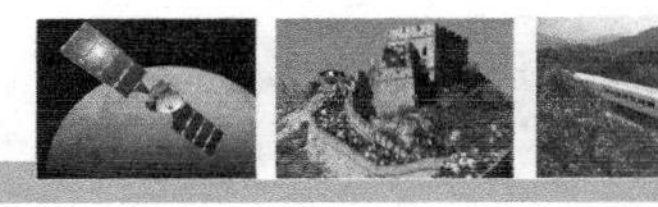

（3）其余不合格项均为 C 类不合格。

（4）系统验收合格判定应为：A=0 且 B≤2 且 B+C≤检查项的 5%为合格，否则为不合格。

各项检验项目中，当有不合格时，应修复或更换，并进行复验。复验时，对有抽验比例要求的，应加倍检验。

参 考 文 献

[1] 公安部政治部. 建筑防火设计原理[M]. 北京：中国人民公安大学出版社，1997.

[2] 张树平. 建筑防火设计[M]. 北京：中国建筑工业出版社，2001.

[3] 李引擎. 建筑防火工程[M]. 北京：化学工业出版社，2004.

[4] 公安部消防局编. 公安消防监督员业务培训教材（建审部分）[M]. 北京：群众出版社，1997.

[5] 徐晓楠. 消防基础知识[M]. 北京：化学工业出版社，2006.

[6] 公安部消防局. 消防控制室操作与管理[M]. 北京：新华出版社，1999.

[7] 李念慈，万月明. 建筑消防给水系统的设计施工监理[M]. 北京：中国建材工业出版社，2002.

[8] 陈南. 建筑火灾自动报警技术[M]. 北京：化学工业出版社，2006.

[9] 中国消防协会. 建（构）筑物消防员（基础知识、初级技能）[M]. 北京：中国科学技术出版社，2010.

[10] 张凤和. 建筑消防设施施工与检测技术[M]. 长春：长春出版社，2012.

[11] 吴龙标，袁宏永. 火灾探测与控制工程[M]. 北京：中国科学技术大学出版社，1999.

[12] 黄浩忠. 火灾自动报警系统简明设计手册[M]. 北京：中国建材工业出版社，2001.